AK Trivia Book No. 32

도해 현대 지상전

모리 모토사다 | 지음

정은택 | 옮김

AK TRIVIA BOOK

언론 보도에서는…

머리말

지상전이라고 하면, 대부분의 사람들은 전차전이나 포격전을 상상할 겁니다. 아니면, 보병 간의 전투를 떠올릴 테지요.

본서에서 소개할 지상전은, 그 이미지와는 약간 다를지도 모릅니다. 현대의 지상전은, 단순히 무력으로 적을 제압하는 것만으로 끝이 아닌 쪽으로 바뀌어가고 있기 때문입니다.

제2차 세계대전 이후, 세계는 미국과 소련을 중심으로 하는 동서 냉전의 시대로 돌입했습니다. 한국전쟁, 베트남전쟁, 아프가니스탄 침공, 베를린 장벽 붕괴, 소련 붕괴, 걸프전쟁 등 다양한 전쟁과 사변이 발생했습니다.

그리고 2001년 9월 11일, 미국에서 발생한 911 테러를 계기로 세계는 민족, 종교, 언어, 문화가 충돌하는 새로운 전쟁의 시대로 돌입했으며, 그 전형적인 사례가 바로 아프가니스탄이나 이라크의 전장입니다. 현대의 지상전은 국가 그 자체가 적이 아니라 특정한 국가의 내부에 적이 잠복을 하고 있는, 지극히 불투명한 싸움입니다.

이러한 상황에서는, 현지에 파견된 군은 그 지역 당국과 정부기관, 주민들과 우호관계를 맺어가며 적을 맞아 싸울 필요가 있습니다. 그럴 수 없다면, '침략군'이라는 냉대를 받고 쫓겨나고 말 겁니다.

이것이야말로 현대의 지상전입니다. 그 싸움은 「CMO(민사작전)」이라는 명칭에서 알 수 있듯이 현지의 주민들이 처한 상황을 고려하면서 민심을 얻기 위한 싸움입니다.

본서에서는, 21세기의 지상전이 어떠한 양상으로 이루어지고 있는가, 그 전략과 전술의 양 측면과 사용 되고 있는 최첨단 무기에 대해 서술할 것입니다.

아프가니스탄이나 이라크의 전쟁에서 어떤 일이 벌어지고 있는가. 본서를 통해 기존에 언론에서 보도되고 있던 전장의 현실을 새로운 시점에서 바라볼 수 있으리라고 생각합니다.

모리 모토사다

목차

실제로는 이런 일이 일어나고 있다…

제1장
부대편

No.001

현대의 육군

육군은, 적지에 침공하여 적을 격파하는 전투부대가 중심이 될 것으로 착각하기 쉽다. 하지만 현재의 육군에게 요구 되는 것은 파괴가 아닌 창조이다. 전투뿐만 아니라 사람들의 안전과 안심을 좌우할 수 있는 부대가 전쟁의 승패를 좌우한다.

● 시대와 함께 변화하는 육군

전쟁이나 분쟁에 투입 되는 육군이라고 하면, 누구나가 공수부대, 보병부대, 포병부대, 전차부대, 특수부대 등을 상상할 것이다. 예를 들면, 제2차 세계대전을 묘사한 전쟁 영화에서는 이러한 부대들이 반드시 등장한다.

기존의 전쟁에서는, 자국의 경제를 위해 영토를 서로 빼앗는 전투가 많았다. 유럽, 북아프리카, 동아시아, 태평양 지역을 무대로 펼쳐진 제2차 세계대전은 그 대표적인 예라고 할 수 있다.

주된 전장 가운데 하나였던 유럽에서는 독일이 차례차례 주변 국가로 침공하여, 프랑스를 점령하자 그 기세를 몰아 영국 본토로 향했다.

이러한 독일의 위협에 대해, 영 · 미 연합군은 1944년에 **노르망디 상륙작전**을 결행했다. 프랑스의 해방을 목적으로 한 전투부대를 북프랑스에 상륙시킨 것이다.

한편, 태평양 지역에서도 미군과 일본군의 전투가 여러 차례 치러졌다.

하지만, B29 폭격기에 의한 본토 공습에 이은 **원자폭탄**의 투하로 일본은 항복하기에 이르렀다. 그리고 미군정을 중심으로 한 통치체제가 설치되었다.

해방된 프랑스와 패전국 일본 사이에는 차이가 있다. 그것은 사람들이 점령 전의 생활로 복귀할 수 있었는가와 다른 국가에 점령을 당했는가의 차이이다. 패전 이후의 독일에서도 일본과 같은 움직임이 일어났다.

전투에서는, **전투부대**가 중심이 된다. 하지만 전쟁에서 승리하면, 패전국의 **전후처리**나 **전후복구지원**을 시작해야 한다. 그러한 시점에서 필요한 것이, 총이 아닌 정치와 경제를 회복시킬 수 있는 지식과 경험을 보유한 부대이다.

「사람들을 지원하는 전투」라고 하면 듣기에는 좋다.

하지만, 현대의 육군에도 문제가 있다. 투입 되는 것은, 어디까지나 국익과 직결될 경우에 한정 되기 때문이다.

현대의 육군

제2차 세계대전 당시에는 육군 부대가 적지로 침공하여 영토를 빼앗았다.

현재의 육군은, 점령통치가 가장 중요한 임무가 되었다.

해방된 프랑스와 패전국 일본

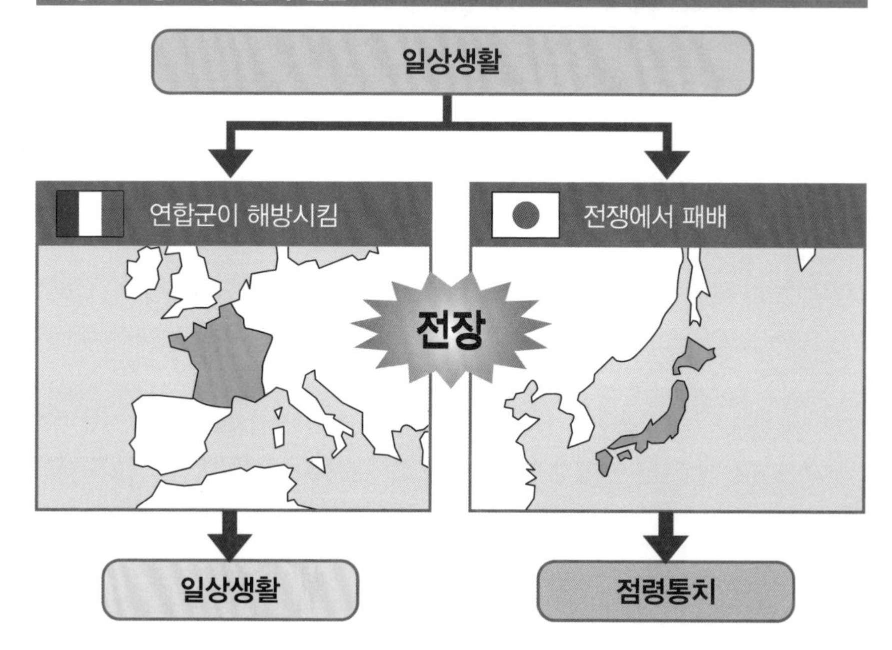

원 포인트 잡학

제2차 세계대전은, 연합군과 후진 자본주의 국가의 전쟁이었다. 그 후, 국제사회의 질서로써 UN이 탄생했지만, 곧이어 미-소에 의한 냉전 상태로 변화해 갔다.

No.002

현대의 지상전이란?

육상에서의 전쟁이나 분쟁은 어떠한 방식으로 이루어지는 것일까? 우리가 뉴스나 신문 등을 통해 접하는 것은, 전차나 보병을 동원한 전투이다. 하지만, 이는 병사들이 투입 되는 전투의 극히 일부분에 지나지 않는다.

●중요한 것은 전후복구지원

대부분의 나라들은, 전쟁이나 분쟁에 관여하는 사태를 기피하는 경향이 강하다. 타국에 개입하는 것은, 그 국가의 미래에 대해 책임을 지는 사태를 의미하기 때문이다.

단순히 전투부대를 파견하여, 싸우는 것만으로는 끝나지 않는다. 정치, 경제, 교육 등에 대한 전후복구지원에 대한 책임을 질 각오가 있어야만 개전을 시도할 수 있는 것이다.

지상전이라는 것에는, 어떠한 종류가 있는가. 전투행동을 주체로 한 것으로는, **직접행동, 대테러 활동, 정찰활동, 정보수집활동, 대량살상무기 수색활동** 등을 들 수 있다.

한편, 비전투행동으로는 **심리전**이나 **민사작전** 등이 해당된다. 이 행동은 전투를 실시하는 것이 아니라, 현지 주민들의 협력을 어떻게 획득하느냐가 중심이 된다. 또한, 미디어나 국제적 여론을 아군으로 만드는 작전도 실시한다.

현재의 아프가니스탄이나 이라크에서도 이는 마찬가지이다. 미국의 개입은, 전투부대뿐만 아니다. 전후복구지원을 위해, 이를 방해하는 테러리스트들과의 전투를 포함한 다양한 지상전이 전개 되고 있다.

이러한 작전 가운데 대부분은 **특수작전**이다. 박격포나 로켓포로 적 부대를 타격하고 소총 부대를 적진지로 돌입시키는 기존의 전투형태와는 다르다.

예를 들면, 중요한 무기는 소총이 아니라, **언어**가 되는 경우가 많다. 아프가니스탄이나 이라크에서는, 현지 언어를 구사할 수 없다면 의사소통이 불가능하다. 현지 문화에 대한 이해도가 부족할 경우, 그것만으로도 충돌이 발생한다.

이것이 현대의 지상전이다. 특수한 임무에 종사하는 부대일수록, 사전에 전문적인 트레이닝을 받는다. 예를 들면, 아프가니스탄에 파견 되는 부대는 다리어, 파슈토어의 발음, 어휘, 문법등을 배운다.

언어의 습득은, 소총의 방아쇠를 당기는 훈련처럼 간단하지 않다. 회화가 가능할 정도가 되려면, 적어도 몇 개월간의 특별한 훈련이 필요하다.

지상전의 종류

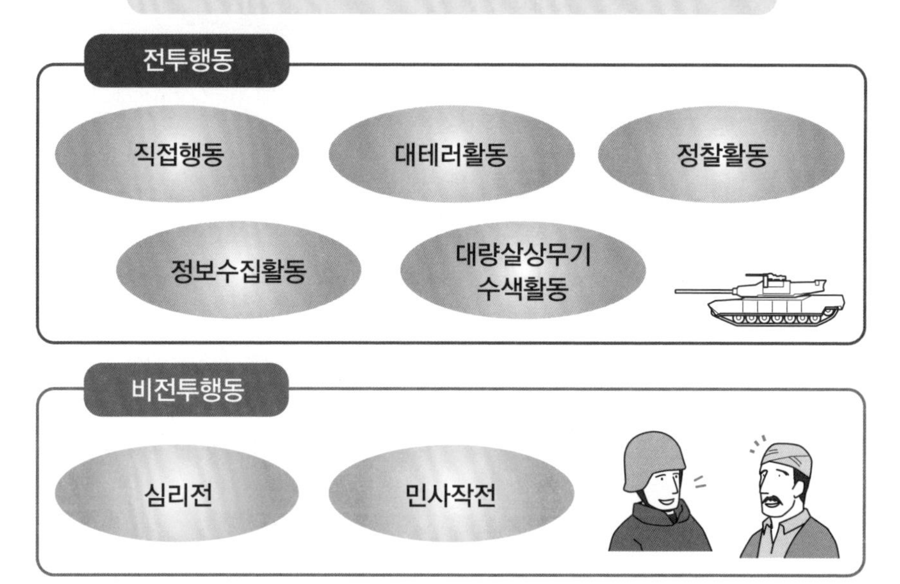

소총이 아니라 언어가 무기

원 포인트 잡학

다리어와 파슈토어의 어순은 주어 · 목적어 · 동사지만, 영어는 주어 · 동사 · 목적어이다. 미군들 대다수가 문법을 깨우치는 것만으로도 고생한다.

No.003

현대의 전투부대

기존의 전투는 다이나믹했다. 압도적인 포격으로 적을 타격하여, 전차나 장갑차로 일거에 침공을 실시, 보병이 제압했다. 현재도 이러한 부대는 건재하지만, 전투 방식이나 임무에는 변화가 일어나고 있다.

●전투방식은 나날이 변화한다

제1차 세계대전에서는 포병부대가 활약했다. 머리 위로 포탄의 비를 퍼붓는 전술은 쌍방의 병사들에게 공포를 일으켜, 「**셸 쇼크(Shell shock, 포탄충격증후군)**」라는 단어를 탄생시키기까지 했다.

제2차 세계대전에서는 공수부대가 투입 되었다. 예를 들면, 크레타 섬을 탈취하기 위해 독일군이 실행한 전쟁사상 최초의 대규모 공수부대 투입작전은 유명하다.

또한, 전차, 장갑차, 기계화(차량화) 보병 등으로 편성된 기갑부대가 수많은 전격작전을 실행했다. 미 육군 패튼 장군 지휘하의 부대는 독일군을 짓밟고 프랑스를 넘어 독일 영내까지 침공했다.

하지만 제2차 세계대전 이후, 세계는 「동서냉전」이라는 새로운 국면을 맞이했다.

미국의 **자본주의**와 구소련의 **사회주의**의 사고방식 사이에 커다란 차이가 발생했기 때문이다. 그것은 패전한 독일에 대한 전후 처리에 단적으로 나타났다.

이후, 국제사회의 질서는 순식간에 변화한다. 자본주의와 사회주의라는 양대 세력의 권력 항쟁은, 한국전쟁이라는 새로운 전쟁을 일으켰다.

이러한 흐름은 다른 곳으로 전파 되어, 세계 각지의 **민족해방운동**에 영향을 끼쳤다. 인도차이나 전쟁으로 대표되는 **독립전쟁**이 그 일례라고 할 수 있을 것이다.

독립분쟁이나 대테러전에 군대를 투입해도, 기존의 전투부대를 통해 사태를 수습하기는 힘들다. 물량작전은 효과가 미비하며, 적과 아군이 명확히 구분된 전투에서 탈피하기 시작한 것이다.

이러한 시점에서 전투부대의 재편이 실시되었다.

전장이 바뀌면, 전략이나 전술도 바뀌기 마련이다. 대규모 전투가 아닌, 소규모의 전투를 감당할 수 있는 전투부대로의 개편이 시작 되었다.

또한, 적의 지휘관이나 무전병을 노리는 **저격수**나 적지 후방에서 레지스탕스의 지원이나 파괴공작, 교란활동에 종사하는 **특수부대**의 수요도 많아졌다.

셸 쇼크를 일으키는 포격

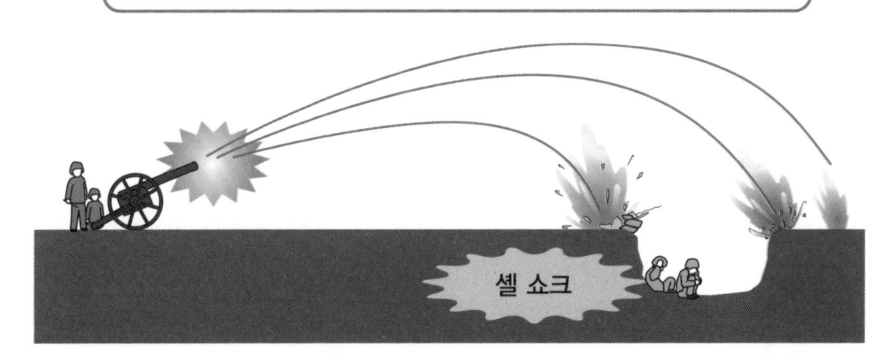

동서냉전이 각지의 전쟁으로 전파 되었다.

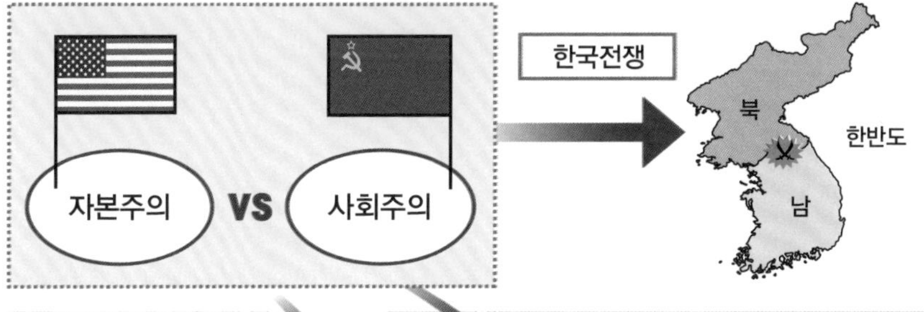

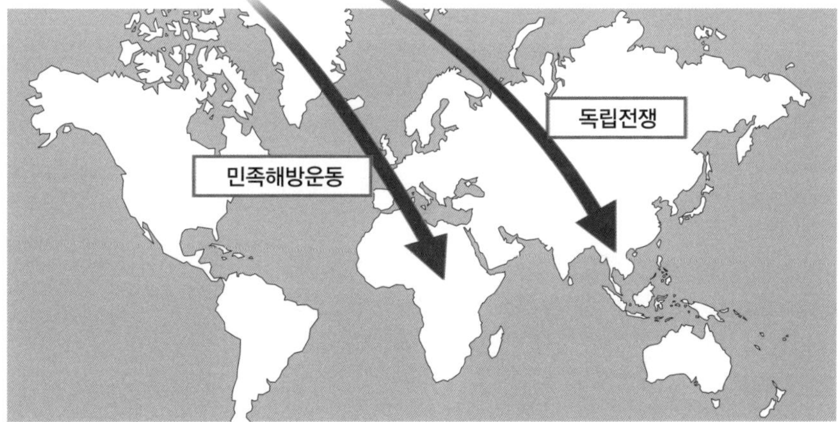

원 포인트 잡학

패전한 일본을 대신해서 한반도에 진주한 것은 미군과 구소련군이었다. 이는 한국전쟁의 발발 원인 가운데 하나이며, 현재도 휴전 중일 뿐 아직 전쟁은 끝나지 않았다.

No.004

한 발로 전투를 끝낼 수 있는 부대

현대의 지상전에서는, 전술에 큰 변화가 일어나고 있다. 적에 대해 탄약을 쏟아 붓는 것이 아닌, 정확히 노려서 제거하는 방법이 사용 되게 되었다. 그 중에서도 저격부대는, 산악전이나 시가전에서 활약하고 있다.

●심야의 어둠에 스며들어 행동한다

저격수가 전장에서 효력을 발휘하기 시작한 것은, 제2차 세계대전 당시의 일이다. 적의 움직임을 봉쇄하고 심리적인 동요를 불러일으키기 위한 효과적인 수단으로, 구소련군이나 독일군 등에서는 적극적으로 **저격부대**를 사용했다.

저격부대에는 애매한 부분도 있었다. 보병부대도 사격의 명수를 보유하고 있기 때문에, 지휘관 중에는 보병의 소총에 저격용 망원조준경을 장착하면 원거리의 적을 정확히 노릴 수 있다고 생각하는 자들도 있었다.

군대에 따라서는, 지금도 전투분대 가운데 사격 실력이 우수한 병사를 「**지정사수(Marksman, Sharp shooter)**」로 자리매김하는 경우도 있다. 그들에게 저격용 망원조준경을 장착한 소총을 부여하여 적 병력의 제거를 최우선 임무로 삼는다.

특수작전에서는, 특수한 훈련을 받은 저격부대가 활동한다. 대부분의 임무는 기밀 취급을 받으며, 2명 또는 3명으로 이루어진 소규모 팀으로 심야에 은밀히 행동한다.

저격부대는 심야에 은밀히 행동하기 때문에, 적에게 감지되기 어렵다. 불과 수명에 불과한 인원 규모도 눈에 잘 띄지 않으며, 적에게는 큰 위협이 된다.

예를 들면, 아프가니스탄에서는 테러리스트가 활동하기 쉬운 산악지대에서 활동하면서 어둠을 틈타 국경을 넘어 침입해 오는 적을 제거해 간다.

이라크에서는 정보수집부대나 인적정보부대(34페이지) 등이 입수한 정보를 토대로 행동하는 경우가 많다. 또한 시가지에서는 아군이 매복당하기 쉬운 지점을 감시하는 경우도 있다.

공격해 올 것으로 예측할 수 있는 지점을 내려다 볼 수 있는 장소를 선택하여 저격부대는 **야간에 포진**한다. 새벽을 기다려 적이 출현한 시점에 일거에 이를 제거한다.

조준에는 신중을 기하여, 적이 이쪽의 존재를 파악하지 못한 확실한 타이밍을 노려 일발필중을 노린다.

애매한 저격부대

저격부대가 포진하는 장소

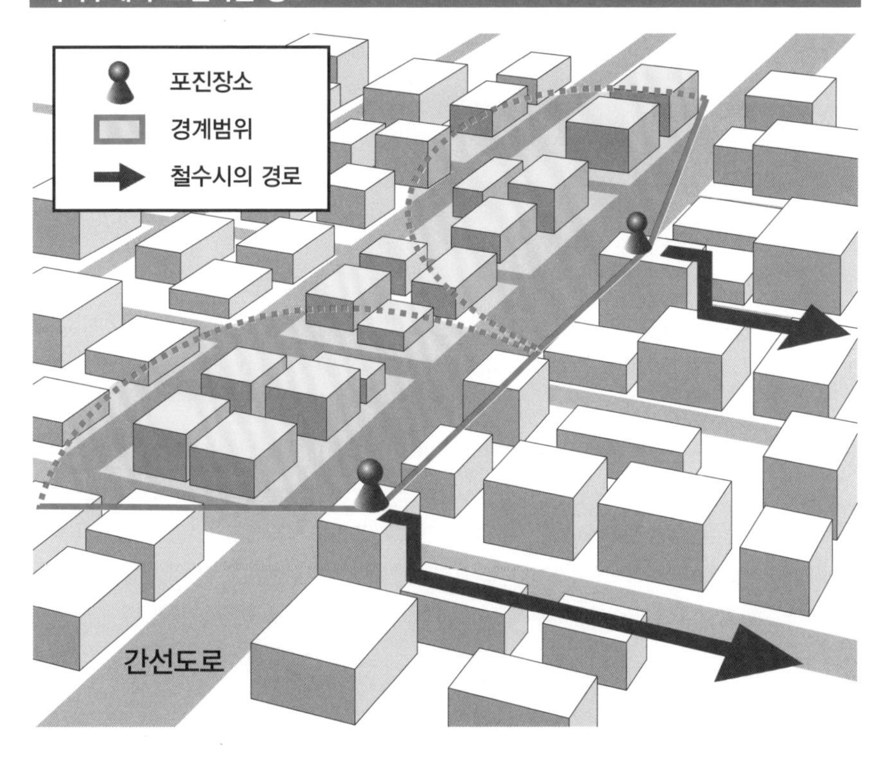

원 포인트 잡학

교전 거리가 짧은 시가지에서는, 보병 분대도 지혜를 발휘한다. 만일의 사태를 대비하여 저격용 망원조준경을 탑재한 자동소총을 여러 명의 병사에게 휴대시킨다.

No.005

사냥꾼의 소양을 갖춘 위험성폭발물개척팀

전투부대는 적과 교전하는 것만이 임무가 아니다. 경계를 강화하여 적의 움직임이나 도로에 매설된 폭탄을 탐지하는 임무도 중요하다. 적이 남긴 아주 사소한 흔적을 발견함으로써 희생자를 내지 않고 위기를 회피할 수 있다.

● 사냥의 지혜를 빌려, 흔적을 발견한다!

적과 싸우기 위해서는, 적에 대해 아는 것이 전장에서의 철칙이다. 2001년의 911 테러 이후, 적의 동향을 정탐하는 전투부대가 차례차례 창설 되고 있다.

예를 들면, 서방 진영의 군대가 파견된 아프가니스탄이나 이라크의 전장에서는 적들이 수많은 **IED(Improvised Explosive Device, 급조폭발물)**을 이용한 함정을 사용하고 있다. 폭탄은 사람들의 이목을 피해 심야나 복잡한 인파에 섞여 설치되는 경우가 많다.

이 공격은 대단히 위험하다. **원격조작**으로 폭탄의 기폭이 가능하기 때문에, 적은 안전한 거리에서 언제든지 공격할 수 있었다.

공격을 받는 입장에서는, 언제 어디에서 피해를 입을지 알수 없기 때문에 정신적으로 피폐해진다. 특별한 훈련을 받지 않으면, 그러한 위장을 간파하기는 어려운 일이다. 오히려 눈에 보이는 모든 것이 수상해 보일 수도 있다.

이러한 위협에 대항하기 위해, 적의 움직임이나 **흔적**을 가장 신속하게 리얼타임으로 탐지하여 재빨리 대처할 필요가 발생했다. 이를 위한 새로운 **전문부대**가 창설 되게 된 것이다.

이러한 부대에서 사용 되는 것은, 야생동물을 노리는 사냥꾼의 지혜이다. 사냥꾼들은 야생동물의 발자국이나 다양한 흔적을 놓치지 않고 상대방에게 들키지 않은 상태에서 사냥감을 처리하는 테크닉을 보유하고 있다.

사냥꾼 가운데에는, 야생동물뿐만 아니라 삼림지대에서 조난을 당한 사람의 위치나 탈옥수의 은신처를 파악하는 기술에 능한 프로도 있다. 그들은, 발자국이나 남겨진 인물 정보를 토대로 행동 패턴을 예측하여 그 위치를 파악할 수 있다.

아무리 교묘한 방법으로 IED를 설치한다 하더라도, 특정한 형태로 흔적은 남기 마련이다. 병사들은 그 흔적을 발견하기 위해 시도했다.

그 비결은, 신중히 관찰하며, 주의 깊게 생각하는 것이다. 그렇게 한다면, 사소한 흔적을 간파하여 주변과의 차이를 감지할 수 있는 것이다.

IED(Improvised Explosive Device)

테러리스트가 즐겨 사용하는 IED는, 원격 스위치를 통해 기폭 가능하다.

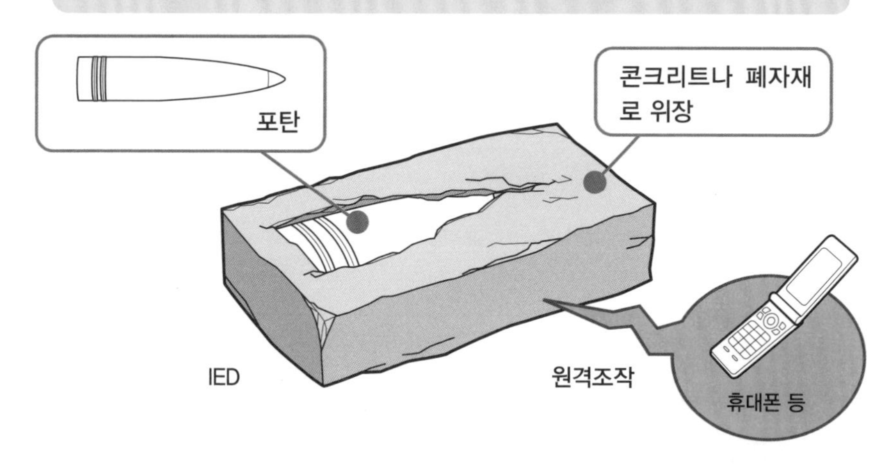

사냥꾼의 기술이 전장에 응용된다

사냥꾼이 사냥감을 찾는 기술을 응용하여 IED를 찾아낸다.

원 포인트 잡학

흔적의 발견을 주특기로 삼는 전문가를 「트래커」라고 한다. 그들은 군이나 경찰의 요청을 받아, 다양한 맨 트래킹(인간 추적)의 방법을 교습하고 있다.

No.006

전장에서 활약하는 미 육군 특전단

전장에 따라 특수작전은 다양한 형태로 나뉜다. 적지에서 은밀히 파괴공작이나 정보수집을 실시할 뿐만 아니라 전후복구지원도 실시한다. 그들의 공통점은, 현지의 언어와 문화에 정통하다는 것이다.

●의심을 사지 않기 위한 방책

특수부대는 세계 각지에서 활동하고 있다. 임무 관계상, 그들은 눈에 띄지 않고, 주위와 섞이지 않으면 안 된다. 사복으로 행동하는 경우가 많으며, 그러다보니 주위의 의심을 사지 않기 위한 방책이 중요하게 된다.

그 중에서도 문제가 되는 것이, **언어**와 **문화**이다. 현지의 언어를 능숙하게 구사할 수 있다면, 주위 사람들의 경계심을 풀 수 있다. 현지 사람들과 똑같이 행동할수록, 의심을 사지 않고 신뢰를 얻을 수 있다.

미 육군 특전단(그린베레)는 그 대표적인 사례이다. 그들은 평상시부터 우호국에 파견 되어, 군사 외교의 일환으로 군의 훈련이나 유사시를 대비한 연습을 몇 차례나 반복하고 있다.

그들은 현재, 동아시아 및 태평양, 지중해 및 서아프리카, 중동 및 남아시아, 라틴 아메리카 등의 지역에서 활동하고 있다. 그 어떤 지역도, 미국의 외교 전략을 고려함에 있어서 중요한 장소뿐이다.

구체적으로 말하자면, 필리핀, 한국, 이라크, 아프가니스탄, 콜롬비아, 보스니아, 소말리아, 서아프리카 국가 등을 들 수 있을 것이다. 이러한 지역에서 활동하기 위해서는 역시 현지의 언어를 구사할 수 있고, 문화에 대한 이해가 깊어야만 한다.

그들의 임무는 그 이외에도 존재한다. 예를 들면, 각국에서의 훈련이나 연습을 통해 현지의 살아있는 정보를 입수한다. 그러한 정보는 각 사령부로 전송 되어, 데이터베이스에 추가된다.

모든 것은, 향후의 국제 정세에 대비하기 위한 움직임이다. 그 지역에서 전쟁이나 분쟁이 발생할 경우, 현지의 정보를 비축한 만큼 효율적인 활동이 가능하다.

현재의 육군 특수작전 가운데 주목을 받는 것이, 전후복구지원을 담당하는 민사작전이다. 특수부대가 극비리에 행동하면서 그 기반을 조성하는 경우도 많다.

현지에 침투하여, 녹아 들어가는 것이 중요한 임무

「그린베레」가 활동하는 주된 국가와 지역

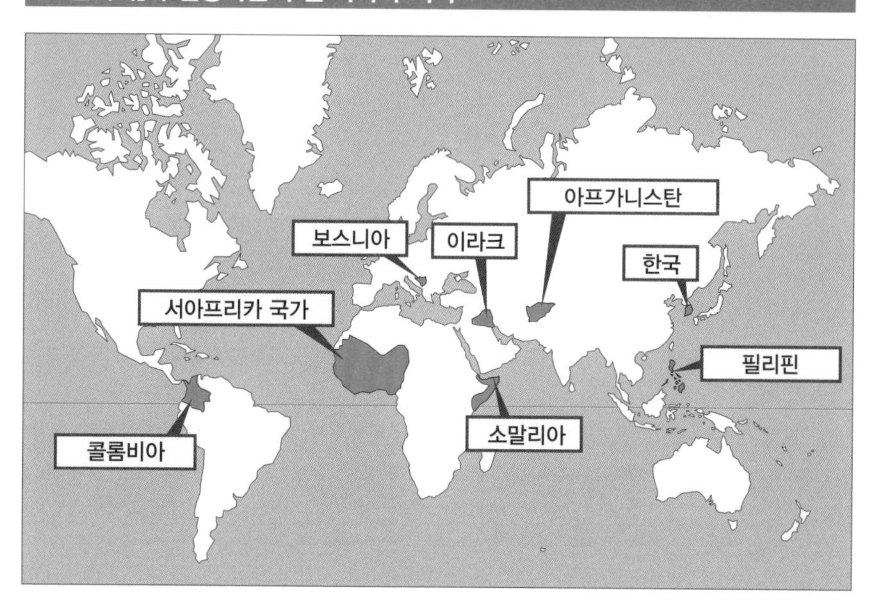

원 포인트 잡학

미 육군 특전단(그린베레)는 언어 습득을 위해 수개월을 소비한다. 이러한 꾸준한 노력을 통해 다양한 특수임무가 가능해진다.

No.007

아군으로부터 총격을 당하는 부대

적지 후방에서 활동하는 특수부대는, 우선 몸가짐에서부터 현지에 녹아 들어간다. 현지의 언어를 구사하며, 머리카락을 기르고 턱수염도 기른다. 하지만 그 용모는 테러리스트로 오인당해, 아군의 일반부대로부터 공격당할 위험이 있다.

●적으로 오인당하는 특수부대

일반 전투부대에게 있어서, 특수부대의 용모는 자주 문제가 된다. 그 행동에 대한 정보를 전달받지 못해 테러리스트로 오인할 수도 있기 때문이다.

아프가니스탄에서는 특히 그러한 경향이 강해서 일반 부대의 지휘관들이 불만을 제기한 적도 있다. 그들은 **오발**을 피하기 위해 특수부대 대원이 현지인의 용모로 위장하는 것을 금지시키려고 했다.

특수부대 측에서도 이러한 고충을 받아들여, 오발을 피하기 위한 다양한 노력을 시도하고 있다. 하지만 일반부대의 이러한 불만을 다 들어주다간 특수작전의 목적을 완수할 수 없다고 반발하기도 했다.

일반 전투부대와 특수부대의 임무는 서로 다르다. 이러한 문제가 발생하는 지역은, 아프가니스탄이나 이라크뿐만이 아니다.

미 육군 특전단(그린베레)는 우호국가의 군대를 훈련시키기 위해 편성되었으며, 이에 따라 현지에서 장기간 활동하기 위해 필요불가결한 현지의 언어나 풍습을 습득하고 있었기에 오인 당하기 쉬웠다.

그들은 본래 훈련과 교육 등을 주도하던 **군사고문**이었다. 1980년대 이후, 국제정세가 변화함에 따라 그 임무에 변화가 발생했다.

그레나다(1983년)나 파나마(1989년)에서는 적지 후방에서 전투 임무에 종사했으며, 걸프전쟁(1991년)에서는 **장거리 정찰임무** 등을 수행했다. 어느 쪽도, 군사고문이라는 기존의 임무에서 벗어난 것이었다.

군사고문이면서 동시에 제1급의 전투부대로 기능을 발휘할 수 있다는 것이 그들의 강점이다. 그들은 언어와 문화를 무기로 현지에 녹아 들어갈 수 있는 능력을 보유하고 있기 때문이다.

이러한 능력을 보유하고 있기 때문에, 현재는 미 중앙정보국(CIA)이나 다른 부서의 임무까지도 수행하고 있다. 아프가니스탄이나 이라크에서의 민사작전은 그 일례이다.

현지에 녹아 들어가기 때문에, 총격을 당한다

그린베레가 수행해온 임무의 변천사

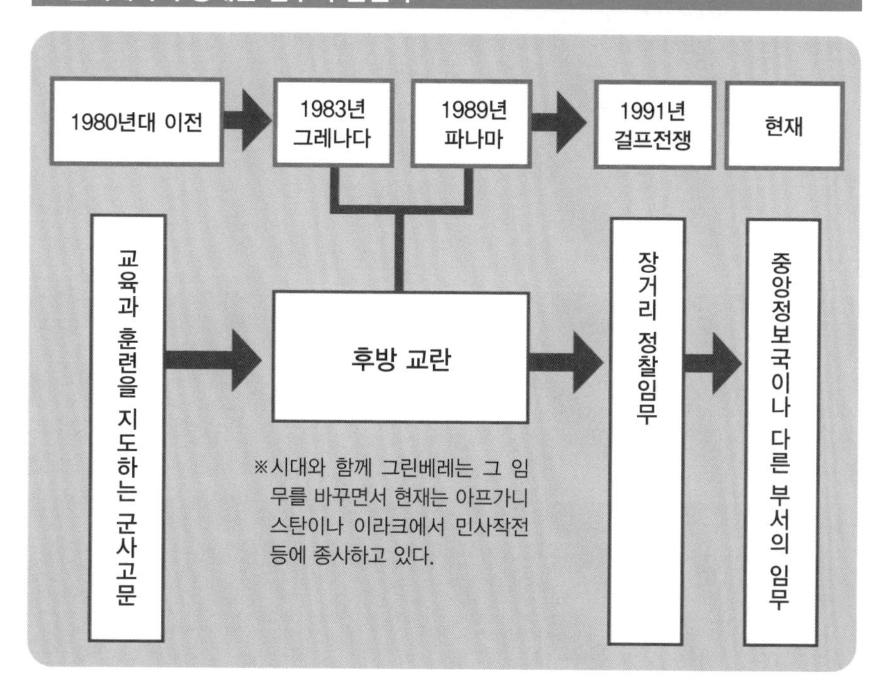

원 포인트 잡학

그레나다 침공은 현지 자국민의 안전과 법질서의 회복, 그리고 파나마 침공은 마약 조직과 결탁한 독재자 노리에가 장군을 체포하는 것을 목적으로 하고 있었다.

No.008

적 부대의 행동을 예측하는 부대

전투에서 승리하기 위해서는, 적과 똑같이 생각하는 것이야말로 철칙이다. 사고 패턴을 파악하면, 어떤 방법으로 공격해올지 미리 예측할 수 있다. 예측이 가능하다면, 위험을 회피하여 형세를 역전시킬 수도 있다.

●인간의 행동 패턴은 결국 마찬가지?

테러와의 싸움이 주가 되는 현재의 지상전에 있어서, 최대의 위협은 도로에 매설 되어 있는 간이폭탄이다. 미군은 이러한 위협에 대해, 적의 행동 패턴을 분석하여 다음 공격을 산출해 낼 수 있게 되었다.

그것을 담당하는 것이, **비대칭전단(Asymmetric Warfare Group, AWG)**이다. 그들은 테러리스트들의 동향을 **프로파일링**하여, 어떤 공격을 걸어올지를 탐지해서 다음엔 어디에 IED를 장치할지를 예측하고 있다.

적의 행동을 예측하는 방법론은, 아프가니스탄이나 이라크에서 처음으로 사용된 것은 아니다. 베트남전쟁에서도, 적의 돌격소총이나 로켓포에 의한 대칭적 공격을 방어하기 위해 사용 되어 왔다.

현재의 전장은, 서로가 총격전을 벌이는 대칭적인 전장과는 다르다. 테러리스트는 총이 아니라 원격조작으로 폭파시킬 수 있는 IED를 즐겨 사용한다.

이러한 현상에는 이유가 있다. 상공으로부터 무인정찰기로 감시당하고 있는 상황에서 총격전을 감행한다면, 순식간에 반격을 당하기 마련이기 때문이다.

IED의 재료는 어디에라도 존재한다. 플라스틱 폭약이나 유탄포의 포탄은 조달하기 쉬우며, 휴대폰이나 무선 장난감을 원격 기폭장치로 응용할 수 있다.

테러리스트들은 차량의 통과를 기다려, 폭탄을 일거에 기폭시키는데, 정면에서의 싸움이 아닌 (폭탄)테러, 저격, 게릴라 공격이라는 의미에서 이러한 류의 전투를 「**비대칭전**」이라 부른다.

비대칭전단은 항상 적의 동향을 탐지하면서 행동 패턴을 분석한다. 전투부대로부터의 보고를 데이터베이스화하여 테러리스트들의 동향을 세밀하게 수집하고 있다.

적의 동향을 예측하는 최대의 비결은, 과거의 행동에 주목하는 것이 가장 효과적이다. 이는 새로운 시도가 아니라, 범죄 예방이나 흉악 범죄의 범인에 대해 파악하는 프로파일링을 응용한 것이라고 할 수 있다.

적의 행동을 예측한다

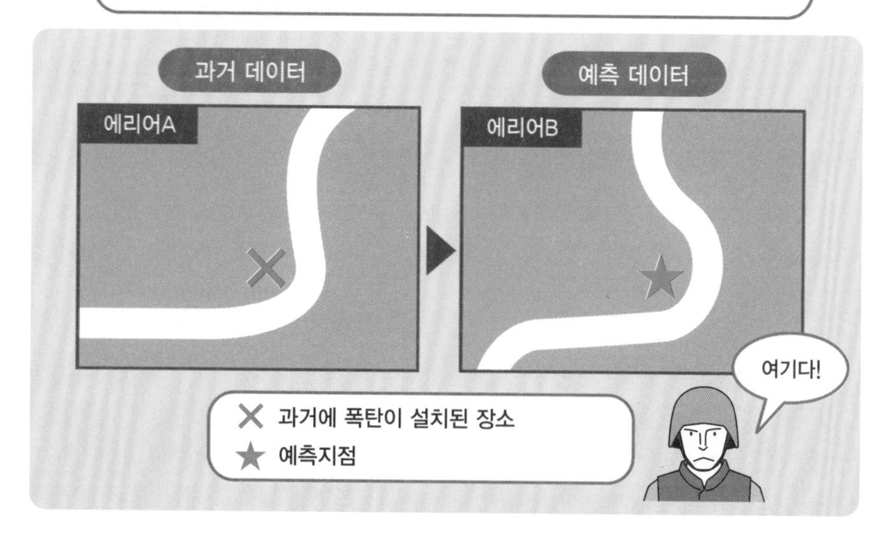

테러리스트의 공격방법

원 포인트 잡학

아프가니스탄이나 이라크에서는, 24시간 동안 무인정찰기가 상공에서 감시하고 있으며, 개중에는 테러리스트를 발견 즉시 미사일로 공격하는 기체도 존재한다.

No.009

컴퓨터를 최대한으로 활용하는 부대

적의 정보가 정확하면 정확할수록, 적절한 대처가 가능해진다. 이러한 정보를 제공하는 새로운 전문부대가 세계 각국에서 편성 되고 있다. 병사의 감이나 경험만을 의지하지 않고, 근거가 있는 데이터를 토대로 작전을 실행해 간다.

●통계 처리로부터 적의 행동을 산출한다

아프가니스탄이나 이라크에서의 미군이 보인 군사행동은, 각국의 군대에 영향을 끼쳤다. 그것은, 방대한 정보를 컴퓨터에 축적하여 이를 순식간에 분석해서 사용한 실적이다.

미 육군에서는, **비대칭전단**이 이 임무에 종사하고 있다. 데이터 처리를 효과적으로 활용하는 이 방법은, 이라크 각지로 도주한 전 후세인 정권의 중요인물 체포나 공격에 도움이 되었다.

후세인 전 대통령의 체포라는 실적에 자극을 받아, 각국에서도 신세대 정보수집부대의 편성이 서둘러 이루어졌다. 예를 들면, 미군에 테러리스트 수색 수법에 대한 조언을 제공했던 모 국가에서는 가장 먼저 군 개편에 착수했다.

이러한 부대 덕분에, 전투부대는 임무를 수행하면서 필요한 시점에 필요한 정보를 입수할 수 있게 되었다. 작전 종료 후에 제출하는 보고서를 데이터베이스에 축적함으로써, 상호간의 편리성도 보다 증진 되었다.

정보는 수적으로 많이 모이면 모일수록 정확도가 상승한다. 정확도가 상승될수록, 그로부터 일정한 특징을 산출해 낼 수 있다. 즉, 적의 행동 패턴을 예측할 수 있게 된다.

이러한 방법은 「**데이터마이닝(Data Mining)**」이라고 불리고 있다. 통계학이나 패턴의 분석 등을 통해 방대한 데이터를 해석하여 특정한 지식을 얻는 일을 일컫는다.

이는 원래 경찰에서는 예전부터 사용해 왔던 방법론으로, 예를 들면, 발생한 범죄의 위치나 범행 시간 등을 데이터화하여 지리적으로 프로파일링함으로써 범인 체포의 단서로 삼아 온 것이이 그 시작이다.

꾸준히 모은 데이터를 정리한 통계를 통해 적의 행동 패턴을 계산할 수 있게 되었는데, 이 덕분에 전장에서 IED이 설치되어 있을 위험성이 높은 지역의 산출이나 테러리스트가 숨어 있을만한 장소의 예측이 가능, 희생을 줄일 수 있었다.

데이터를 활용하여 테러리스트의 위치를 특정해낸다!

다양한 데이터를 컴퓨터로 처리하여 테러리스트들의 위치를 특정해낸다!

군 개편의 필요성이 발생하다

데이터 처리를 전문으로 하는 부대의 필요성이 발생하여, 군 개편에 착수하는 국가가 많다

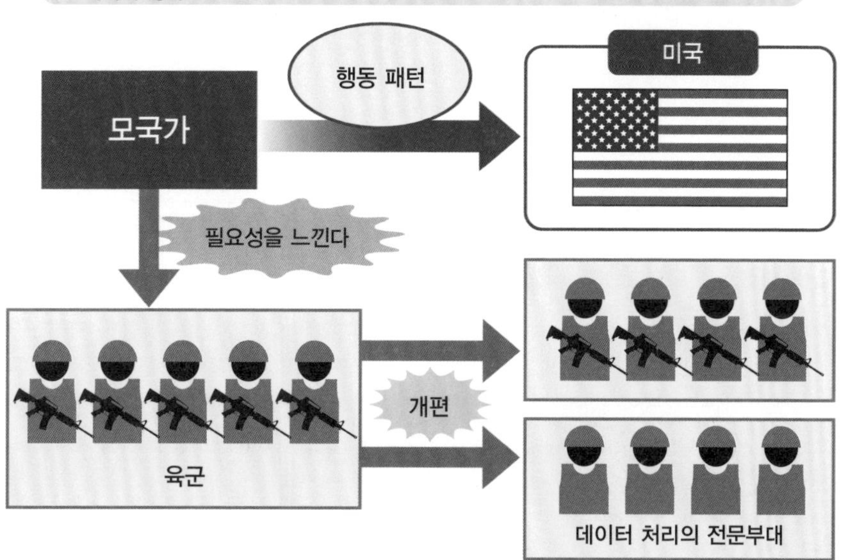

원 포인트 잡학

인간에게는 정해진 습성이 있다. 지리적 프로파일링을 활용하면, 어떠한 행동 패턴으로 움직일 것인가, 어디에 잠복해있는가 등을 확률론적으로 계산해 낼 수 있다.

No.010

언어를 무기로 활동하는 부대

압도적인 군사력을 동원하는 침략전쟁이라면, 타국을 제압하는 것은 간단하다. 하지만, 전후의 통치나 전후복구지원을 부담하게 된다면, 이야기는 달라진다. 현지 주민들의 신뢰를 획득하지 못하면, 실패는 시간문제이기 때문이다.

●소총보다도 강력한 것이 언어?!

아무리 중화기나 하이테크 장비로 무장하더라도, 그것만으로는 절대로 이길 수 없는 상대가 있다. 그것은 현지 주민들이다. 그들의 신뢰를 획득하지 못하면, 승리했다고는 말할 수 없다.

신뢰를 얻지 못하면, 적지에 군을 전개하더라도 점령군으로써 증오의 대상이 될 뿐이다. 자유와 해방을 위해 싸웠다고 해도, 어디까지나 타지인 취급을 당할 뿐이다.

현지 주민들의 마음을 돌리기 위해서는 언어와 문화에 대한 이해가 중요해 진다. 그 토지에 대한 **경의**와 **이해**가 없다면, 민중의 지지를 얻는 것은 어려운 일이다.

아프가니스탄도 이라크도, 공용어는 영어가 아니다. 아프가니스탄에서는 **다리어**나 **파슈토어**, 이라크에서는 **아라비아어**나 **쿠르드어** 등이 사용된다.

같은 언어라고 해도, 지역이나 부족에 따라 방언이 다를 수도 있다. 언어가 다르면 문화도 다르다. 거기에 종교적 사정까지 추가 되면, 복잡한 모자이크 상태가 발생한다.

이러한 차이를 이해할 수 없다면 자신들의 사고방식을 강요하는 사태를 초래하기 십상이다. 모든 언동이 침략자의 그것으로 간주된다.

의사소통이 어려울수록 오해가 발생하기 쉽다. 언어를 알지 못하고 관습의 차이가 심할수록, 큰 문제를 초래하는 일도 많다.

예를 들면, 검문으로 경계를 강화하는 도중에 상대가 필요 이상으로 접근해오는 일이 있다. 하지만 이를 자폭 테러범으로 오인하여 즉시 사살해 버리는 것은 좋지 못한 대응이다. 신뢰의 증거로서 거리감을 가까이 하는 것이 상대의 문화일수도 있다.

현재, 각국의 군대에서는 유사시에 대비하여 이질적인 문화권과의 교섭 능력을 강화한 요원의 육성과 다양한 전문부대를 편성하고 있다. 참고로 미 육군에서는, 특수부대나 민사작전부대가 그러한 임무를 수행하고 있다.

육군의 진정한 승리는?

현지 주민들과의 신뢰 관계를 구축하지 못하면, 육군은 진정한 승리를 획득할 수 없다

언어, 문화, 종교가 복잡하게 얽혀있다

같은 언어라도 지역이나 부족마다 방언이 다르며, 문화와 종교가 한층 현실을 복잡화한다

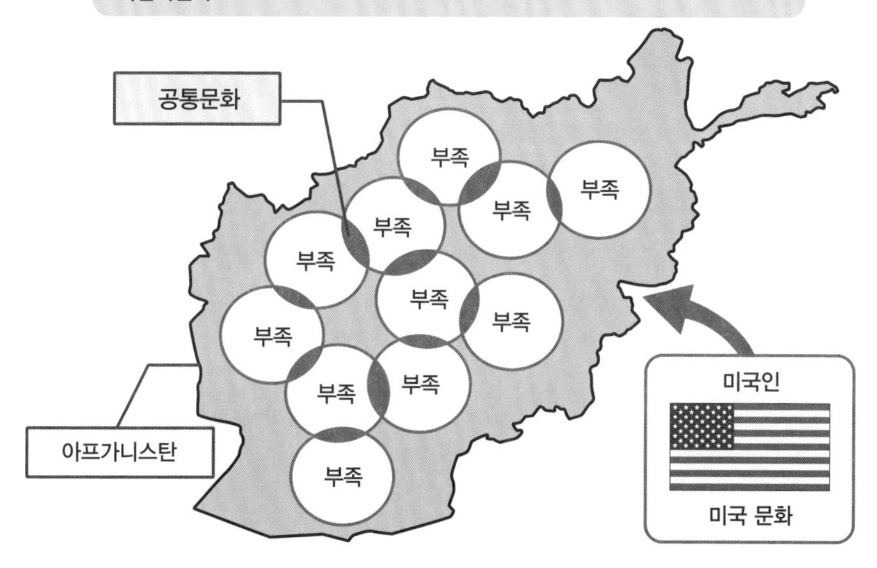

원 포인트 잡학

미군은 일본어를 독자적으로 학습했던 과거가 있다. 제2차 세계대전 말기, 육군 방식(Army Specialized Training Program, ASTP)이라는 언어 훈련법을 개발하여 일본어 통역이나 암호 해독을 가능케 했다.

No.011

문화와 주민들의 생활을 분석하는 부대

전후의 전후복구지원에서는 당사자 자신에 의한 통치와 자치가 정상적으로 이루어지도록 하지 못하면 혼란을 초래할 뿐이다. 그를 위해서는 현지 주민들로부터 마음에서 우러나는 인정을 받고 받아들여져야 할 필요가 있다.

●문화인류학자의 지혜를 빌려보자!

침공한 군대가 언어나 문화의 벽을 극복하기는 어렵다. 그것은, 과거의 전쟁이나 분쟁의 역사가 몇 번이나 이야기해주고 있는 사실이다.

정의를 위한 개입이건 뭐건, 그것은 군대 측의 주장에 지나지 않는다. 현지 주민들의 생각에 동조할 수 없다면, 양자 사이에는 긴장감이 조성되기 마련이다.

긴장감은, 이윽고 적대 감정으로 이어진다. 마이너스 감정이 담긴 편견이 차별을 조장하여, 마지막에는 무력을 통한 실력행사를 정당화시키고 만다.

상대에 대한 배려나 이질적 문화에 대한 대응능력을 갖추지 못하고 있을 경우, 효과적인 군사작전은 기대할 수 없다. 아무리 정당성을 주장하더라도, 침략자로 간주 되고 만다.

이러한 위험을 피하기 위해, 군대에서는 문화나 언어에 정통한 전문부대의 육성이 실시 되고 있다. 미 육군에서는 2003년부터 **인적분야팀(Human Terrain Team, HTT)**이 활동을 개시했다.

HTT는, 군인과 문화인류학자나 사회학자 등으로 편성 되어 있다. 그들의 임무는 현지에 전개하고 있는 부대에 **살아있는 정보**를 제공하는 것이다.

예를 들면, 전투부대가 변경의 촌락을 방문한다고 하자. 이러한 경우, 사전정보를 보유하지 못한 채 군용차량으로 갑작스레 들이닥치면 경계의 대상이 될 뿐이다.

HTT는 작전 개시 전에 그 촌락에서 사용하고 있는 언어나 문화와 관련된 정보를 작전부대에 조언한다. 촌락 주민들과 신뢰관계를 구축하는 방법이나 교섭의 창구가 될 상대편의 지도자를 신속하게 찾아내는 방법 등을 교습한다. 이러한 배려는 모두, 상대방의 반감을 사지 않기 위한 것이다.

침략자로 간주되지 않기 위한 행동거지는, 그린베레도 주특기로 삼아 왔다. 그들은 1962년에 창설된 이후로 HTT와 유사한 임무를 수행해 왔으며, 그 오랜 역사의 성과는 아프가니스탄이나 이라크에서 증명 되었다.

침략자인가 완전승리인가

인적분야팀의 활동과 능력

HTT 대원이 병사들에게 현지에서 행동해야 할 능력을 전수한다.

원 포인트 잡학

미 육군 그린베레라고 하면, 누구나가 영화 『람보』를 떠올릴 것이다. 영화에서는 전투의 프로로 묘사 되었지만, 실제로는 현지 병력의 훈련 지도에 해당하는 임무를 수없이 수행해 왔다.

No.012

학교나 병원을 만드는 전문부대

전후복구지원에서는 적절한 시책을 시행하지 않으면, 치안은 악화 되고 내전 상태로 돌입할 위험이 있다. 이러한 위기를 피하기 위해 활동하는 것이 민군일체로 편성 되는 지역개발팀이다.

● 전후복구지원은 돈이 된다

지역개발팀(Provincial Reconstruction Team, PRT)은 민군이 일체가 되어, 학교나 병원의 건설 등 전후복구지원을 신속하고 조직적으로 실시한다. 그 활동의 기본 방침으로, 모국의 사용통화, 장비, 자재를 사용하는 것을 최우선시하고 있다.

그 증거로, 아프가니스탄이나 이라크에서는 미군이 관여하고 있는 수많은 지역개발팀이 활동하고 있다. 즉, 수많은 미국의 민간 기업이 전후복구지원에 관여하고 있다는 의미이다.

활동 지역에 따라 팀의 규모는 달라진다. 기본적으로 하나의 팀은 60명에서 100명 전후로 편성 되는 경우가 많다. 80% 가까이가 **정보수집부대**나 **심리작전부대** 등에서 파견된 군인들이며, 지역 경비는 헌병대(MP)가 담당한다.

팀에 투입 되는 민간인들은 전후복구지원의 전문가들뿐이다. 미 국무부나 농무부로부터 파견된 공무원들이 그들을 통제하고 있다.

이 활동은, 미 육군 특전단(그린베레)가 편성한 통합부흥팀을 참고로 한 것이다. 특수부대는 교통편이 좋지 않고 치안도 나쁜 산악 지대에서 생활하는 주민들의 전후복구지원을 실시함으로써 테러리스트와 관련된 정보를 획득했다.

수도 카불이나 바그다드의 치안을 정비해봤자, 화평은 찾아오지 않는다. 변경에까지 전후복구지원의 범위를 넓히지 않는 한, 테러의 위협은 사라지지 않기 때문이다.

지역개발팀은 전후복구지원에서 빼놓을 수 없는 존재지만, 순조롭지만은 않았다.

거액의 자금이나 자재가 움직이기 때문에, 뇌물, 매수, 사기 문제 등이 제기되기도 했으며, 또한, 군 · 경찰이 모든 경비를 부담할 수도 없었다. 따라서, 이를 보충하기 위해 「**민간군사기업**」에 의지하기도 했다. 그들의 기용은, 교전규칙이나 급여 측면에서 현지에 파견된 군인들에게 악영향을 끼쳤다.

전후복구 지원부대의 편성

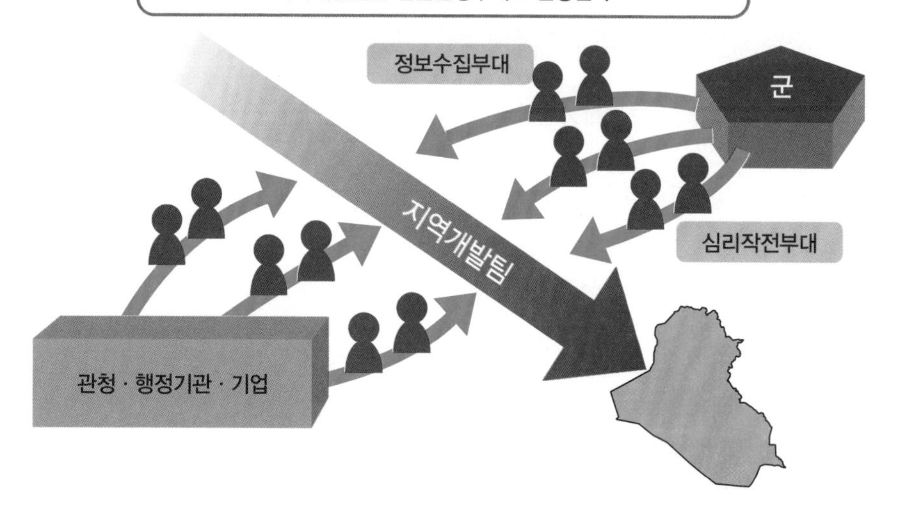

복구지원은 변경에까지 범위를 넓혀야만 효과가 있다.

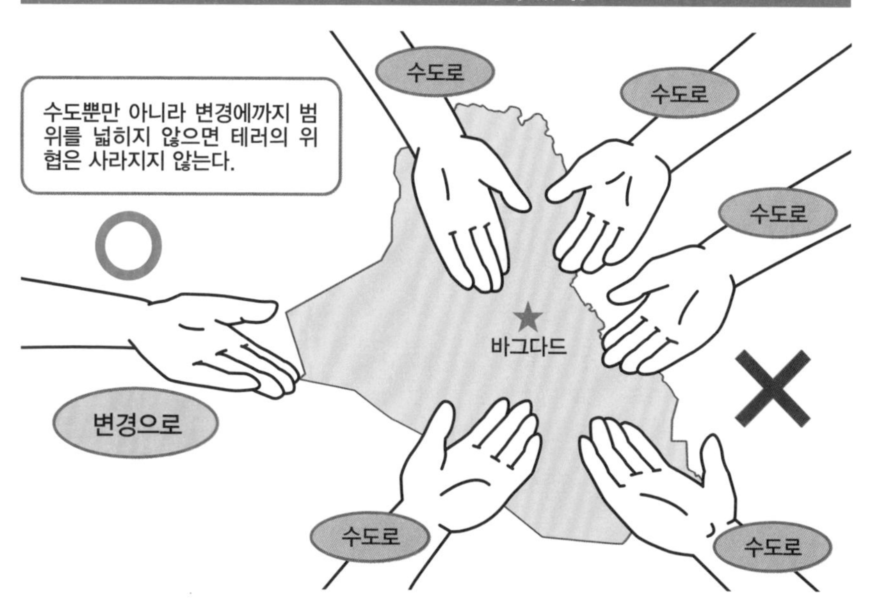

원 포인트 잡학

민간군사기업(과 그 구성원)은 현지에서 흔히 「컨트랙터」라고 불렸다. 그 중에서도 블랙워터(Blackwater, 현 Academi)가 유명하지만, 이라크에서 민간인 사살 사건을 일으켜 큰 문제가 되었다.

No.013

통치하지 않고 국민의 자치를 돕는 부대

전후의 부흥지원을 완수하기 위해서는, 혼란을 잠재우고 신정권을 출범시켜 정치나 경제를 재건할 필요가 있다. 이 자치지원을 관장하는 부대는 「민사작전부대」라고 불리며, 패전 이후의 일본에서도 활동했던 적이 있다.

●상대의 입장이 되어 지원한다

점령지에서는, 민간인의 안전과 안심을 최우선 과제로 삼아야 한다. **민사작전부대(Civil Affair Unit, CAU)**는 그러한 업무, 예를 들어 정치, 경제, 공중위생, 노동, 교육, 복지, 정보, 보상 등을 담당한다.

민사작전부대의 활동은 아프가니스탄이나 이라크에서 시작된 것이 아니다. 패전 이후의 일본에서도 미군의 민사작전부대가 전후 처리를 담당했다.

패전 이후, **연합군최고사령부(Supreme Commander of the Allied Powers Japan, SCAP)**가 일본의 통치와 운영을 감시했다. 그 이후, 일본인의 자치를 인정하자는 흐름으로 방침이 전환 되었다.

민사작전부대는, 이러한 방침에 입각하여 전면적인 활동을 개시했다. **사회, 경제, 법률, 총무**라는 분야별로, 홋카이도, 도호쿠, 간토, 히가시호쿠리쿠, 긴키, 주고쿠, 시코쿠, 규슈라는 관구별로 구분하여 일본 국내를 감독했다.

아프가니스탄이나 이라크에서도 똑같은 일이 벌어지고 있다고 할 수 있다. 국내를 지역별로 구분하여 각 지역을 민사작전부대가 관리하고 있다.

미군의 경우, 민사작전부대에 소속된 군인들 가운데 대부분은 예비역이다.

그들은 직업 군인이 아니다. 평소에는 일반 사회에서 생활하고 있으며, 유사시에 소집된 세미 프로들이다.

프로 군인이 아니기 때문에 민사작전부대의 임무에는 더 적합하다. 직업을 가진 민간인이기 때문에, 현지 주민들과 신뢰 관계를 구축하기 쉽다.

현지 주민들이 트러블이나 문제로 고민하는 경우, 같은 민간인적인 시점에서 지원할 수 있다. 군대의 '예/아니오' 식의 이분법적 방법이 아니라 그 장소에 적합한 사회적 통념에 준하는 해결책을 조언할 수 있다.

불평불만이 쌓인다 해도 폭동이 일어나지 않도록 분위기를 이끄는 일도 가능하다. 이러한 업무를 전투부대에 맡기게 되면, 무력으로 일거에 제압하려 할 가능성이 높으며, 전후 복구지원을 보다 어렵게 만들 위험성이 있다.

패전 이후의 일본에서 활약한 민사작전부대

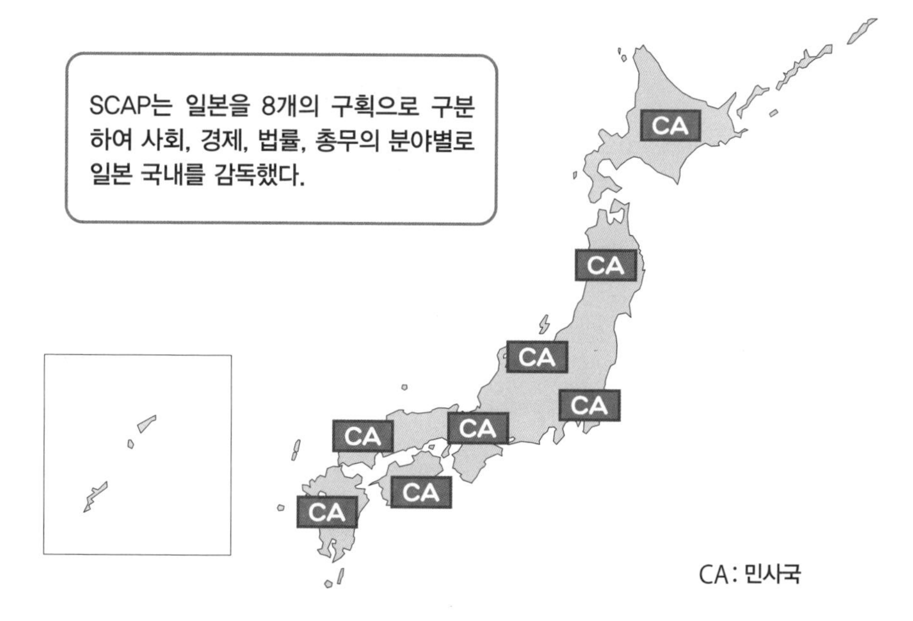

민사작전부대에 소속된 세미프로 군인

평소에는 일반 사회에서 생활하고 있는 세미프로 군인들은, 현지의 주민들과 신뢰 관계를 구축하기 쉽다는 이점을 보유하고 있다.

원 포인트 잡학

도쿄에 설치된 연합군 최고사령부(SCAP/GHQ)의 초대 최고사령관은, 미 육군의 맥아더 원수였다. 샌프란시스코 평화조약이 발효되면서, SCAP는 해산되었다.

No.014

정보제공자를 만드는 부대

현재의 전장에서는, 정보가 많은 사람들의 생사를 좌우한다. 교전 지역은 시가지일 경우가 많으며, 민간인의 출입이 대량으로 이루어진다. 잘못된 정보를 토대로 전투를 실시할 경우, 아군뿐만 아니라 민간인을 사상시킴으로써 국제사회의 비난을 받게 된다.

●형사의 지혜가 전장에서도 활용되다!

적지에서의 정보는 어떻게 수집해야만 할까? 가장 효과적인 방법은, 현지 주민에게 물어보는 것이다.

그러나, 민간인이 모두 우호적이라고는 판단하기 힘들다. 그들의 입장에서 생각해 보자면, 외국의 군대는 점령군이라는 관점이 압도적일 것이기 때문이다.

그 이미지를 불식하지 못하면, 유익한 정보는 입수할 수 없다. 오히려 잘못된 정보를 입수할 위험성도 있다.

이러한 위험을 회피하기 위해, 아프가니스탄이나 이라크의 전장에서는 특수작전이 전개되고 있으며 이를 통해 얻어지는 정보를 군에서는「**인간정보(Human Inteligence, HUMINT)**」라고 한다.

이 작전에서는 현지 민간인들의 심리를 파악하여, 때로는 정보제공자로 육성하게 되는데, 우선은 기지 내부에서 일하는 현지에서 고용한 민간인에게 접촉한다. 그들 가운데 대부분은 신변조사를 받은 연후에 고용된 이들이다. 사고방식도 우호적이며, 정보제공자로 전환시키기 쉽다는 이점이 있다.

물론, 테러리스트가 스파이를 노동자로 위장시켜서 기지의 내부 정보를 정탐하기 위해 보내오는 경우도 있다. 이를 간파하여 배신하게 만드는 임무도 담당한다.

현지 주민들이 정보제공자가 될 때에는, 많은 이유들이 있다. 전후복구지원에 기대를 걸고 있는 이들, 지금보다도 나은 생활을 간절히 바라는 이들, 일을 해서 돈을 벌려는 이들 등 그 이유는 실로 다양하다.

구체적으로 어떠한 방법을 사용하는지는 공표되어 있지 않다. 이는, 정보제공자의 신변을 안전하게 지키기 위해 중요한 조치라고 할 수 있을 것이다.

그렇다고는 하지만, 그 기본에는 형사의 지혜가 사용 되고 있는 듯하다. 범죄 조직에 잠입수사관을 잠복시키거나 정보제공자를 육성하는 사복형사들의 방법론은 그야말로 가장 적합한 방법일 것이다.

인간정보 수집부대의 목적과 임무

인간정보 수집부대는 현지 주민들로부터 정보를 획득하거나 그들을 정보제공자로 육성하는 것이 임무이다.

테러리스트와의 스파이 대결

어느 쪽이 먼저 상대방의 스파이를 발견해내느냐가 승패를 가른다.

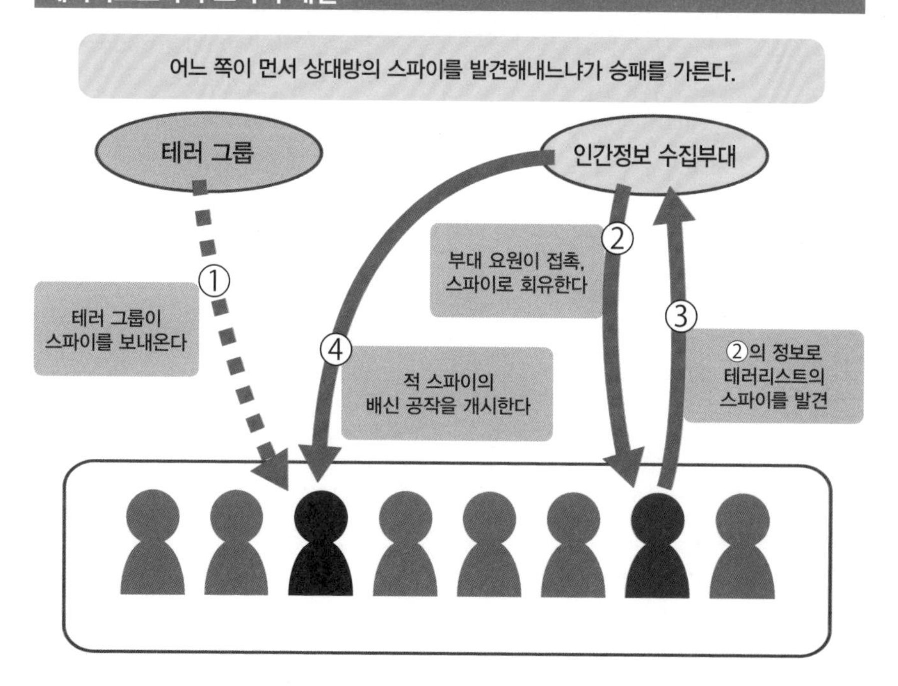

원 포인트 잡학

전후의 전후복구지원에서는 법 집행도 중요한 임무이다. 그 중에서도 경찰견, 감식, 형사의 노하우는 필요불가결하기 때문에 수많은 경찰관들이 공식적으로 파견된다.

No.015

마음을 안정시키는 전투심리상담반

전장에서는, 병사는 몸도 마음도 상처를 입는다. 총탄이나 포탄의 파편으로 부상을 당할 뿐 아니라 공포로 마음에 심각한 상처가 새겨진다. 그러한 마음의 상처를 치료하기 위해, 이러한 보이지 않는 적과 싸우기 위한 부대의 창설이 빠른 속도로 추진되고 있다.

●보이지 않는 적과 싸운다

잠을 잘 수 없고, 음식을 먹지 못하고, 기력이 없는 등의 증상은 **전투피로증(Combat stress reaction, CSR)**에서 자주 일어나는 증상이다. 언제 어디에서 습격을 당할지 알 수 없다는 공포심이 마음에 중압으로 작용하여, 심신의 고장을 일으킨다.

이러한 전투피로증는, 적보다도 어려운 상대가 된다. 제1차 세계대전 당시에는「포탄충격증후군(셸 쇼크, Shell shock)」라고 불렸을 정도로 그 역사는 깊다.

병사의 심신이 피폐해지기 쉬운 것은 어떠한 상황에서일까? 그 대부분은 전쟁이 교착 상태로 돌입한 상황이나 전후의 전후복구지원 활동이 이루어질 때 많이 발생한다.

이유는 간단하다. 적을 공격할 때의 전투 행동에서는 그 목적이 확실하다. 병사는 적의 공격에 대비해 준비하거나, 또는 명령을 수행하는 일에 의식을 집중시킬 수 있다.

그러나 전투가 일단락되면, 병사의 눈앞에 펼쳐지는 상황은 순식간에 변화한다. 대규모 침공 작전이나 섬멸 작전으로 출동하는 횟수는 줄고, 제압한 지역의 감시나 진지의 경계가 주된 임무로 변화한다.

이는, 병사 스스로가 그 자리에서 움직일 수 없게 된다는 것을 의미한다. 총격을 당하건 포격을 당하건, 주어진 거점을 지켜야 할 필요성이 발생한다.

인간은 그 행동이 제한될수록, 불안이나 걱정을 느끼게 된다.「그저 기다린다」라는 임무가 증가할수록, 공포와 대면하는 시간도 증가한다. 그리고 점차 마음이 병들어 간다.

이러한 병사들을 치유하기 위해, 미군의 일부에서는 기존에 군종 목사나 사제, 상관이 담당했던 임무를 인계받은, 전투심리상담반이 편성 되었다.

전투심리상담반에는, **정신병리학**이나 **심리학** 등을 전문분야로 삼은 **군의관**이나 **위생병**으로 편성되어 있다. 그들은 병사들의 스트레스를 전문적으로 담당하며, 병사들의 마음속에 둥지를 튼 보이지 않는 적과 매일같이 싸우고 있다.

전투피로증이 발생하는 이유

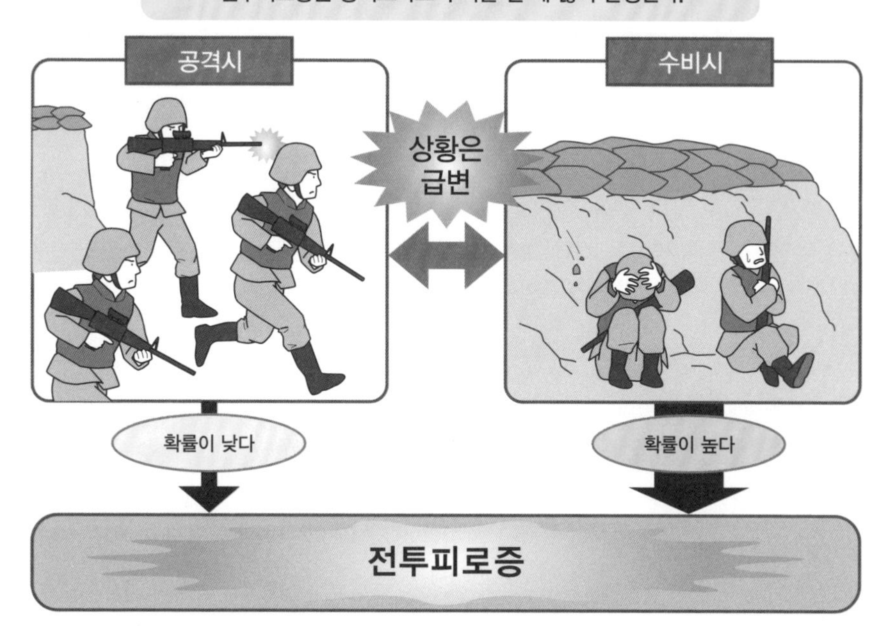

전투피로증과 싸우는 전문부대

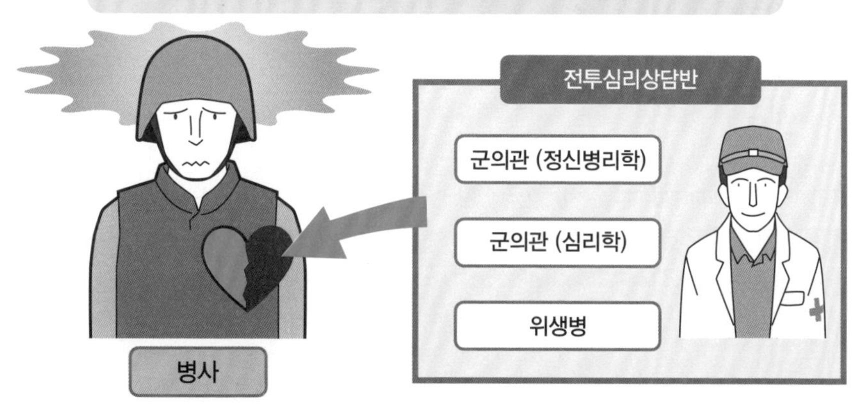

원 포인트 잡학

제1차 세계대전에서는, 참호에서 독가스나 포탄의 공포에 노출 되었던 많은 병사들이 셸 쇼크에 시달렸다. 하지만 당시의 군 상층부에서는 이들에게 「나약한 자」라는 낙인을 찍었다.

No.016

전장에서 인질 교섭을 담당하는 팀

정세가 혼돈에 빠질수록, 위협은 늘어만 간다. 치안 유지를 담당하는 병사들뿐만 아니라 전후복구지원에 종사하는 민간인들도 표적이 되기 쉽다. 이러한 상황에서는 적에게 납치당할 위험이 있기 때문에, 즉시 대응할 수 있는 팀이 준비 되어 있다.

●인질 사건에 대비한다

전장에서는 적과 아군을 가리지 않고, 다양한 전술이 사용된다. 요인 납치도 자주 사용되는 전술이다. 아프가니스탄이나 이라크도 예외가 아니며, 영향력이 있는 인물이 납치당하기 쉽다.

영향력이 있는 인물이란 어떠한 인물일까?

군이나 첩보기관은 적의 지도자 클래스를 표적으로 삼는다. 하지만, 테러리스트들이 적국의 지도자를 노리는 경우는 적다. 그보다도, 병사나 NGO(비정부단체)의 직원 등을 표적으로 삼는 경우가 많다.

그렇기 때문에 주의가 필요하다. 요구를 관철하고, 여론을 움직이기 위해 어떠한 인물을 노려야 하는지, 테러리스트들은 숙지하고 있다.

현지에서 활동하는 사람들에게 있어서, 언제 누가 표적이 될지 모른다는 공포는 견디기 힘들다. 「외지인은 이 나라에서 꺼져라」라는 메시지를 전달하기 위해서도, 적은 심리작전으로써 납치 전술을 사용한다.

납치 사건에 대한 대응이나 교섭은, 군대로써는 매우 어려운 일이다. 따라서 아프가니스탄이나 이라크에서는 **미 연방수사국(FBI)**이 해당 임무에 종사한다.

FBI는, 테러, 스파이, 뇌물, 은행 강도나 다수의 주에서 발생하는 광역 사건 등을 담당하고 있다. 그 활동 범위는 미국 국내인 것으로 알려져 있다.

그러나 테러의 위협이 증대함에 따라, 그들은 방침을 전환했다. 1995년에 **위기협상팀(Crisis Negotiation Unit, CNU)**가 편성 되어 세계 각지로 파견 되기 시작했다.

그 활동 범위는, 다른 기관들과 겹치지 않도록 설정 되어 있다. 예를 들면, 국외의 테러정보나 정보 수집은 **중앙정보국(CIA)**이 담당한다는 등의 구분이 이루어져 있다.

CNU의 임무 가운데 대부분은, 납치 사건이 발생했을 경우의 대응이다. 과거에 일어난 사건과 비교 · 검토하여, 범인상을 분석하고 적절한 대처를 강구한다.

전장에서 인질 교섭을 담당하는 팀

테러리스트와 미군이 노리는 대상은 완전히 다른 입장의 사람들이다.

인질 교섭을 담당하는 팀

군대로는 대응하기 어려운 인질 교섭에는 FBI가 선발 되어 임무에 종사한다.

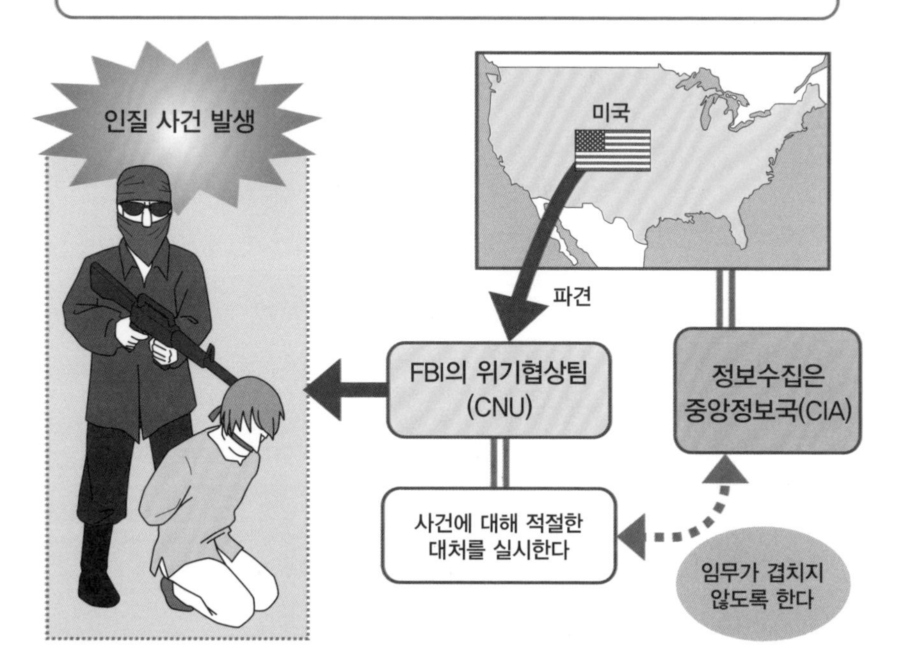

원 포인트 잡학

미 연방수사국(FBI)은 사법부의 관할 하에 있다. 미국 국내의 치안 유지나 안전 보장을 담당하지만, 각국 대사관에도 요원을 파견하고 있다.

No.017

군대보다도 저렴하며 도움이 되는 컨트랙터들

전장에서는, 군대를 사용하는 이외의 방법도 있다. 치안 유지나 평화 유지 활동 분야에서, 여로 모로 편리한 민간군사기업에 경비를 의뢰하는 것이다. 아프가니스탄이나 이라크에서 활동 중인 민간군사경비회사는 그 일례이다.

●전쟁도 민간 기업이 대행한다?!

치안 유지나 평화 유지 활동에는 막대한 비용이 필요하다. 제3국의 전쟁이나 분쟁을 진정시키고 그 이권을 획득하려는 국가의 입장에서는 고민거리라고 할 수 있다. 유전이나 광물 자원 등이 있다면, 그 이권을 어떻게든 획득하고 싶다고도 생각할 것이다.

미국은, 아프가니스탄이나 이라크에 군대를 파견하고 있다. 정치적인 목적과는 별개로 전쟁 예산으로 막대한 금액을 투자하고 있는 것이다.

파견된 병사가 죽거나 부상을 당하면, 국내에서 큰 문제로 비화된다. 퇴역 군인이나 매스미디어에 의한 반전활동이 고조 되어 국가 정책을 동요시킬 수도 있다.

군대가 투입 되는 제1의 목적은, 적의 섬멸이나 파괴이며, (이권을 획득하기 위한) 전후 복구지원 임무 또한 담당하게 된다. UN의 평화유지 활동으로도 군대를 파견하게 되지만, 결국은 모두가 **국익**을 위해서이다.

또한, 현지에서 전후복구지원 활동에 종사하는 NGO(비정부단체)의 경우, 항상 군대의 보호를 받을 수는 없기 때문에 독자적으로 신상의 안전을 확보할 수밖에 없다.

그들에게는, 현지의 주민들을 **보디가드**로 고용하거나 신원이 명확한 **민간군사기업**에 경비를 의뢰한다는 두 가지 선택지 밖에 없다. 이러한 상황에서, 신뢰와 안전이라는 측면을 고려하여 민간군사기업을 선택하는 경우가 많다.

민간군사기업의 멤버 가운데 대부분은 군의 다양한 특수작전부대에 재적해 있었다는 과거를 지니고 있다. 흔히 「**PMC 컨트랙터**」라고 불리는 이들은, 군대가 커버하지 못하는 임무를 수행할 수 있다는 이점을 보유하고 있다.

이러한 움직임은, 아프가니스탄이나 이라크뿐만이 아니다. 세계 각지에서 민간군사기업은 활동하고 있으며, 현재는 아프리카 대륙에서의 고용 기회가 늘어나고 있다.

미국뿐 아니라 영국, 러시아, 프랑스, 남아프리카 등의 민간군사기업들도 활동하고 있다. 그들은 민간 기업이면서도, 각국의 정부와 비공식적인 커넥션을 유지하고 있다.

군대의 파견은 국익을 위해

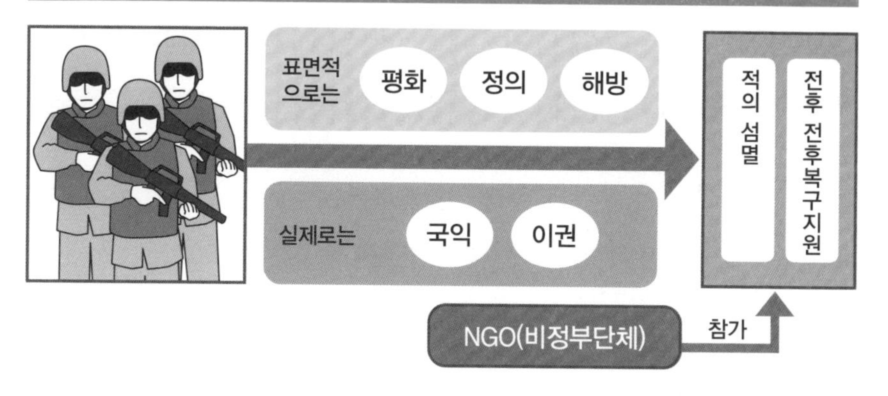

전후복구지원에 종사하는 NGO를 지키는 자들

비정부단체이기 때문에 군대의 보호를 받지 못하고, 현지 주민을 보디가드로 고용하거나, 「PMC 컨트랙터에게 의뢰한다.

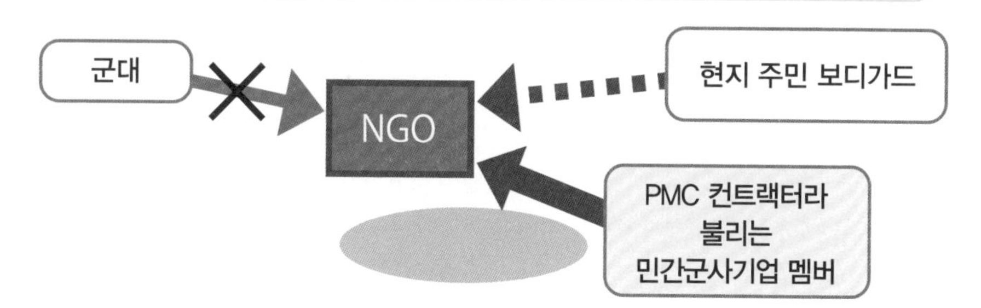

「PMC 컨트랙터」란

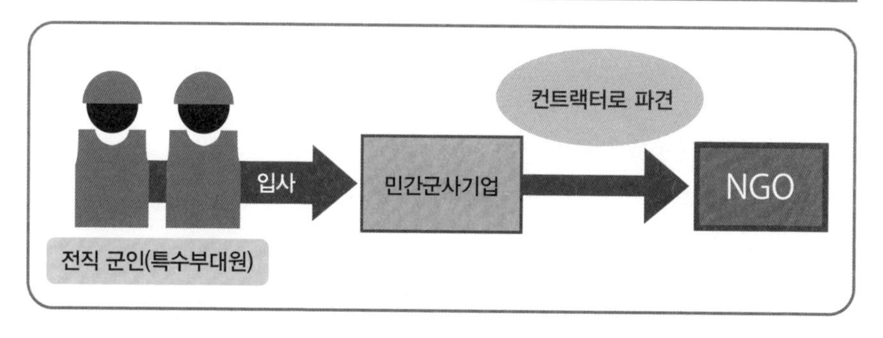

원 포인트 잡학

NGO는 국가간의 협정에 의거하지 않는 비정부단체인 민간조직을 일컫는다. UN 경제사회이사회의 인정을 받고 UN 기관과 협력하여 활동하는 단체도 있다.

No.018

부대는 어느 정도의 기간 동안 파견되는가?

병과에 따라 파병기간은 천차만별이다. 보급이나 수송 등의 비전투부대는 6개월 정도로 교대하는 경우가 많다. 하지만, 전투부대나 특수부대 등은 임무상 장기 주둔이 불가피하여 1년 가까운 시간 동안 주둔지에서 지내는 일도 있다.

●파견 기간은 장기화 되고 있는 경향이 있다

현대의 전장이라고 하면, 우리는 뉴스에서 보도 되는 아프가니스탄이나 이라크를 상상한다. 실제로, 그러한 전장들은 미군이 주체적으로 지역 부흥 작전이나 민사작전을 실행하고 있는 지역들이다.

과거에는 일본에서도 마찬가지의 전후복구지원이 이루어졌다. 연합군 최고사령부(SCAP)가 도쿄에 설치되어, 미국과 영국의 군과 관료들이 주체적으로 점령 정책을 시행했었다는 것은 역사적 사실로써 많은 사람들이 알고 있을 것이다.

일본과 아프가니스탄이나 이라크를 비교하는 것은 어렵다. 일본과는 달리, 현지는 지역에 따라 **언어, 문화, 민족, 종교** 등이 다르다. 각자의 입장을 고려한 전후복구지원이 필요하다.

주의 · 주장이 다르면, 무력 충돌도 일어나기 쉽다. 그것을 억제하기 위해서는, 역시 억지력으로써 전투부대나 특수부대를 배치하는 것이 필요불가결하다.

그렇다고 해서, 이러한 부대들을 단기간을 두고 교대한다면, 전후복구지원은 실패할 가능성이 높다. 「결국은 남의 일」이라는 비방 중상을 받고, 현지 주민들과 신뢰 관계를 구축하기도 어려워진다.

병사가 현지에 익숙해지기 까지는 수개월이 소요된다. 현지의 언어나 문화를 이해할 수 있어야만, 충분한 활동이 가능하기 때문이다.

현지 주민들과의 양호한 관계는, 가능한 한 **장기간 유지하는** 편이 바람직하다. 신뢰 관계가 약할수록 전후복구지원이 더욱 지연되며, 트러블이 빈발하면서 치안도 쉽게 악화된다. 이에 따라 전투부대나 특수부대의 현지 주둔이 장기화 되는 경향이 있으나 그 기간이 연장될수록, 병사들은 전투피로증에 더 많이 노출될 수밖에 없다.

일본과 아프가니스탄, 이라크의 차이

일본과 아프가니스탄, 이라크에는 언어, 민족, 종교 등에 큰 차이가 있다.

패전 당시, 문화나 종교에 큰 격차는 없었다

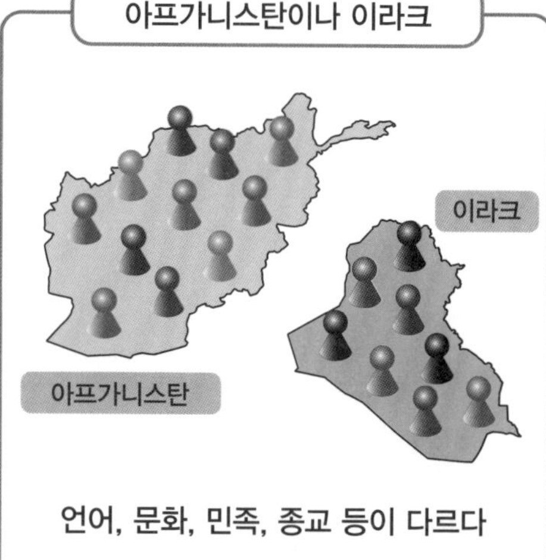

언어, 문화, 민족, 종교 등이 다르다

파견기간의 장기화와 단기화의 장단점

단기 … 실패할 확률이 높다

장점	병사들의 부담이 적다
단점	현지 주민들과의 신뢰 관계를 구축할 수 없다

장기 … 성공할 확률이 높다

장점	현지 주민들과의 신뢰 관계를 구축할 수 있다
단점	병사들의 심리에 전투피로증이 축적되기 쉽다

원 포인트 잡학

전쟁이 장기화될수록, 병사들은 소모된다. 미국에서는 지원제도를 유지하기 위해, 제대연기제도를 적용시켜 병사를 반복해서 전장으로 파견하기도 한다.

새로운 지상전「CMO(민사작전)」

CMO(Civil Military Operation)란, 우호적, 중립적, 적대적인 지역에서 군사작전을 원활하게 추진하기 위한 전략과 전술을 일컫는다. 현지 정부기관, 현지 당국, 현지 주민의 민심을 획득한 연후에, 군사작전을 전개하는 것이다.

기존의 지상전은 군대를 파견하여, 적군을 괴멸시키는 것을 제1의 목적으로 삼았다. 제2차 세계대전에서는 독일군이나 일본군을 타도하고, 한국전쟁이나 베트남전쟁에서는 적의 손으로부터 동맹국을 수호한다는 전쟁이 대의명분으로써 작용했다.

전쟁에서 승리해도, 모든 것이 제대로 수습 되는 것은 아니었다. 패전국 독일이나 일본에서는, 전승국에 의한 이권의 다툼이 벌어졌다. 패전국의 민심은 그야말로, 나중 일로 미뤄졌다.

그 후, 세계는 동서냉전으로 돌입했다. 또한, 수많은 독립분쟁이 일어났다. 그때마다 동서 강대국들은 무력을 투입하여, 적대세력의 제압을 반복해 왔다.

그러나, 강대국이 이러한 분쟁들을 무력으로 제압하는 데는 한계가 있었다. 억압된 사람들의 마음은 하나로 단결하여, 저항 세력으로써 게릴라전이나 내전을 벌이게 되었다.

이러한 마이너스 순환이 계속된 끝에, 강대국들은 전략과 전술의 재검토를 실시했다. 그 가운데 하나가 미군의 CMO로, 정치, 경제, 교육, 인프라 등의 측면에서 전후처리와 전후복구지원을 고려한 연후에 군사작전에 착수하는 것이다.

동서냉전이 끝나자, 자본주의와 공산주의의 싸움은 끝났다. 하지만 그를 대신하는 위협으로 출현한 것이, 각기 다른 인종 · 민족 · 종교 · 문화 사이에 벌어지는 충돌이었다.

이 싸움에서 적국과 싸운다는, 기존의 개념은 통용 되지 않았다. 아니, 애초에 적국이라는 개념 자체를 적용시키기 어려운 상황이 되었다.

아프가니스탄이나 이라크를 보면 알 수 있는 일이지만, 적들은 다민족 국가의 내부에 잠복해 있었다. 이러한 상황에서 작전을 수행하기 위해서는, 해당 지역의 민심을 얻어야만 한다.

현지 정부나 현지 공무원, 그리고 지역 주민의 신뢰를 얻어내야만, 적대세력의 섬멸이 가능해진다. 지역 주민들의 안전한 생활을 보증할 수 있어야만, 군사작전도 용인되기 쉬운 것이다.

그러나 이러한 조정에는 섬세함이 무엇보다도 중요하다. 한 발자국만 잘못 디뎌도, 현지 주민들을 위험한 입장으로 내몰기 십상이다.

그들이 적대세력의 협박을 당하고, 본보기로 살해당하는 사태만은 회피해야 한다. 그것이 불가능하다면, 결국 현지 주민들을 적으로 돌리게 되고, 결국 군사 개입도 끝내 실패로 끝나기 때문이다.

이러한 상황에 대응할 수 있는 전략과 전술이 바로 CMO이다. 아프가니스탄이나 이라크에서는 미군을 대표로 한 적극적인 민사작전이 나날이 전개 되고 있다.

제2장

전략편

No.019

군사작전에 있어서의 전략

전쟁에서는, 싸우는 목적을 명확히 하여 승리할 수 있는 작전의 방향을 설정한다. 이것이 전략이다. 제2차 세계대전에서 연합군은, 독일군에게 점령당한 프랑스를 해방시키기 위해 면밀한 준비를 실시했다.

●전략을 가다듬어, 적의 허를 찌른다

싸움에 승리하기 위해서는 전략이 중요하다. 모든 전투부대가 동일한 목적으로 움직이지 않으면, 적을 타도하기는 힘들다.

제2차 세계대전에서는, 독일군에게 영토의 태반을 점령당한 프랑스를 해방시키는 것이 연합군의 큰 목표 가운데 하나였다. 따라서 연합군은 독일군의 병력을 분단시켜서 프랑스를 수복하기 위한 작전을 은밀하게 가다듬었다.

그것이 **노르망디 상륙작전**이다. 해안선을 통해 북프랑스에 상륙한 이 작전은, 헐리우드 영화로도 여러 차례 영상화된 바 있다.

상륙작전은, 적을 교란시키기 위한 낙하산 부대의 야간 강하로부터 시작 되었다. 이어서 함포사격과 폭격으로 해안선을 타격하고, 적전선으로의 상륙을 감행했다.

독일군의 격렬한 저항을 받으면서도, 연합군은 상륙에 성공했다. 노르망디 지방의 제압까지는 다소 시간이 걸렸으나, **유럽 해방**의 교두보를 구축했다.

이러한 군사작전을 성공시키기 위해서는, 계획을 가다듬기만 해서는 안 된다. 목적에 합치 되는 부대를 배치하여, 필요한 무기와 탄약을 준비하고 각 부대의 호흡을 일치시켜야만 한다.

또한, 적의 반응도 고려해야만 전략을 가다듬을 수 있다. 공격이 민간인들에게 끼칠 피해나 영향도 계산된다. 예를 들어, 프랑스를 침략한 독일군은 현지의 레지스탕스 활동을 예측하여 사전에 작전을 가다듬었다.

하지만 이러한 계산이 맞지 않았던 전쟁도 있다. 미국이 군사 개입했던 베트남전쟁은, 전략적으로 성공했다고 말하기 어렵다. 아프가니스탄이나 이라크도 마찬가지였다.

전략이 아무리 우수해도, 그것만으로는 군사 개입이 성공하기는 어렵다. 계획을 구체적으로 어떻게 실행할지 생각하여, 개입으로 인해 일어날 수 있는 문제에 유연히 대처할 수 있는 전술이 반드시 필요한 것이다.

노르망디 상륙작전

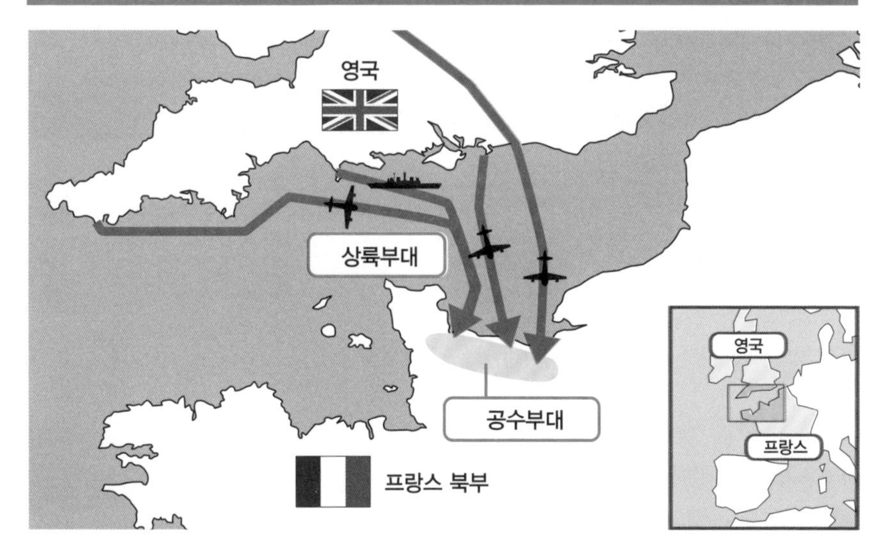

전략도 중요하지만, 그것만으로는 실패한다

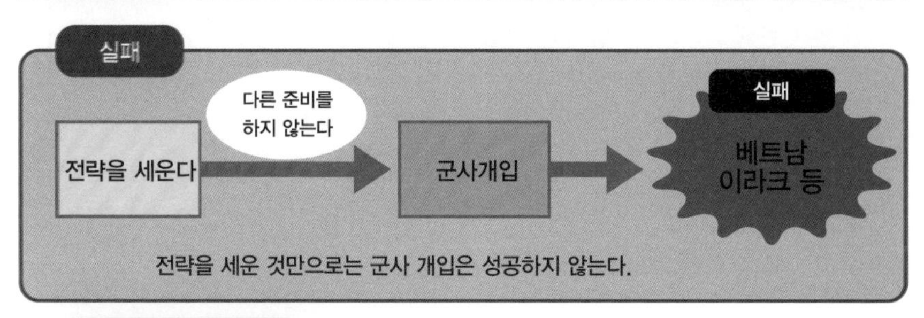

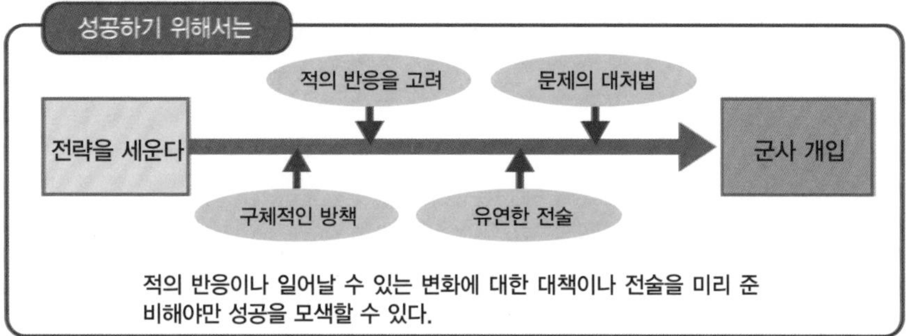

원 포인트 잡학

제2차 세계대전 도중, 미 육군의 패튼 장군은 전략과 전술을 훌륭하게 가려서 구사했다. 최전선에서 능숙하게 부대를 지휘하며 프랑스 영내의 독일군을 차례차례 격파했다.

No.020

군사 전략은 최후의 선택지

노르망디 상륙작전에서는 연합군 최고사령부가 모든 것을 지휘했다. 전략은 군 주체로 입안 되지만, 평상시에는 그럴 수도 없다. 군사 전략은 외교 전략의 일부이며, 달리 선택지가 없을 경우에만 군사 작전은 정당화된다.

●전쟁도 외교 전략 가운데 하나

아프가니스탄이나 이라크에서 싸우는 미군을 총지휘하고 있는 것은 백악관이다. 백악관이란, 백색의 건물을 칭할 뿐만 아니라, 안전보장회의나 최고 사령관인 대통령 본인을 의미한다.

백악관에서는, 국방장관이 각료 가운데 한 사람으로써 국방부를 총괄한다. 구체적인 군사작전 전략은 산하의 **합동참모본부**가 담당하는 것이 관례로 미군은 그 전략에 입각하여 행동한다.

하지만, 평상시에는 군사 전략보다 외교 전략이 우선된다. 국방부가 멋대로 판단하여 행동할 수는 없다.

모든 것에 있어서 국익이 가장 우선시된다. 미국에 위협을 가하는 불량국가가 존재한다고 해도, 우선은 국무부를 중심으로 한 외교 전략을 통한 해결을 시도한다. 군사 전략은 어디까지나 선택지 가운데 하나에 지나지 않는다.

군사 전략을 가다듬게 될 경우, **상대 국가의 언어나 문화, 여론의 경향, 경제 효과, 주변 국가의 동향** 등의 정보가 필요하게 된다. 이러한 토대를 갖추고 나서야, 군대를 파견했을 경우의 결과와 영향을 계산할 수 있는 것이다.

하지만 아무리 치밀한 군사 전략을 수립하더라도, 그것만으로는 통용 되지 않는다. 전쟁에 착수한다 하더라도, 상대의 입장에서는 「외부인」에 불과하다. 그렇기 때문에 전쟁은 최후의 선택지가 된다.

참고로, 백악관은 국방부의 의견에 귀를 기울인다. 하지만 국방부보다는 정보기관의 조언을 참고로 국가 전략을 결단하는 경우가 많다.

중요한 전략을 좌우하는 정보를 일괄적으로 관리하고 있는 것은 국방부보다는 중앙정보국(CIA)이라고 할 수 있다. 그들은 국제사회의 동향을 리얼 타임으로 추적하여, 백악관에 나날이 보고서를 제출하고 있다.

미국이 군사 전략을 입안할 경우의 명령 계통

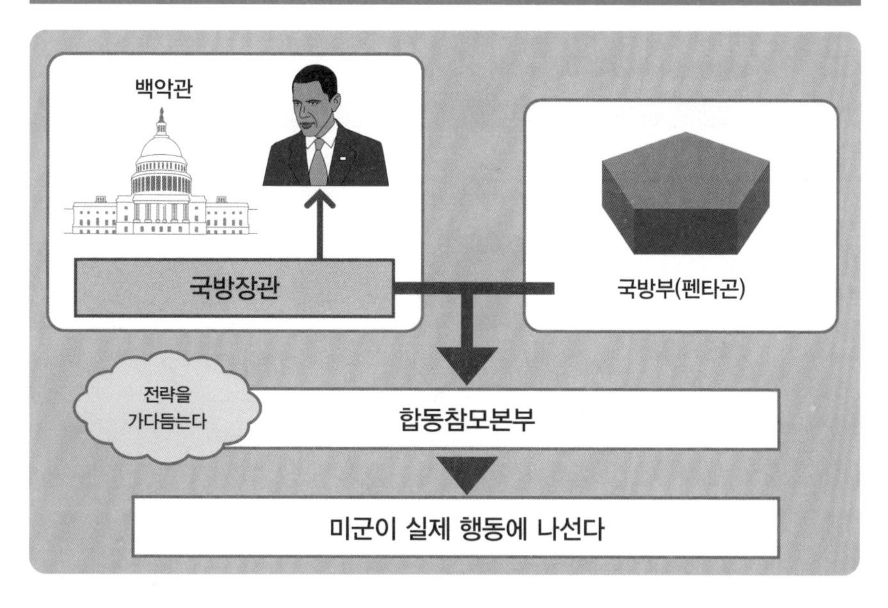

전략 수립에 필요한 것

보다 많은 정보를 수집해야만, 군사 전략을 실행했을 경우의 결과를 예측할 수 있다.

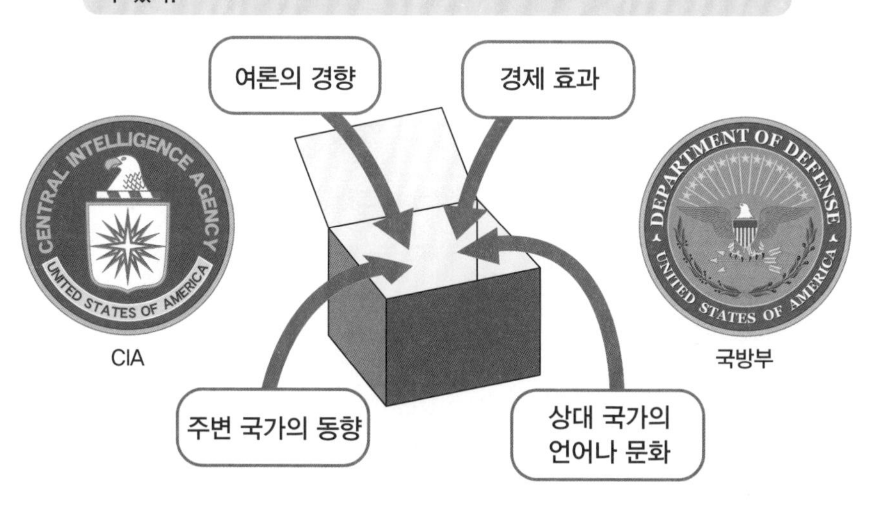

원 포인트 잡학

미국의 정보기관은 전략적으로 편성 되어 있다. CIA 이외에도, 통신정보를 담당하는 기관, 지리 데이터를 분석하여 작전 지도를 작성하는 기관 등 역할 별로 전문기관이 존재한다.

No.021

군과 정보기관은 견원지간?!

적국에 어떻게 침공하여, 점령한 후 통치할 것인가? 전략의 입안에는 적의 약점에 대한 정확한 정보가 필요하다. 이러한 임무는 주로 군의 특수부대가 담당하지만, 정보기관의 특수 팀이 알게 모르게 방해를 하는 경우도 있다.

●군과 정보기관의 밥그릇 싸움?

정보기관은, 목적별로 수집된 자료(Information)를 분석하여 사실을 주체로 작성된 정보(Intelligence)로 변환시킨다. 평상시에는 그야말로 외교 정책의 입안에서 빼놓을 수 없는 정보원이다.

그들은 정보를 입수하기 위해, 현지에 잠입하는 경우도 있다. 특별한 훈련을 받은 공작원이, 군 특수부대와 마찬가지의 활동에 종사한다.

베트남전쟁 당시, 미 중앙정보국(CIA)은 **특수작전그룹(SOG)**을 편성하여 현지에서 활동했다. 그들은 자신들의 요원뿐만 아니라 미군의 특수부대원이나 현지의 산악 민족들까지도 고용했다.

SOG는 동서냉전 중에 세계 각지에서 극비임무를 전개했다. 그 후, 동서냉전이 종결 되자 활동을 휴면시켰다.

그러나, 국제사회에 테러의 위협이 몰아치기 시작하자, 휴면한지 8년 만에 SOG는 부활했다. 그린베레나 해병대 출신의 인원을 고용하여 부대를 재편했다.

이러한 움직임에는 이유가 있다. 미군이 1980년대에 독자적으로 **특수전 사령부(SOCOM)**를 편성했기 때문이다. 베트남전쟁 당시와는 달리, 군은 독자적인 정보망을 확립시켜서 정보수집의 기반을 수립했다.

그렇기 때문에, 중앙정보국은 SOG를 부활시켰다. 현재는 아프가니스탄이나 이라크에서 정보수집이나 「그에 준하는 활동」에 종사하고 있다.

어째서 대립적인 구도가 생기는 것일까? 그것은, 최종적인 국가 전략을 책임지는 것이 백악관이라는 사실에 관계 되고 있다.

대통령은 중앙정보국의 의견을 요구하면서 동시에 국방부에게도 의견을 요구하는 경우도 있다. 그렇기 때문에 쌍방이 **보다 질 높은 정보**를 확보하기 위해 경쟁한다. 때때로 이러한 모습은 헐리우드 액션 영화에서 희화화되어 그려지기도 한다.

CIA 특수작전단(SOG)의 변천

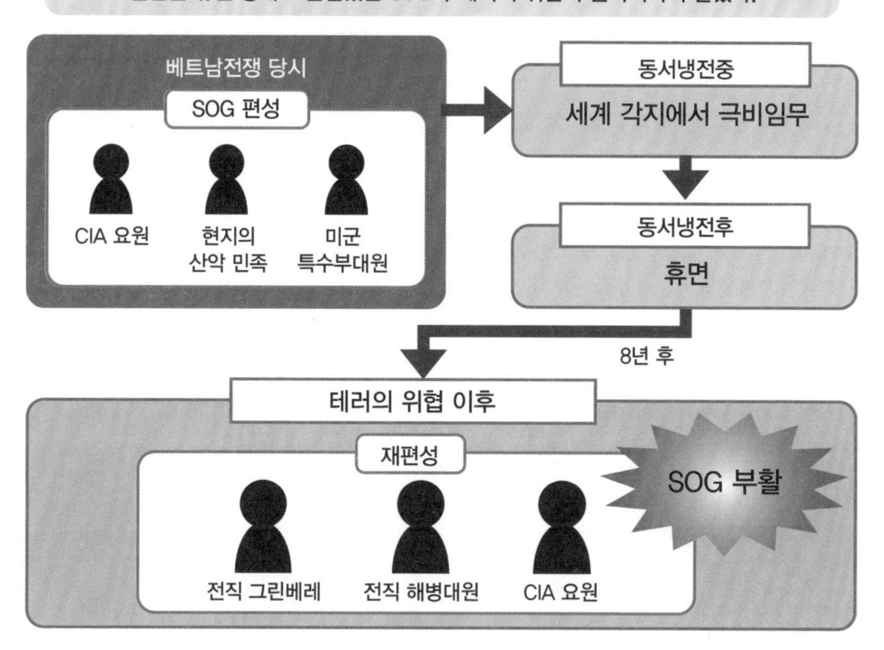

CIA 대 미군

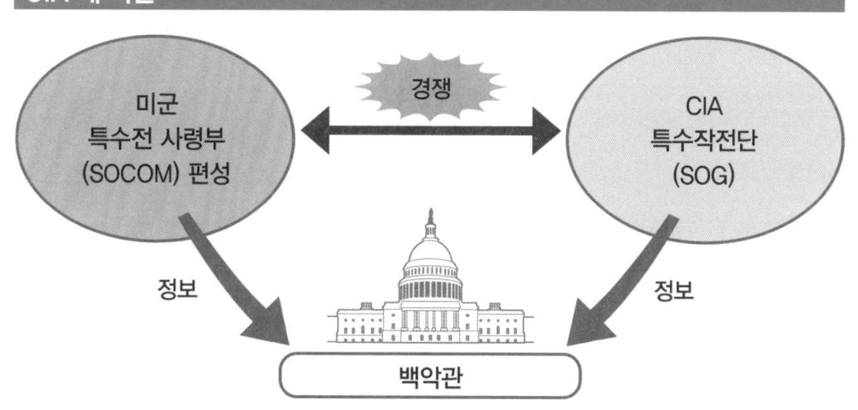

※ 미 군부와 CIA는 백악관으로 넘기는 정보의 질을 두고 경쟁하고 있다.

원 포인트 잡학

전투지대에서 활동하는 중앙정보국 직원은 미군으로부터 OGA라고 불리고 있다. 이것은 영어 「Other Government Agency」의 머리글자를 따온 것이다.

No.022

전략과 정보제공자

전략을 가다듬는 데 있어서, 필요한 것은 현지의 정보이다. 생생한 정보일수록, 현실적인 작전의 입안이 가능해진다. 이러한 정보는 군 특수부대가 포섭한, 현지의 신뢰할 수 있는 정보제공자로부터 입수하는 경우가 많다.

● 현지의 커넥션을 활용한다

전장에는 다양한 **정보제공자**가 있다. 지역에서 생활하는 주민들은 현지의 정보에 박식하며, 보수를 목적으로 밀고해 오는 자들도 있다. 적 조직에 소속 되어 있으면서도 그 동향과 관련된 정보를 유출시키는 배신자도 있다.

군 특수부대는 그러한 상대를 이용한다. 자신들이 적지에 잠입하여 정보를 입수하기에는, 결국 일정한 한계가 있기 때문이다.

특수부대는, 정보제공자를 신중하게 선별한다. 확실한 신원 확인을 거쳐, 동기나 그 목적을 분석하는 것도 잊지 않는다.

어째서 그들은 정보를 제공하는 것일까? 본인 스스로나 가족의 생명에도 위험이 발생할 가능성을 숙지한 상태에서 정보를 흘린다는 것은 그들의 마음에 확고한 신념과 동기가 있기 때문이라고 할 수 있다.

그들이 제공하는 정보의 가치와 신뢰성은, 정보제공자 본인의 동기와 밀접한 관계가 있다. 때문에, 특수부대는 이러한 사항에 대해 신중히 조사한다.

구체적으로 어떠한 동기가 존재할까?

예를 들자면, 보수를 목적으로 하는 동기가 있다. 그러나 이러한 경우에는 주의가 필요하다. 돈으로 움직인다는 것은, 적에게도 이 쪽의 정보를 유출시키고 있을 가능성도 있다.

이데올로기적인 동기라면 신뢰할 수 있다. **애국심**, 사상 경향, 정치와 사회에 대한 사고방식은 정보제공을 정당화하는 동기가 되기 쉽다.

인간으로써의 **양심**을 지닌 상대도, 신뢰도는 높다. 누군가가 상처 입는 것을 견디지 못하는 마음이 있다면, 선악의 판단에 입각하여 **정의감**에 사로잡히기도 한다.

이러한 동기를 분석하여, 신뢰할 수 있는 상대를 정보제공자로 회유한다. 이러한 방법은 특수부대뿐만 아니라 정보기관도 활용한다. 어찌됐건, 전략을 입안하는 데 있어서 빼놓을 수 없는 정보원이 되는 것만큼은 확실하다.

다양한 정보제공자

정보제공자의 동기

원 포인트 잡학

정보제공자는, 종종「자료제공자(Informant)」라고 불린다. 이전에는 보수를 받으려는「밀고자(Informer)」라고 불렸으나, 다양한 동기를 고려하여, 지금은 완곡한 표현으로 불리고 있다.

No.023

작전 입안이야말로 전략의 기본!

지상전이라고 하면, 누구나가 전차부대나 보병부대의 활약에 대한 이미지를 떠올릴 것이다. 포병 부대의 포격이나 상공으로부터 내려오는 공수부대의 인상도 강하다. 이러한 부대가 작전을 수행하기 전에는, 목표나 계획을 명확하게 설정한 전략이 신중하게 가다듬어 진다.

●목적에 따라 전략은 변화한다

전략은, 전술과 혼동 되는 경우가 많다. 전략이란 기본적으로 큰 계획을 의미하며, 전술은 전략을 달성하기 위한 수단이다.

예를 들면, 핵무기에는 전략핵과 전술핵이 있다. 신문이나 뉴스로 이러한 구분을 접한 이들도 많을 것이다.

전략핵과 전술핵은 서로 무엇이 다른가? 대륙간탄도탄(ICBM)이나 핵무기를 탑재한 장거리 전략폭격기는 전략핵으로 구분 되며, 근거리 핵미사일이나 핵폭뢰 등은 전술핵으로 간주된다.

즉, 산업 파괴나 전의 상실 등 적국의 다양한 목표를 타격할 것인가, 아니면 적 부대에게 사용할 것인가에 따라 전략과 전술은 구별된다.

현실론으로 생각해보면, 전략과 전술을 정확히 구분하기는 힘들다. 핵의 살상규모와 그 영향을 고려해 봐도, 전략핵과 전술핵의 차이는 탁상공론에 지나지 않으며, 실제로는 그 어느 쪽도 상상을 초월하는 피해를 발생시킨다.

전체적인 전략이 입안 되면, 그 전략을 수행할 수 있는 실전부대를 통해 조정이 시작된다. 예를 들면「그 국가는 핵개발을 하고 있다. 시설을 파괴함으로써 주변 국가의 평화로 이어진다.」라는 방향에서부터 구체적인 작전 입안이 시작 되는 것이다.

현실적으로「직접공격」이 결정된 적이 있다. 1981년에 이스라엘 공군이 실시한 이라크 원자로 폭격이 전형적인 사례라고 할 수 있다.

이 공격으로 이스라엘은 국제사회의 비난을 한 몸에 받았다. 그러나, 이 공격으로 이스라엘이 얻은 것은 컸다.

최근의 세계적인 경향을 봐도,「대테러전」이 자주 명목으로 활용된다. 이는 전략적으로 고려할 경우, 해외 파병을 실행할 수 있는 구실로 내세우기 쉬운 명분이다.

전략핵과 전술핵의 차이

전략핵은 적국의 도시(산업 파괴) 등을 목표로 설정한 것이며, 전술핵은 잠수함 등 적의 부대를 목표로 한 것이다.

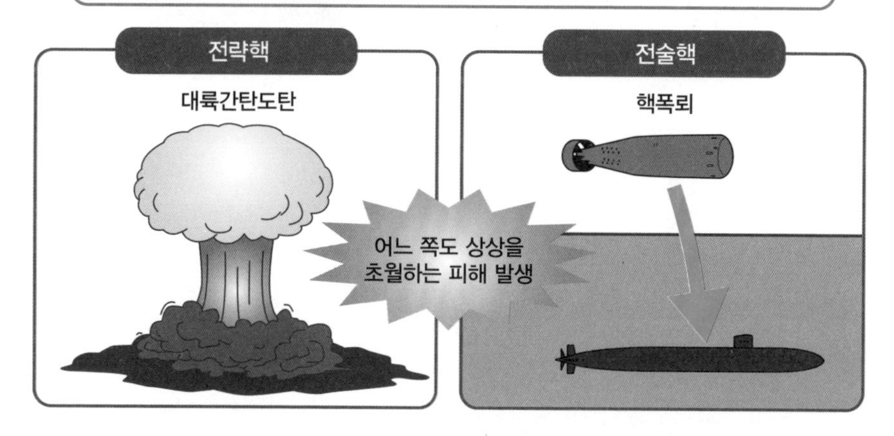

이라크 원자로 폭격사건

이라크가 건설 중이던 원자로를, 핵의 군사이용을 우려한 이스라엘이 폭격한 사건. 단기적인 「직접공격」으로 핵보유의 우위를 유지했다.

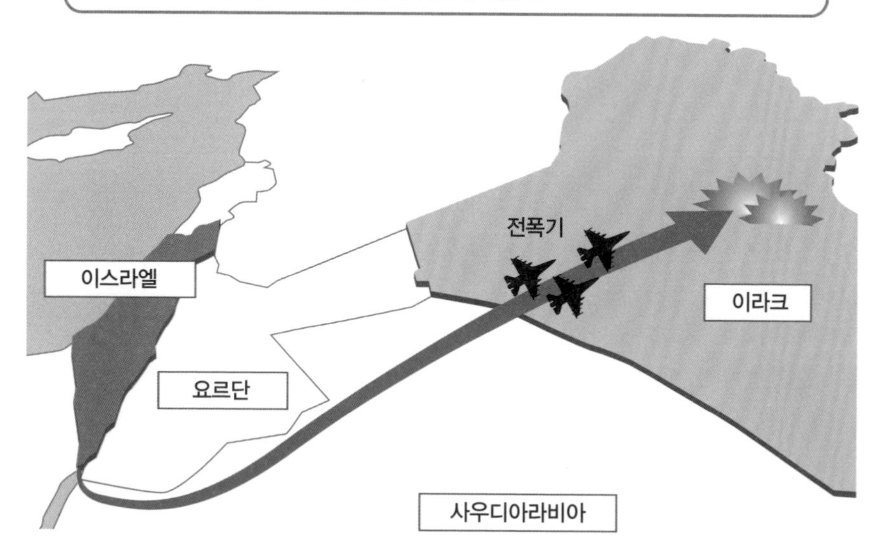

원 포인트 잡학

최근의 전쟁은, 전략물자의 이권 다툼이 복잡하게 얽혀있다. 이는 항구적인 확보가 필요불가결한, 석유, 식료품, 물, 금속 자원 등을 두고 다투는 싸움을 의미한다.

No.024

시대에 따라 군사전략도 변화한다

19세기, 20세기, 21세기. 전쟁은 항상 변화해 왔다. 전쟁의 상대, 무기의 진화, 전장의 형태 등에 따라 전략은 시시각각 변화한다. 물론, 전략과 함께 「어떻게 싸울 것인가」라는 전술도 변화해 간다.

●교훈을 살려, 다음 전장에 대비한다!

제1차 세계대전에서는, 유럽이 주된 전장이었다. 전투의 대부분은 육지에서 이루어 졌으며, 지상 전력과 항공 전력을 투입한 전투가 그 중심이었다.

이 전쟁은, 극동 아시아에서도 벌어졌다. 연합국 측으로써 참전한 일본은, 독일의 조차지(租借地)가 있는 중국으로 진격하여 차례차례 점령해 갔다. 이것이, 일본이 태평양 섬들을 위임 통치하게 된 계기이다.

그러나, 미국은 이러한 일본의 움직임에 대해 가장 먼저 경계하기 시작했다. 미국이 유지하고 있던 태평양에서의 군사적 우위를 일본에게 위협당할 위험성이 발생했기 때문이다.

그 중에서도, 일본의 동향을 특히 위협적이라고 인식한 것이 미 해병대였다. 소수정예부대인 그들은, 전략적 시점에서 경계감을 느꼈다.

해병대는 즉시 새로운 전략의 수립에 착수했다. 태평양의 섬들을 위임 통치하게 된 일본이 전선 기지를 설치할 것을 예측하여 「**바다에서 육지를 공격한다**」는 전략을 고안했다.

이윽고, 그 예측은 현실이 되었다. 태평양전쟁에서는, 이러한 전략에 입각한 수륙양용작전이 실행되었다. 함포 사격이나 항공 전력으로 철저하게 타격을 가한 뒤, 상륙용 주정을 이용하여 적지에 상륙하는 방식으로 일본군을 압도해 갔다.

그러나 전쟁은 핵의 시대로 이양 되었고, 히로시마와 나가사키에서 실제로 사용 되었다. 이러한 **핵무기**의 등장은 수륙양용작전이라는 사고방식을 박살냈다.

이후, 해병대는 한국전쟁이나 베트남전쟁에서 경험을 쌓았다. 그리고 이번엔, **헬리콥터를 이용한 강습 전략**을 확립시켰다.

미 해병대의 경우와 같이, 시대의 흐름에 따라 전략은 변화한다. 전술도 수정 되어, 경험을 쌓으면서 세계 각지의 군대는 다음 전장에 대비하고 있다.

태평양전쟁에서 미 해병대가 도입한 전략

해상과 공중에서 공격하는 전략으로 미군은 일본군을 완전히 압도했다.

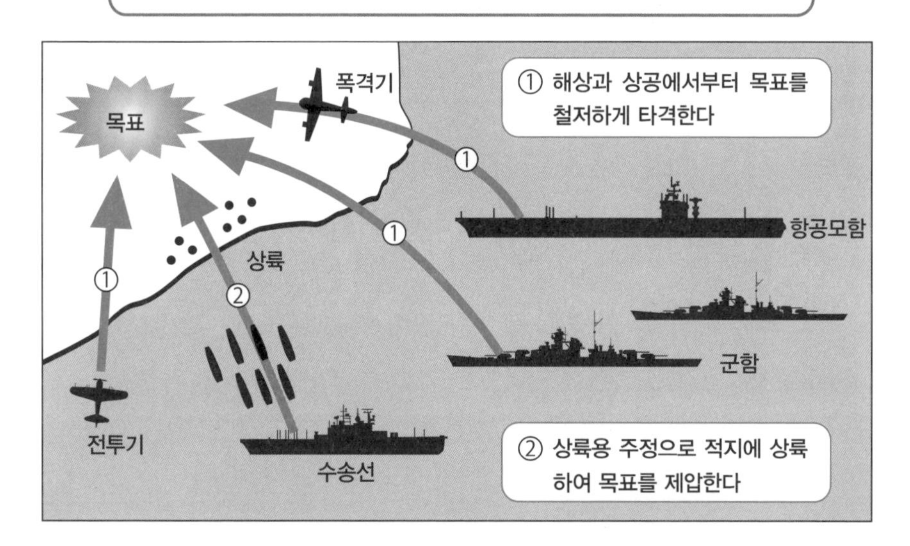

시대에 따른 전략의 변천

전쟁의 상대, 무기의 진화, 전장의 형태에 따라 사용 되는 전략도 변화해 간다.

원 포인트 잡학

미 해병대는 독립전쟁 당시, 영국 해병대를 참고로 하여 창설 되었다. 그 주된 임무는 전투가 아니라, 군함에서 해군 병사들의 질서와 규율을 유지하는 것이었다.

No.025

리더십과 전략

아프가니스탄이나 이라크에서는, 미국이나 다른 나라들의 군대가 활동하고 있다. 각 군 사령부는 테러리스트의 섬멸과 평화를 실현한다는 전략 목표 및 계획을 제창하고 있지만, 유능한 부대에서는 장군 스스로가 최전선을 방문하여 의사를 결정한다.

●목표를 명시하고, 스스로 움직인다

전략은 탁상공론이어선 안 된다. 최전선을 한 번도 시찰하지 않고 작성된 전략은, 최전선의 병사들에게 받아들여지지 않는다. 전투는 작전실이 아닌 현장에서 벌어지고 있기 때문이다.

계획의 작성에 시간을 너무 소비하면, 찬스를 놓치고 만다. 전략이 불완전하더라도 전술로 커버할 수 있는 경우는 많다.

하지만, 전략의 입안만으로는 의미가 없다. 사령부의 장군들이 **최전선에서 지휘**해야만, 최대한의 효력을 발휘한다. 그렇게 함으로써, 부대는 대국적인 관점을 견지하면서도 구체적인 전투 능력을 구사할 수 있다.

제2차 세계대전에서는 그 중요성을 미 육군의 패튼 장군이 주장한 바 있다. 그는「전쟁에 승리하려면 목표를 명시하고, **상황에 맞는 전술**을 직접 가려서 구사해야 한다.」라고 주장했으며, 실제로 실행했다.

현장을 모르고 작성한 전략일수록, 큰 실패가 일어날 가능성이 높다. 완벽한 계획을 추구할수록, 유연성은 사라진다. 무엇보다도 중요한 것은, 신속하고 알기 쉽게, 대담한 전략을 작성하는 것이다.

그가 주장했던 전략론은, 현대의 전장에서도 통용된다. 아프가니스탄과 이라크를 비교해보면, 테러리스트를 섬멸한다는 목적은 공통적이지만, 산악지대와 시가지에서는 각기 다른 전투방식이 적용될 수밖에 없다.

작전실의 책상 앞에 앉아만 있어서는, 전투에서 승리할 수 있는 전략은 작성할 수 없다. 스스로의 눈으로 현실을 본 뒤에 비로소 이미지로써 계획에 활용할 수 있다.

유능한 장군일수록, 총탄이 날아다니는 최전선에서 지휘를 한다. 그 중에서도 용맹하고 과감한 것으로 알려진 미 해병대의 장군들은, 적극적으로 최전선을 시찰하여 현 상황을 파악한 연후에 의사 결정을 하는 것으로 유명하다.

유능한 장군이란?

작전실에서 지령을 전달하기만 하지 않고 스스로 최전선을 방문해야만 유능한 장군이라고 할 수 있다.

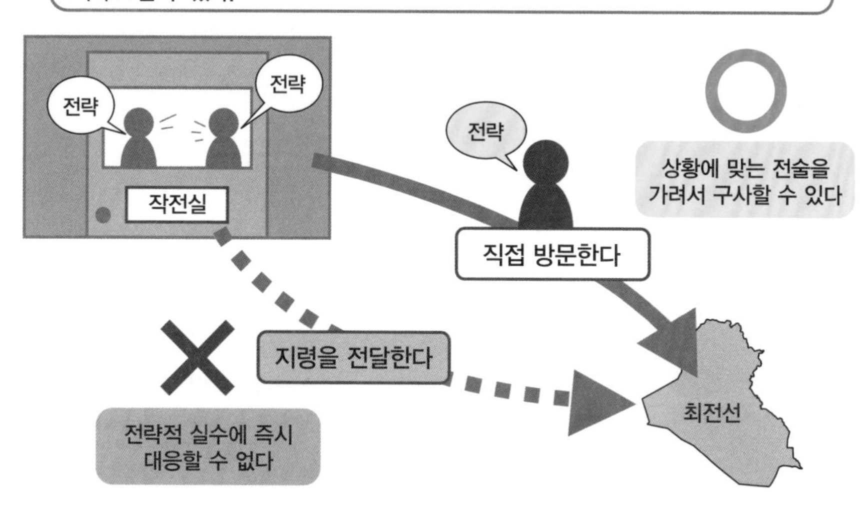

아프가니스탄이나 이라크에선

목적은 같아도 전투 방식이 다르기 때문에, 현장을 알지 못하면 같은 전략을 이용하여 실패하기도 한다.

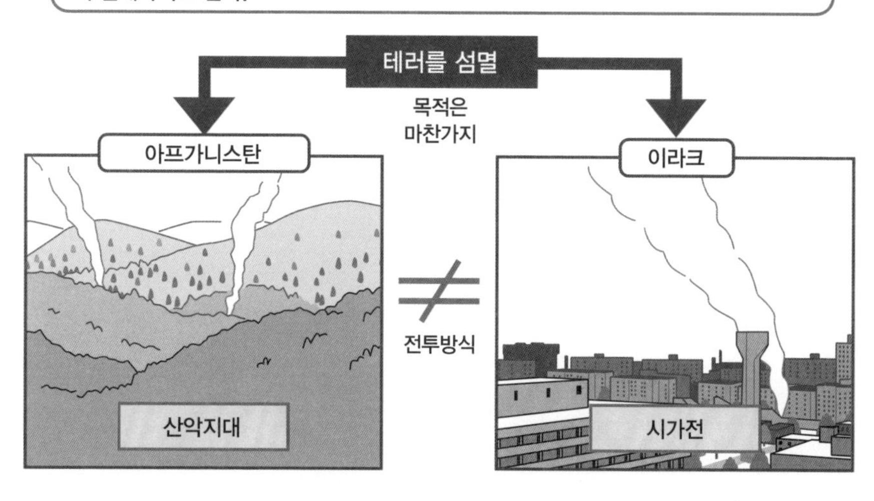

원 포인트 잡학

패튼 장군은 전략가인 동시에, 전술가이기도 했다. 유능했기 때문에 파벌 의식이 강한 육군에서 섞이지 못하고 한직으로 밀려났다.

No.026

군사전략과 경영전략

도미노피자, 페덱스, 뉴욕 타임즈, 뉴욕 증권거래소의 공통점은 무엇일까? 그것은 이들 기업의 경영진의 수뇌가 모두가 군 출신이라는 것이며, 군사 전략을 경영 전략으로 활용하여 큰 성공을 거두고 있다는 점이다.

● 비즈니스라는 이름의 전장

경영자에게 있어서는, 매일 매일이 전쟁이다. 포탄이나 총탄이 날아다니지 않더라도, 살아남기 위해서는 경영전략이 반드시 필요하다. 군사전략과 경영전략은 전혀 다른 것같이 느껴질 수도 있지만, 실은 공통점이 많다.

그렇기 때문에, 성공한 경영자 가운데 다수가 **군 출신**이다. 물론, 군대에서 어떠한 경험을 겪었는지에 따라서도 다르지만, 미 해병대 출신들만큼 성공하는 이들은 드물다.

해병대에서는, 조화, 집단문화, 충성심 등 무사도나 일본 문화와 비슷한 사고방식이 기반에 깔려 있다. 이러한 사고방식이 임기응변이나 유연성을 배양하여, 강한 지도력에 영향을 끼친다는 이야기가 많다.

또한, 해병대에는 지휘계통의 온갖 계층에 리더가 존재한다. 그들은 각자의 계급과 입장에서 지시를 받고, 지시를 내릴 수 있다.

육군의 그린베레나 공수부대와 같은 파벌 의식은 경원시되며, 해병대는 항상 일치단결하여 전투에 참가한다. 기업에서도 이는 마찬가지로, 다른 부서에서 무엇을 하고 있는지 알 수 없는 회사일수록 실적은 좋지 않다.

경영전략에서는 목표를 설정하고, 명확한 방침을 수립하여 계획을 입안해 간다. 모든 직원들이 그러한 목적을 이루기 위해 행동하지 못 하면 타 사에게 승리할 수 없다.

사원의 사기나 중간관리직의 지휘 능력을 확인하는 것도 중요하다. 또한, 임원들은 부하들이 안심하고 일할 수 있는 환경을 제공하고 있는지도 파악하고 있어야 한다.

경쟁사에 대한 분석도 중요한 과제이다. 어떠한 전략이나 전술을 사용해 올 것인지, 그 동향을 얼마나 신속하게 탐지해낼 수 있는지가 시장 점유율을 결정한다.

이러한 경영전략은, 모두 군사전략의 응용이라고 할 수 있다. 그렇기 때문에, 민간 기업에서는 해병대원과 같은 인재를 환영하며, 성공할 기회도 많다.

미 해병대에서 배우는 것

미 해병대에서 집단문화나 충성심 등을 배움으로써, 경영자로써의 자질을 갖출 수 있게 된다.

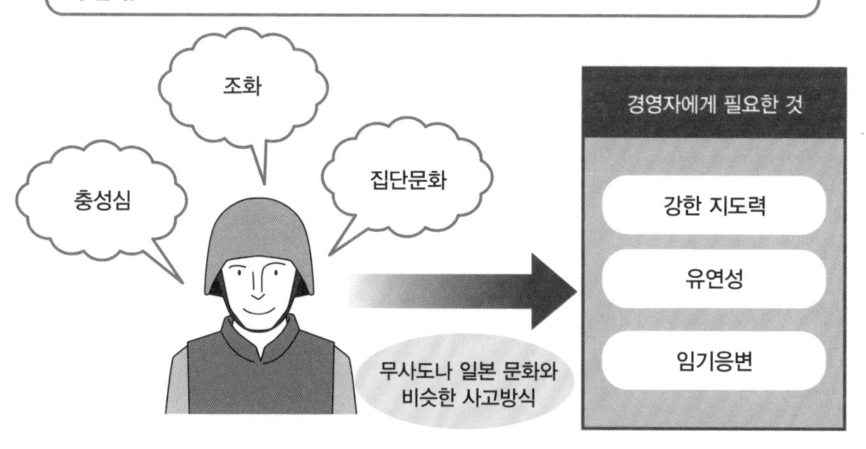

군사전략과 경영전략

군사전략을 응용함으로써 승리할 수 있는 경영전략을 수립할 수 있는 것이 해병대원이다.

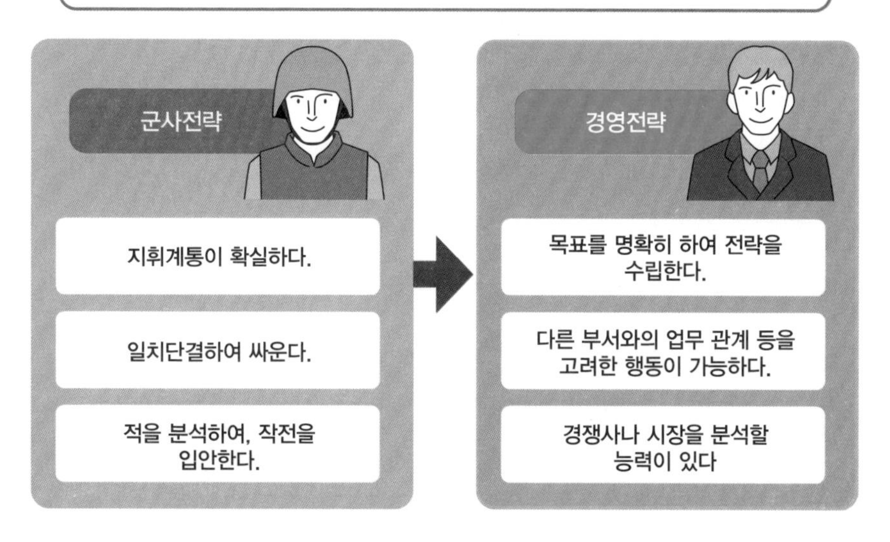

원 포인트 잡학

미 해병대에서 가장 명예로운 임무는 모병과 훈련 교관이다. 양쪽 다 전장에서 마지막까지 살아남을 수 있는 인재를 발굴하여 육성하는 중요한 임무로 간주된다.

No.027

군사전략과 외교전략

군사전략은 외교전략의 일부이다. 예를 들자면, 미국은 안전보장상의 이유로 대량살상무기를 보유하고 있는, 소위 불량국가를 인정하지 않는다. 경제제재 등의 수단으로 우선 대항하지만, 절박한 위험이 존재하는 상황에서는 군사작전도 주저하지 않는다.

●합법화된 군사전략이란

2001년의 9.11 테러 이후, 이 세상의 윤리는 급격히 변화했다. 「**대테러 전략**」은 안전보장상 허용 되는 행위로 인식 되어, 아프가니스탄이나 이라크로 수많은 군대가 파병 되었다.

21세기의 군사전략은, 19세기 말에서 20세기 초의 그것과는 다르다. 20세기의 군사전략은, 영국 · 프랑스와 독일의 패권 다툼에서 시작 되어 「유럽의 화약고」라고 불렸던 발칸 반도에서의 전략이 주된 비중을 차지했다. 제2차 세계대전으로 그 결판이 지어지자, 세계는 동서냉전의 시대로 변화했다. 그 후, 유럽에서는 유럽 연합(EU)이 조직 되어 경제 통합의 심화와 확대, 정책적인 통합이 진행 되고 있다.

현재, 전쟁이나 분쟁의 불씨 대부분은 아시아를 중심으로 하고 있다. 한국, 중국, 일본, 북한 등 아시아 각국은 독자적으로 영토를 주장하고 있다.

각국은 다양한 전략을 이용한다. 그 기본은 외교전략이며, 군사전략은 선택지에 지나지 않는다. 심리 전략이나 정보전략도 동일선상에서 취급된다.

심리 전략에 대해서는, 태평양전쟁에서 패배한 일본을 보면 일목요연하다고 할 수 있다. 전후의 전후복구지원에서 미국의 심리 전략이 완벽하게 성공을 거두었기 때문에, 일본은 미국을 추종하는 국가로 변화한 것이다.

또한 심리 전략에서 분리된 것이 정보전략이다. 정보가 인간에게 얼마나 영향을 끼치는지를 응용하여, 싸우지 않고 심리를 조작하는 전략을 의미한다.

미군이 이라크 등에서 이용하고 있는 「**끼워 넣기 취재**」는 그 일례라고 할 수 있다. 대외적으로는 보도관계자의 보호를 제창하면서, 형편상 불리한 대상의 취재를 막기 위해, 취재하는 전투 부대를 사전에 결정해 놓는 등의 조작을 실시하고 있다.

군사전략은 외교전략의 하나

군사전략은 대외적인 외교전략 가운데 하나이며, 대부분의 경우 마지막 수단으로 사용된다.

「끼워 넣기 취재」란?

「끼워 넣기 취재」란, 저널리즘 정신을 우선한다면 어떤 전장이라도 취재 OK인 것을, 자군의 부대에게 불리한 장소는 위험하다는 이유로 취재를 통제하고 유리한 장소로의 동행만을 인정하는 것이다.

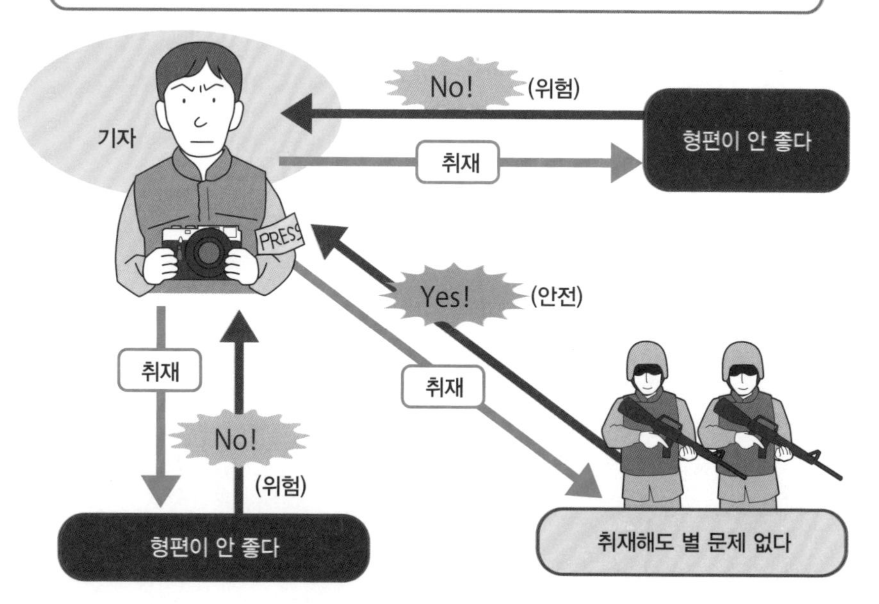

원 포인트 잡학

이라크 전쟁에서 미 국방부는 기자를 군의 보호 하에 두면서, 취재 범위를 제한했다. 이러한 조치로 인해, 보도 내용 가운데 상당수가 객관성을 잃고 말았다.

No.028

사상최대의 군사전략

제2차 세계대전에서 패전한 독일의 처리를 둘러싸고, 미국과 구소련은 크게 대립했다. 대립의 원인은 정치, 경제, 사회의 민주화 정책을 놓고 이해의 차이가 드러난 것으로, 여기서부터 「냉전」이 시작 되었다.

●「동서냉전」이라는 대립

패전국 독일의 처리는 「포츠담 협정」에서 명시 되었다. 그러나 그 해석을 둘러싸고, 미국과 구소련은 정면에서부터 대립했다.

독일은 미국, 영국, 프랑스, 소련(당시)의 4개국이 분할 통치하게 되었다. 또한, 소련이 이전부터 점령하고 있던 수도 베를린도 서베를린과 동베를린으로 분할 통치 되게 되었다.

그러나 서방국가들이 통치하게 된 서베를린은 주변이 소련의 통치하에 놓여 고립된 지역이었다. 양 진영의 대립은 이윽고 표면화 되어, 소련이 서베를린으로 향하는 도로와 철도를 봉쇄한 「베를린 봉쇄」 사건이 일어났다.

2년 후, 이 문제는 다른 지역에서도 발생했다. 일본의 패퇴로 미국과 구소련이 분할 통치하게 된 한반도에서, 남북의 무력 충돌이 일어난 것이다.

한반도는 38도선에 의해 남북으로 분할되어, 각각 대한민국과 조선민주주의인민공화국이 탄생했다.

미국이 대한민국을 승인하는 한편, 구소련이나 공산국가들은 북한을 승인했다. 여기서도 양 강대국의 군사전략적인 계산이 강하게 반영 되었다.

독일에서도, 그러한 움직임은 더욱 강해졌다. 미국은 1952년, 영국, 프랑스와 함께 「평화협정」 조약을 체결하여 서독의 주권을 회복시켰다.

한편, 구소련도 동독에 자치권을 부여했다. 그리고 베를린 장벽을 구축하여 사실상의 「봉쇄」가 시작 되었다.

이후, 동서진영의 대립은 세계 각지로 전파 되게 된다. 이러한 움직임은 현실의 전쟁과 비교 되면서 **「냉전」**이라고 불렸다.

양 진영의 긴장 상태는 점차 고조 되었다. 그 중에서도 핵무기 경쟁은 격화 되어, 유럽은 또 다시 그 전장으로 가정 되었다.

베를린 봉쇄 사건

구소련의 통치하에 있던 수도 베를린은 4개국에 의해 분할 통치되었으나, 봉쇄로 인해 고립당하고 말았다.

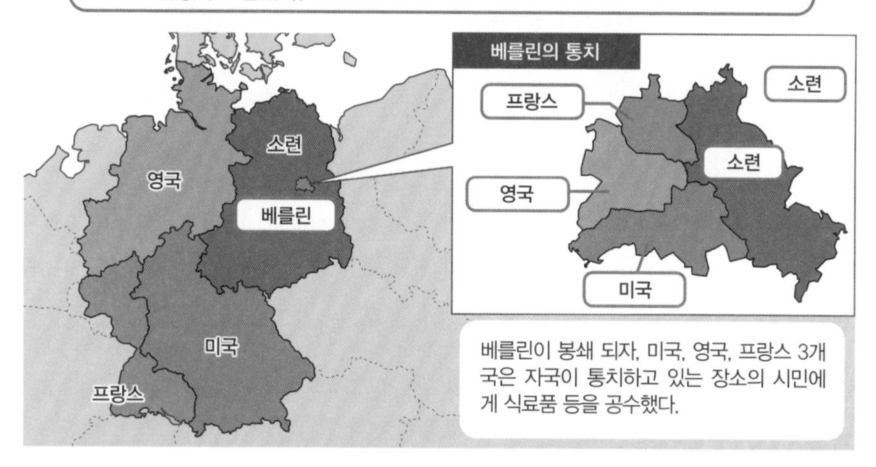

미국 VS 구소련

미국 대 구소련의 냉전은, 직접적인 독일이나 한반도뿐만 아니라, 대리전쟁으로써 아프가니스탄이나 아프리카 등 세계 각지에서 불꽃을 튀기는 싸움으로 비화되었다.

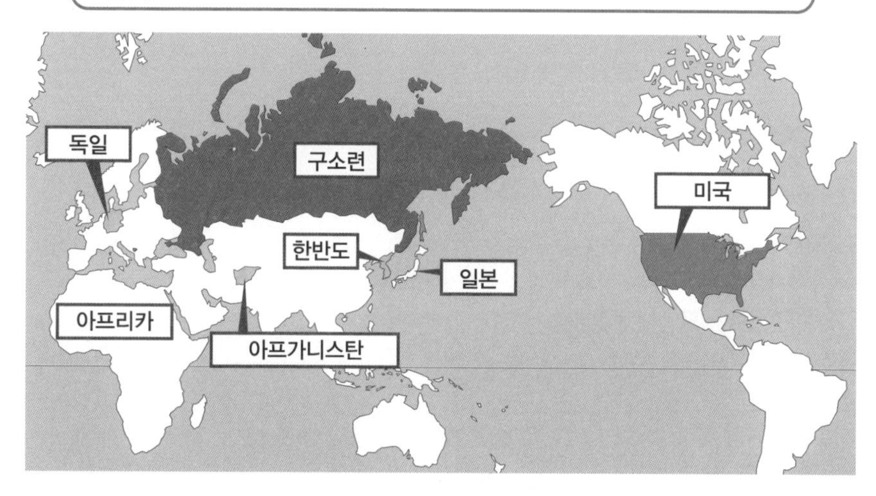

원 포인트 잡학

베를린 봉쇄에 대항하여, 서방 세력은 베를린 공수작전을 실행하여 시민들에게 물자를 공급했다. 이에 대해, 구소련은 전투기로 위협하며, 경고 사격으로 방해했다.

No.029

교전규칙으로 볼 수 있는 전략

전쟁은 외교전략의 일부이다. 적국을 타도하기 위해서라고 해도, 무슨 짓을 해도 상관이 없지는 않은 것이다. 전쟁에는 룰이 존재하며, 국제적인 룰에 따라 전투를 실시하게 된다. 병사의 신분으로도, 전장에서 법적으로 허용 되는 기준에는 제한이 있다.

●전쟁에도 룰이 있다?

전쟁의 대표적인 룰로는, 「**제네바 조약(Geneva Convention, 1949)**」이 있다. 이 조약에서는, 전쟁 당사자는 합법적인 군사표적과 비합법적인 민간표적을 구별해야 한다고 명시 되어 있다.

병원이나 학교, 종교 시설에 대한 공격도 원칙적으로 금지 되어 있다. 비전투원에 대한 공격도 허가받지 못 한다.

이러한 규칙은, 국제법에 구체적으로 제정 되어 있다. 전쟁이라고 해서, 모든 행동이 허용 되는 것이 아니다. 반면, 전쟁 행위 자체는 위법이지만 자위(自衛)를 위한 전쟁이나 집단적 자위권은 허용된다는 모순도 존재한다.

또한, 근대전에서는 이러한 룰이 더욱 애매해 질 수 밖에 없다. 이라크로 출병한 미군은 「**교전규칙(Rules Of Engagement, ROE)**」 **카드**를 병사들에게 배포했으나, 그 존재의의는 점차 약해져만 갔다.

개전 당초의 전투에서는 교전규칙은 철저하게 지켜졌다. 비군사 시설의 파괴나 민간인의 희생을 피하기 위한 전략과 전술이 준수 되었다.

그러나 후세인 정권이 쓰러진 이후, 상황은 순식간에 변화했다. 더 이상 적은 군복을 입은 이라크군 병사가 아니었다. 미국에 의한 점령에 반발하는 이라크 국민들이 새로운 적으로 등장한 것이다.

이러한 상황에서는, 기존의 교전규칙은 통용 되지 않는다. 적은 일반 시민 내부에 잠입하고 있으며, 활동 거점도 비군사 시설을 중심으로 삼고 있는 것이다.

이러한 현실은 미군을 궁지로 몰아넣었다. 최소한도의 무력행사를 정당화시키는 일이 어려워졌다. 위험하다고 판단되는 상대를 즉시 제거할 수 있는 「**합리적 확실성**」을 추구할 수 밖에 없게 되었다.

하지만 이러한 판단은 결과적으로 **오버 킬(과잉살상)**을 발생시켰다. 휴대폰으로 대화하고 있는 주민을 IED를 폭파시키려는 테러리스트로 오인하여 공격대상으로 삼는 일도 비일비재했다.

전쟁의 룰

시민들 사이에 숨어드는 테러리스트

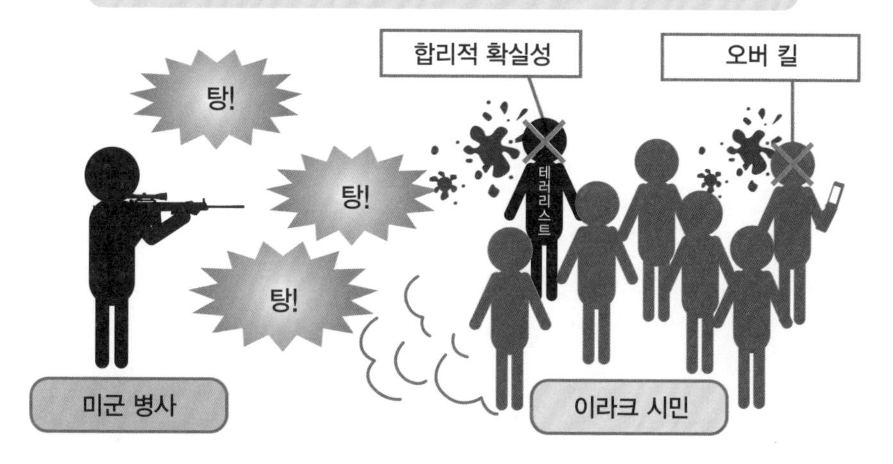

원 포인트 잡학

전장에 파견된 미군은, 전투복의 앞주머니에 교전규칙 카드를 상비했다. 그러나 현장에서는, 카드보다 합리적 확실성을 추구할 수밖에 없는 상황이 많았다.

No.030

전쟁의 룰은 왜곡될 수 있다

과거에 일어난 전쟁에는 공통점이 있다. 그것은「어느 쪽이 공격을 시작했는가」라는 수수께끼가 남아있기 때문이다. 상대가 먼저 공격을 시작했다고 쌍방이 주장하는 것은, 국제법을 방패로 삼은 해석의 방법이라고 할 수 있다.

● 전쟁은 위법이지만 변명할 거리도 있다

국제법으로 정해져있는 전쟁의 룰은, 준수할 필요가 있다.「제네바 조약(1949)」을 위반하는 행위는 전쟁범죄로써 엄격하게 처벌받는다.

본래, 전쟁 자체는 위법이다. 그러나 자위(自衛) 전쟁이나 집단적 자위권은 용인된다는 해석을 거꾸로 이용하여 전쟁을 합법화시킬 수 있다는 사고방식도 있다.

한국전쟁에서는, 한반도의 북위 38도선에서 전투가 발발했다. 어느 쪽이 먼저 38도선을 넘었는지에 대해서는, 그 견해에 관해서 대립이 계속 되고 있다. 자위를 위한 전쟁이나 집단적 자위권을 정당화시키기 위해 어느 쪽도 양보하지 않는다.

베트남전쟁에서도「통킹 만 사건」이 발생했다. 이 사건에서는, 북베트남의 초계정이 미해군의 구축함에 2발의 어뢰를 발사한 것으로 알려졌다.

통킹 만 사건을 이유로 미국은 북베트남에 대한 폭격을 정당화했으나, 7년 후에 이 사건이 미국의 날조였다는 사실이 폭로 되었다.

과거 제2차 세계대전에서도 개전 공작은 이루어졌다. 독일군은 폴란드 침공을 정당화하기 위해, 폴란드군 공작원으로 위장한 독일 정보부원에게 방송국의 점거를 명했다.

그들은 폴란드어를 사용해 반독일적 메시지를 방송했을 뿐만 아니라, 정말로 습격이 발생한 것처럼 위장했다. 범인으로 꾸민 죄수에게 폴란드군의 복장을 입혀서 사살하고, 시체를 그 자리에 방치하기까지 했다.

전쟁에는 룰이 있다. 그러한 룰을 완전히 무시하고 전쟁을 일으켜서 전 세계의 비난을 받는 어리석은 짓은 어떤 나라도 원하지 않는다.

그렇기 때문에, 누구나가 룰을 악용한다. 상대국가에게 책임을 뒤집어씌우고, 피해자인척 연기하면서 자위권을 정당화한다. 교전규칙에 입각한 정당성 있는 싸움이라고 주장하며 무력을 행사하려고 한다.

한국전쟁과 북위 38도선

북위 38도선을 어느 쪽이 먼저 넘었는지에 대해선, 지금도 견해가 대립하고 있다.

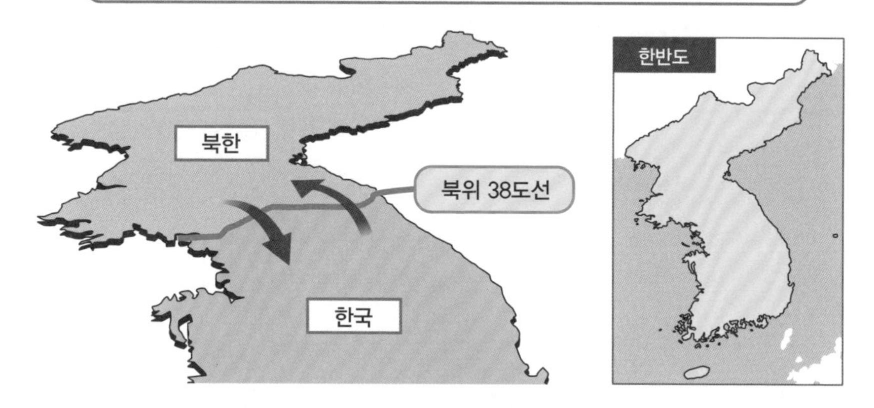

통킹 만 사건

미국은 전쟁을 정당화하기 위해 사건을 날조했다.

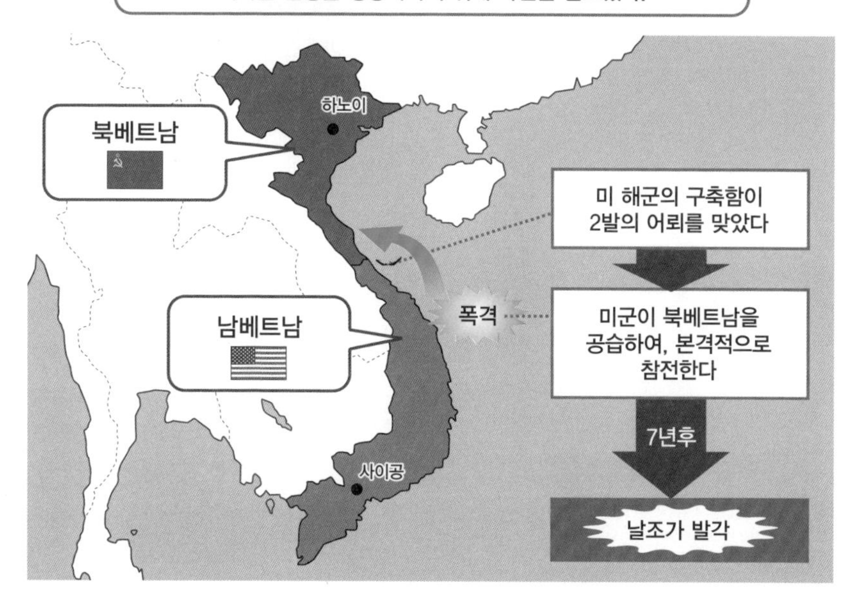

원 포인트 잡학

「제네바 조약」이란, 전쟁희생자의 보호에 관한 4가지 조약을 통틀어서 일컫는 말이다. 보호대상은, 전장의 부상병, 해상의 부상자 및 병자, 포로, 민간인이다.

No.031

전장에서의 교전규칙

병사에게 배포 되는 교전규칙 카드란 어떠한 것일까? 이 페이지에서는 미 해병대에게 배포 되는 교전규칙 카드를 소개한다. 전장에서는 무차별하게 공격하는 일은 허용 되지 않으며, 철저하게 국제규범에 입각한 전투가 강요된다.

●전장의 진실이란

이라크전쟁에서 배포된 교전규칙 카드에는, 전투의 룰이 기재 되어 있다. 카드는 항목별로 나뉘어져 적혀 있으며, 상대방을 치사시킬 수 있는 무력의 행사를 정당화시킬 수 있는 상황이 명시 되어 있다.

우선, 「**교전 전에는 반드시 표적을 식별하라**」고 기재 되어 있다. 이는 법적으로 정당한 군사목표인지의 여부를 판단해야만 한다는 의미이다.

전투시의 투항자나 부상자에 대한 공격도 금지 되어 있다. 민간인, 병원, 모스크, 교회, 학교 등에 대한 공격도 엄금이다.

한편, 적대세력으로부터 공격을 받았을 때 자위(自衛)를 할 경우에는 반드시 해당 규칙들을 지켜야만 하는 것은 아니라고 기재 되어 있다. 민간인이 작전을 방해하는 등의 상황에서는 자위를 위해 이를 구속할 수 있다고도 적혀 있다.

공공사업 시설이나 상용 통신 시설, 교통망이나 경제 관련 시설에 대한 공격도 하지 않는다고 적혀 있다. 만에 하나 공격이 필요한 상황에서는 기능을 무효화하는 정도로 화력을 조절하고 파괴해서는 안 된다고 기재 되어 있다.

그러나 이러한 교전규칙이 항상 지켜진다고만은 할 수 없다. 국제법의 룰이라고 해도, 민간인의 복장을 한 상대가 적이라면 이야기는 달라진다.

현장에서 싸우는 병사들에게 교전규칙은 머리를 아프게 하는 골칫거리가 되었다. 룰에 연연하게 되면 자신들이 죽임을 당한다는 현실이 있기 때문이다.

이것이 전쟁이 불합리성이다. 현장에서는 그 자리의 상황과 위협의 레벨에 따라 교전규칙을 변경해야 한다. 아군 희생자가 많이 발생한 지역에서는 「**식별하기 이전에 우선 쏘고 보라**」는 명령이 하달되기도 한다.

이러한 현실은 그다지 많이 보도 되지 않는다. 이러한 전장의 현실은, 「윈터솔저 공청회」에서 증언이 나오면서 밝혀진 것이다.

교전규칙 카드

교전규칙 카드는 병사 전원에게 배포 되지만, 공격을 받아 스스로를 지켜야만 할 경우에도 이러한 규칙들이 지켜질 것이라고는 기대하기 어렵다.

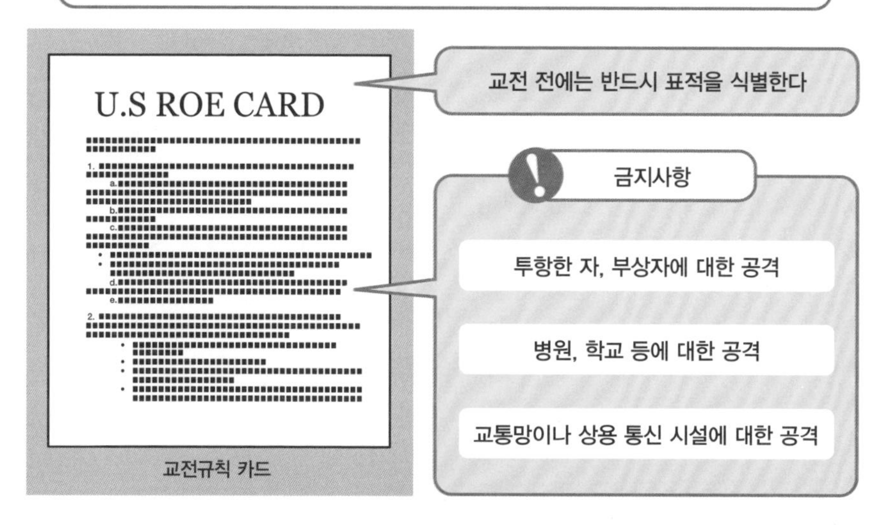

교전규칙 카드

전쟁의 불합리성

교전규칙에 연연해서는, 자신들의 몸을 위험에 노출시키고 만다.

원 포인트 잡학

반전 이라크 귀환병들이 주최하는 집회가 「윈터솔저 공청회」이다. 이라크 귀환병의 생생한 목격 증언을 통해 이라크의 현재 상황이 처음으로 공개 되었다.

No.032

귀환병이 말하는 전장

군 상층부가 어떠한 전략을 입안하더라도, 실행하는 것은 최전선의 병사들이다. 용감히 싸우는 자가 있는가하면, 싸움에 이의를 제기하는 이도 있다. 그들의 생각은 실로 다양하지만, 전쟁의 비참함을 통감하고 정신 이상을 일으키는 이도 적지 않다.

●애국심이 배신당하는 전쟁

1971년, 반전 베트남전쟁 귀환병들은 대규모 집회를 개최했다. 스스로를 「**윈터솔저(Winter soldier)**」라고 자칭하며, 자신들이 전쟁에서 저지른 죄를 고백하고 전쟁의 공포에 대해 증언했다.

반전 아프가니스탄 · 이라크 귀환병들도 비슷한 행동에 나섰다. 「윈터솔저 공청회」를 열고, 차례차례 증언에 나서 언론에서 다루지 않는 전쟁의 비참함을 말했으며. 아프가니스탄이나 이라크를 군사적으로 점령하면서 일어난 인종 차별에나 비인간적인 만행에 대해 사죄했다.

이라크의 전장에서는, 다양한 정보 조작이 행해졌다. 미군에 대한 언론의 취재는, 미 국방부가 두 눈을 번쩍이고 있었다.

언론의 취재 범위를 제한하기 위해, 군의 활동을 어필할 수 있는 부대를 선택한다. 그 부대의 취재만을 허가하고 형편상 좋지 않은 대상은 눈에 비치지 않도록 했다. 물론 기자들이 그러한 사실을 알 리가 없었다.

그들의 취재에 의해, 전장의 진실이 보도 되었는지는 알 수 없다. 윈터솔저는「취재가 있을 때와 없을 때에는, 전투행동에 큰 변화가 있었다.」라고 공청회에서 증언했다.

구체적으로는 어떠한 변화가 있었을까?

예를 들면 취재가 이루어질 경우, 교전규칙 카드의 내용은 철저하게 준수되었다. 그러나 취재가 없을 경우, 병사들은 AK47 돌격소총이나 삽을 휴대했다. 민간인을 오인 사살했을 경우, 시체 옆에 슬쩍 올려놓고 위장 공작에 활용하기 위해서이다.

그러한 일은 있을 수 없다고 생각할지도 모른다. 하지만 실제로 여러 차례의 학살 사건이 발생했고, 인터넷에서도 그러한 영상의 일부가 공개된 바 있다.

귀환병이 전장에서의 진실을 말한다

전쟁에서 돌아온 귀환병은 스스로를「윈터솔저」라고 자칭하며 전쟁의 비참함을 말했다.

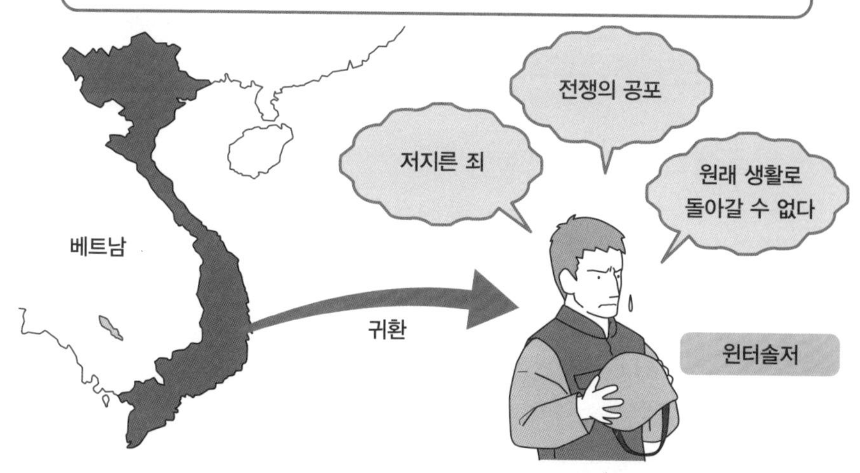

기자가 있고 없고에 따라 행동이 180도 바뀐다

귀환병이 진실을 말함으로써, 군의 언론 통제가 폭로 되었다.

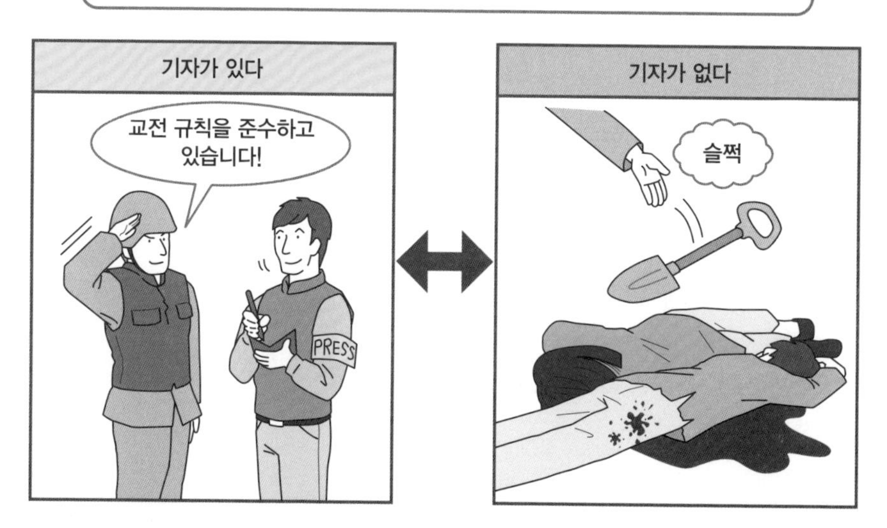

원 포인트 잡학

쿠웨이트를 침공한 이라크군에 대해, 다국적군이 반격을 가했던 걸프전쟁에서는, 어째서 외교전략을 통해 침공을 사전에 저지하지 못 했는지에 대한 의문이 제기 되었다.

No.033

전장에서의 심리 전략

일방적인 시점에서 주의 · 주장을 강요하는 프로파간다는, 심리전에서 사용 되어 왔다. 과거의 세계대전에서는, 나치스 독일이나 공산주의 진영이 이러한 수단들을 사용해 왔다. 현재의 전장에서도, 조직적인 선전공작 활동이 전략적으로 이루어지고 있다.

●적을 속이고, 심리를 조종한다

현대의 전장에서, 프로파간다라는 단어는 어울리지 않는다. 하지만, 심리 전략적인 **선전공작 활동**은 폭 넓게 사용 되고 있다.

목표는 두 가지로 나뉜다. 하나는 전장에서 상대하는 적 병사, 또 하나는 현지에서 생활하는 민간인이나 정부 관계자를 향한 것이다.

선전공작 활동의 목적은, 상대의 「**신뢰와 이해를 획득**」하는 것이다. 전장에서라면, 저항하지 않고 투항하도록 촉구한다. 모든 것은 경계심을 풀고, 저항을 하지 못 하게 한 채, 마음대로 조종하는 것을 목적으로 한 것이다.

심리작전에는 상대방을 속인다는 요소도 있다. 어떠한 방법을 동원하건, 상대를 믿게 만들어야만 작전을 완수할 수 있다.

심리전을 걸 때는 주의가 필요하다. 무력으로 적을 제압하는 전략과 달리, 눈에 보이지 않는다. 즉, 어떠한 결과와 영향을 초래할지, 정확하게 예측하기 힘들다.

상대의 감정을 능숙하게 컨트롤할 수 있었는가, 어떻게 속이느냐 그러한 수완에 달려있다.

심리전은 양날의 검이기도 하다. 선전공작이 성공한다면, 확실하게 상대를 믿게 할 수 있다. 반면 선전공작의 실패는 궁지를 초래함은 물론, 이후에 어떠한 작전을 실행하더라도 상대의 마음을 움직일 수 없게 된다.

하지만, 심리 전략은 「싸우지 않고 이기는 방법」으로써 과거의 전쟁에서도 효과를 거두어 왔다. 성공한 심리 전략의 예를 들자면, 걸프전쟁(1991년) 당시의 사례를 들 수 있다.

사막에 진지를 구축한 이라크군에 대해, 다국적군은 상공에서 심리적인 도발을 감행했다. 실제 지상전으로 돌입하자, 수 십 만에 달하던 이라크군 병사들은 반격하지 않고 그 자리에서 투항했다.

선전공작 활동의 목적

선전공작은, 상대의 이해와 신뢰를 얻기 위한 목적으로 실행된다.

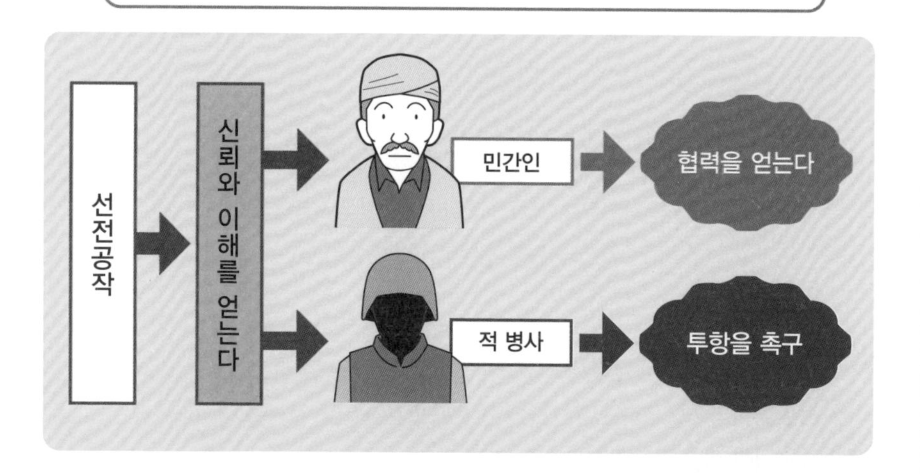

심리전은 양날의 검

심리전에서는 그 실행 수단이 중요하며, 실패할 경우에 큰 타격을 입게 된다.

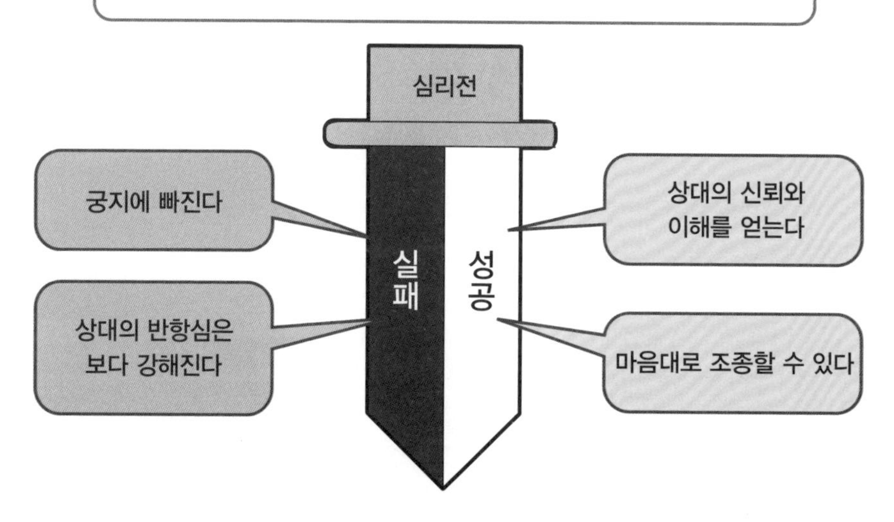

원 포인트 잡학

전쟁에 착수할 경우, 대외적인 전략뿐만 아니라 국내적인 전략도 중요하다. 국민감정을 배려한 심리 전략을 이용할수록, 반전(反戰) 무드를 억제할 수 있다.

No.034

최첨단 심리 전략

전략의 기본은, 최소한의 희생으로 최대한의 전과를 거두는 것이다. 심리전은 그 전형적인 사례라고 할 수 있다. 아프가니스탄이나 이라크에서 출동하는 폭격기들은 몇 만장 이상의 전단지를 적재하고 적지에 이를 흩뿌린다.

●감정에 호소하여 행동하도록 만든다

적의 전의를 상실하도록 만드는 작전은 효과적이다.「도저히 승산이 없다」라고 생각하게 만들어서 투항하도록 만들면, 무력으로 억제할 필요가 없다.

싸우지 않고 이길 수 있다면 누구도 피를 흘리지 않고 끝난다. 서로 간에 무익한 싸움을 회피할 수 있다는 이점이 생기는 것이다.

아프가니스탄이나 이라크에서의 심리작전에서는 유리 섬유 용기를 사용한 폭탄을 자주 이용한다. 폭격기에서 폭탄을 투하하여, 공중에서 분산시켜, 내부에 적재해 두었던 **전단지 수 만장**을 적의 머리 위에 흩뿌린다.

전단지에는 현지의 언어로 다양한 메시지가 적혀있다. 예를 들면「너희들의 움직임은 다 보인다. 우리의 폭탄은 창문을 통과할 수 있을 정도로 정확도가 높다. 모처럼 항복할 기회를 줄 테니 잘 생각해보라」같은 내용이다.

현지에서 생활하고 있는 민간인에게는 내용이 다른 전단지를 투하한다.「우리는 당신들의 지원협력국가입니다. 여러분을 원조하기 위해 이 땅을 찾아 왔습니다.」라고 설명하며 이해를 촉구한다.

식량이 부족한 지역에는 **휴대식량(Meal Ready-to-Eat, MRE)**을 대량으로 투하한다. 동시에 내용물이나 먹는 방법에 대해서도 현지의 언어로 적혀진 전단지를 산포한다.

또한, **휴대용 라디오**를 투하하는 경우도 있다. 산포하는 전단지에는, 수신 주파수나 사용 방법을 현지 언어로 명기한다.

실제의 라디오 방송은 상공을 비행하는 수송기에서 실시한다. 뉴스나 음악 방송을 틀어주면서 적의 투항을 재촉한다.

그리고 민간인을 위한 주의사항을 전단지로 산포하기도 한다. 군사목표가 되기 쉬운 시설, 공장, 교량 등에 접근하지 않도록 전달하고, 테러리스트의 표적이 될 위험이 있기 때문에 지상에서 작전에 참가하고 있는 미군과 거리를 두도록 설명한다.

유리섬유 용기에 담긴 폭탄으로 산포되는 전단지

유리섬유 용기에 담긴 폭탄을 사용, 전단지를 적의 머리 위로 산포하는 심리 전략

휴대식량과 라디오도 투하한다

식량이 부족한 지역에는 휴대식량(레이션)을 투하하고, 마찬가지로 투하한 라디오로 민간인에게 주의사항을 전달하기도 한다.

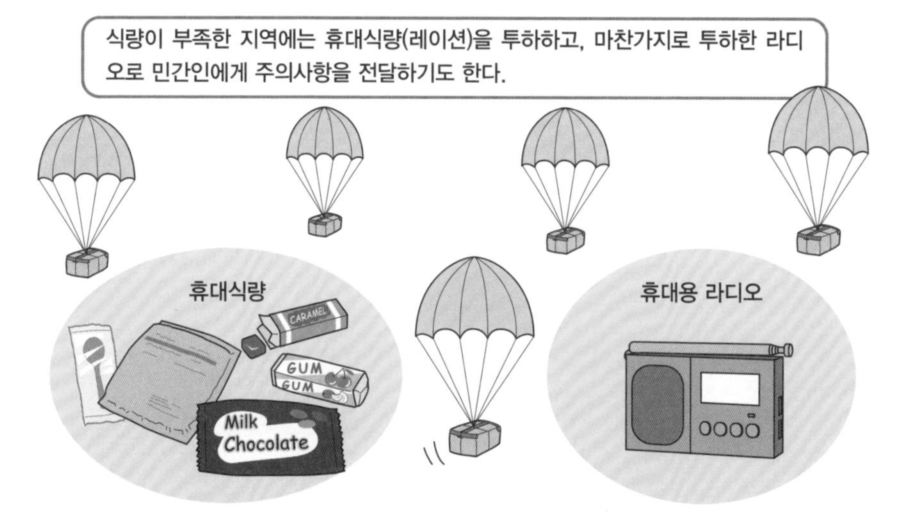

원 포인트 잡학

전단지나 휴대용 라디오의 사용은 효과를 거두었다. 지상에서 활동하는 미군은 피아식별을 하기 쉬워졌고, 현지의 민간인들로부터 협력을 얻기도 쉬워졌다.

No.035

테러리스트가 사용하는 군사전략

군사전략을 사용하는 것은 군대뿐만이 아니다. 현대의 전장에서는, 테러리스트도 교묘한 전략을 구사한다. 하이재킹, 자폭 테러, IED 등은 단순한 살육이 아닌, 「상대에게 공포를 준다」라는 전략에 입각한 것이다.

●철저하게 계산된 전략

테러리스트는 항상 거칠고 과격한 수단에 호소하는 무장 집단이라고 생각하기 쉽다. 헐리우드 영화에서 묘사된 모습 또한 그러한 이미지에 가깝다. 무슨 일만 있으면, 장소를 안 가리고 **AK47 돌격소총**을 마구 난사하는 집단으로 그려지고 있는 것이다.

하지만, 실제로는 다르다. 테러리스트 중에는 지적인 상대가 많다. 테러 조직의 리더 쯤 되면 그러한 경향은 더욱 강해진다.

그들은 우수한 전략적 사고능력을 보유하고 있으며, 치밀한 작전입안능력과 정보수집능력까지도 갖추고 있다. 구체적인 작전이 실행되기까지, 적대하는 군이나 정보기관에 그 동향을 탐지당하지 않기 위한 테크닉까지 지니고 있다.

그들의 최우선 목표는 살육이 아니다. 테러리스트들은 이라크에서는 IED를 이용한 차량 공격을 자주 사용하지만, 이는 어디까지나 전술 가운데 하나에 지나지 않는다. 전략적인 목표는 살상이 아니라, 공포를 선사함으로써 미군을 이라크에서 쫓아내는 것이다.

테러리스트가 무차별적인 살육행위를 하지 않는 배경에는, 자금원의 확보에 대한 문제도 관여하고 있다. 살육집단이라는 인상을 주었다간, 자금을 원조해주는 스폰서들의 심사를 뒤틀리게 할 수도 있다.

또한, 그들의 전략은 언론까지도 표적으로 삼는다. 적대하는 군이나 경찰만을 상대로 하는 것이 아니다. 언론을 연루시켜, 뉴스를 통해 확고한 신념이나 주장을 전 세계로 발신한다.

사람을 가리지 않고 마구 살육을 저지르면, 테러 조직은 국제적으로 고립된다. 많은 사람들이 희생자에게 동정하며 「테러는 용서할 수 없다」라는 식으로 반발하게 된다.

아프가니스탄에서도 이는 마찬가지이다. 미군이나 영국군 등의 병사를 살해하는 것이 테러리스트의 최종 목적이 아니다. 그들의 최종 목적은, 「**외지인을 국외로 추방**」하는 것이다.

테러리스트의 군사전략

외지인인 미군에게 공포를 선사하기 위해, 하이재킹이나 자폭 테러 등의 전술을 사용한다.

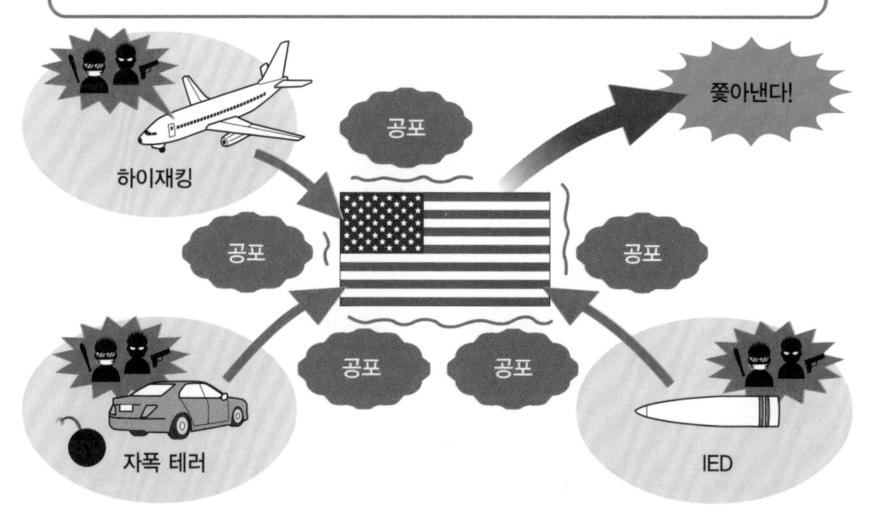

살육은 테러리스트들의 목적이 아니다

테러리스트가 살육을 행하면, 점점 입장이 난처해질 뿐, 목적은 달성 되지 않는다.

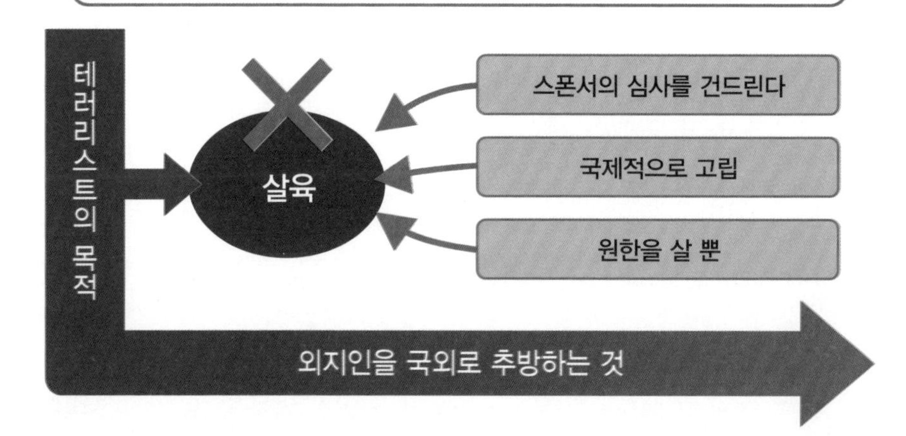

원 포인트 잡학

테러리스트라는 정의는, 일방적인 시점이다. 아프가니스탄이나 이라크에서는 「외지인인 미군이야말로 테러리스트다」라는 사고방식이 강하며, 시점은 180도 달라진다.

「CMO(민사작전)」의 전략과 전술

CMO(민사작전)은 국가의 안전보장전략에 크게 연관되어있다. 전쟁이라는 행위가 어떠한 것이건, 군대는 기본적으로 국가와 국익을 위해 존재한다.

그러나 그 사용방법이 「국내」와 「국외」 중에 어느 쪽을 향할지는 국가에 따라 다르다. 미국이나 영국 등의 강대국에서는 「대외적인 사용방법」이 강해지지만, 다민족 국가나 개발도상국에서는 국내의 치안 유지에 군대를 투입하는 경우가 많다.

어느 쪽이 됐건, 국가가 정권과 국익을 유지하기 위해서는 군대가 필요하다. 그러한 시점에서 실행 되는 것이 「민사작전」이다. 민심을 얻을 수 없다면, 민중의 불평불만이 폭발하여 국가의 존속이 위험해진다.

본서에서 소개하고 있는 CMO는, 전후 처리나 전후복구지원을 중심으로 한 것이며, 시점으로 보자면, 강대국의 입장에서 보고 있다. 미군의 경우, 미국의 외교정책을 담당하는 국무부와의 관계가 강하다.

CMO는 그 폭이 넓다. 구체적으로는 치안 · 질서 유지, 인프라, 교육, 복지, 법률, 공중위생, 경제, 정치 등 여러 방면에 걸친다.

그 특징으로써, 군이 일방적인 작전을 실행하지 않는다는 것을 들 수 있다. 기본적으로 작전 지역의 민간 조직이나 지역 주민과의 적극적인 교류(Interaction)를 통해 이루어진다.

이는 모든 단계에서 「민심」을 존중한다는 것을 의미한다. 교류를 거침으로써 서로 간에 요구의 차이를 확인하고, 이를 뛰어 넘기 위해 노력하면서 서로 이해할 수 있는, 말하자면 공감을 창출한다는 심리전을 그 기반에 두고 있다.

군의 임무로써는, 본서에서 소개하고 있는 조금 좁은 의미의 「민사작전」이 있다. 질서의 안정을 도모하고, 지역 민간인들에 의한 행정 제도나 행정 기관을 재편성하여 자치적으로 기능을 발휘할 수 있도록 하는 지원 업무이다.

또한, 「긴급원조」라는 작전이 있다. 이는 현지 정부나 적절한 지도자가 부재 상태이거나, 기능부전 상태에 빠졌을 때 자주 사용된다. 지역의 안전을 확보하기 위해, 다양한 군사작전을 정당화해서, 전개시킨다.

「주민이나 물자의 규제」와 같은 작전도 있다. 이는, 주민의 안전을 최우선으로 삼으면서 적의 공격이 자원이나 물자로 향하는 사태를 저지하는 것을 의미한다.

이러한 작전은 군사작전의 일부이면서도, 큰 틀로 보자면 외교전략의 일부로 간주된다. 예를 들어, 「인도적 대외원조」나 「국가간 원조」라는 외교 전략의 선택지 가운데 하나로써 군 투입을 정당화시키기 쉽다.

미군은 현재, 24시간 태세로 CMO를 즉시 실행할 수 있도록 준비를 마치고 있다. 세계를 6개의 관할로 나누어, 통합군 사령부가 독자적인 병력으로 관리하고 있다. 또한 특수전 사령부도 요원을 보유하고 있기 때문에, 명령이 있으면 언제든지 출동이 가능하다.

제3장
전술편

No.036

현대전의 전투방식

냉전시대에는, 화포로 적진지를 타격하고, 전차나 장갑차량으로 공격하여, 보병이 적지를 제압하는 전면전을 상정하고 있었다. 그러나 아프가니스탄이나 이라크의 전장에서는, 종교나 민족의 의의를 고려한 국지전으로 변화했다.

●종교와 민족의 전쟁

미국과 구소련이 대립했던 냉전시대에는, 적에게 승리를 거두는 것이 최대의 사명이었다. 압도적인 화력으로 적을 일거에 제압하는 전술이 나날이 가다듬어졌으며, 이를 위한 훈련에 시간을 투자했다.

그러나 시대는 변했다. 현대의 적은, 자본주의나 공산주의라는 꼬리표만 가지고는 구별할 수 없게 되었다.

현대의 전쟁은, 종교나 이데올로기가 원인으로 일어나는 경우가 많다. 그들은 전차나 화포로 포격해 오는 대신, **자폭 테러**나 **하이재킹**과 같은 테러 수단을 사용한다.

그 상징이라고 할 수 있는 사건이, 2001년의 911 테러였다. 미국은 이 사건을 계기로 이슬람을 상대로 한 새로운 전쟁에 착수했다.

그러나 미국이 아프가니스탄이나 이라크에서 만난 것은, 동서냉전 시대의 적이 아니었다. 적들은 군복을 착용하지 않은 채, 현지에서 생활하는 일반 시민 사이에 잠복하여 조용히 공격의 기회를 노리고 있었다.

이러한 상대와 싸울 수 있는 방법은 한 가지 밖에 없었다. 그 방법이란, 상대 국가를 점령 통치하여 적을 섬멸하는 것이었다.

침공당하는 국가의 입장에서는, 미국의 강경 수단을 받아들일 수는 없었다. 911 테러는 조작된 것이며, 이슬람을 탄압하기 위한 구실로 이용당하고 있다고 생각하는 국민들도 많았다.

또한 이라크에서는, 국내에서 이미 대립이 일어나고 있었다. 시아파와 수니파의 다툼은 그 뿌리가 깊고, 같은 수니파라도 아랍인과 쿠르드인은 대립하고 있었다.

미군은 이러한 상황에서 개입한 것이다. 종교와 민족이 혼란스럽게 얽혀 있는 상황에서 기존의 전술은 일절 통하지 않는다. 미군이 필요로 하게 된 것은 심리전이나 정보전 등의 국지전을 수행하기 위한 전투방식이었으며, 이질적인 문화를 이해한 전술이었다.

크게 변화한 전투방식

동서냉전 시대에는 적을 일거에 타격하는 전술이 사용 되었으나, 테러와의 전쟁에서는 상대 국가에 대한 침공과 적의 섬멸이 필요해졌다.

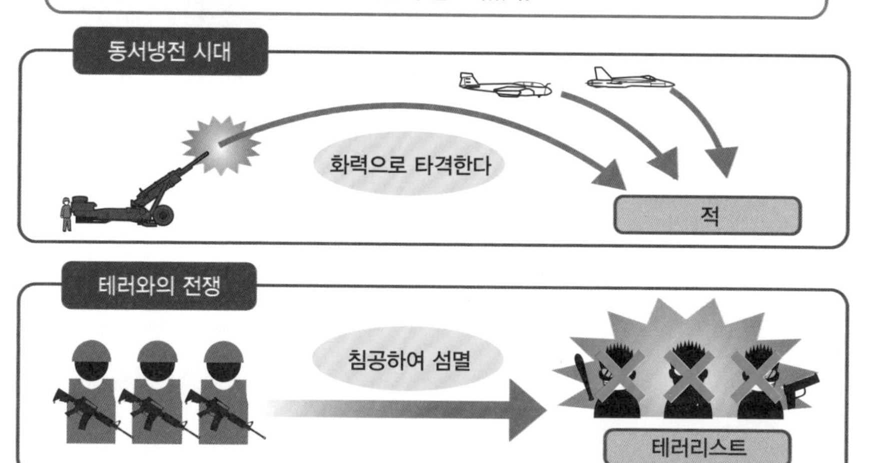

대립하는 종교와 민족

종파와 민족이 뒤섞인 이라크에서는, 국내에서도 대립이 일어나고 있었다.

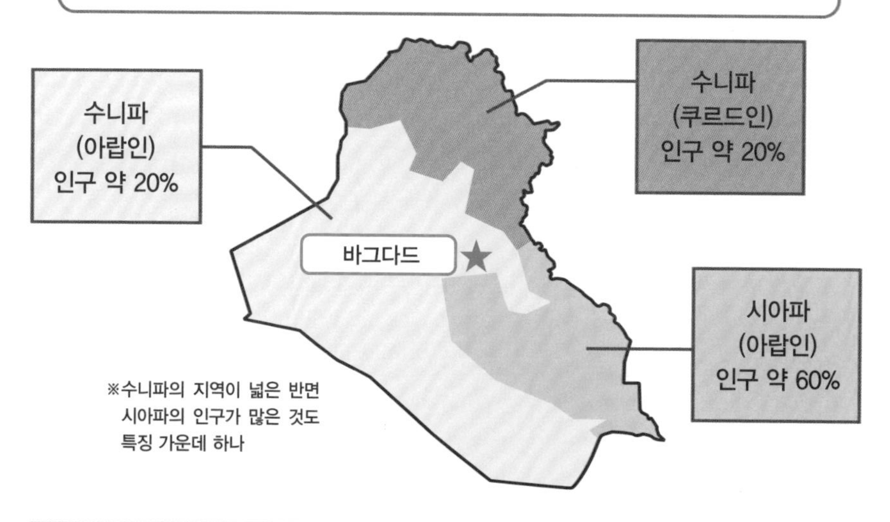

원 포인트 잡학

이라크의 후세인 전 대통령은, 수니파를 보호했다. 한편, 이웃 나라인 이란은 시아파이면서도 이라크를 교란시키기 위해 탄압당하고 있던 수니파 쿠르드인을 원조했다.

No.037

이라크전쟁에서의 전술

이라크에서 벌어진 전투 가운데 대부분은 시가전으로, 적은 일반 시민 사이에 잠복하여, 빈틈을 노려 공격했다. IED를 설치, 차량이나 순찰 부대가 통과하는 순간에 기폭시켜 총격을 퍼붓고는, 수 초만에 그 자리에서 이탈한다.

●자동소총이야말로 생명줄

이라크 저항 세력이 걸어오는 전투는, IED이나 소형화기를 사용하는 경우가 많다. 그것도, 언제 어디서 공격을 걸어올지 알 수 없다.

개전 당시, 미군은 이라크군의 거점을 격파하기 위해 전차나 화포가 필요했다. 그러나 이라크 정규군을 격파한 후에는 상황이 순식간에 변했다.

상황이 변화하면, 전투방식도 변화한다. 이라크에 주둔하고 있는 미군은 전술을 수정할 수밖에 없었다.

그 기본은, 소화기를 이용한 전투였다. 미 육군은 압도적인 화력을 사용하는 전술에서, 권총이나 자동소총을 사용하는 지상전의 기본으로 돌아왔다.

하지만, 특별한 문제가 발생했다. 저항 세력의 표적이 수송 부대로 옮겨가기 시작한 것이다. 수송 부대는 전투부대에 비해, 충분한 사격훈련을 받지 못 한다.

전투에서 「적의 공격에는 반사적으로 대응 사격을 실시하면서 이탈」하는 것은 철칙이지만, 일선 전투부대가 아닌 그들은 패닉 상태에 빠져 차량을 정지시킨 채 그야말로 '표적'이 되어버리는 경우가 많았다.

이러한 위기 상황에 가장 빨리 순응한 것은 해병대였다. 해병대에서는, 설령 트럭의 운전병이라도 「해병대원이라면 누구나 소총수」라는 이념이 철저히 지켜지고 있다.

병참 임무에 종사하고 있어도, 해병대원은 각종 수류탄의 취급에 정통하다. 대인용 파편수류탄 뿐만 아니라 공격으로부터 몸을 숨기기 위한 발연탄, 일시적으로 전투력을 마비시킬 수 있는 최루탄도 전술적으로 취급할 수 있다.

또한, 이라크의 상황이 이 문제를 한층 복잡하게 했다. 이라크의 법률은 일반가정에서도 스스로를 방어할 수 있도록 AK47 돌격소총 1정을 소지하는 것을 허가하고 있었던 것이다.

이래서는 언제 어디서 누구에게 발포를 당할지 알 수 없다. 병사가 목숨을 맡길 수 있는 것은 전차도 화포도 아닌, 스스로의 휴대화기였다.

상황에 따라 변화하는 전술

이라크전쟁에서는 압도적인 화력으로 거점을 타격한 이후로 전투가 소규모로 전환되어 전술이 크게 변화했다.

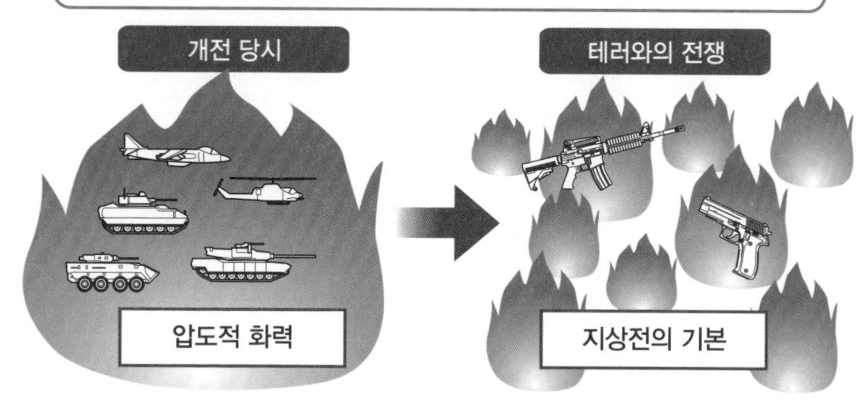

테러리스트의 공격방법과 대책

적의 공격을 받았을 때는, 해병대가 실행하는 '즉시 이탈'이 철칙이다.

· 공격방법

1 IED를 폭발시켜 차량을 정지시킨다

2 총격을 퍼부으면서 그 자리에서 이탈한다

✕ 일반병은 공격을 받은 후에 차량을 정지시킨다

○ 해병대는 신속하게 반격하면서, 트럭을 이동시킨다

원 포인트 잡학

이라크 잠정 통치 당시에는「무기 사냥」도 실행 되었다. 미군은 어떤 도시에서는 수천명의 병사를 동원하여 구획을 봉쇄하고, 이라크 일반가정의 AK47을 몰수했다.

No.038

시가지에서의 이동전술

시가지를 이동하는 방법은 두 가지 있다. 하나는 도보에 의한 이동, 또 하나는 차량을 이용한 이동이다. 이라크에서는 특히, 차량을 이용하는 작전이 많기 때문에, 차량을 전술적으로 취급할 수 있는 기술이 필요했다.

●전술은 싸우는 방법만이 아니다

이라크에서는 항상 위험이 따라다녔다. 이동의 대부분은 차량으로 이루어지기 때문에, 병사들은 이동방법에 대한 전술을 숙지할 필요가 있었다.

예를 들면, 차량의 타이어에 펑크가 나기만해도 위협이 단번에 커진다. 차량을 갓길에 정차시키는 것만으로도 절호의 표적이 된다.

출격 시에는, **예비 타이어**가 차량의 어디에 탑재 되어 있는지를 파악하고 즉시 교체하기 위한 준비가 필요 불가결했다. 주위를 경계하면서 타이어를 신속하게 교환하는 전술도 익힐 필요가 있었다.

이동은 적의 동향을 예측하여 상황에 따라 신중히 루트를 선택하는 것에서부터 시작 되었다. 대규모 이동은 자제하고, 표적이 되기 쉬운 긴 행렬로 이동하는 일도 피해야만 한다.

이라크 국내의 주요 간선도로를 이동할 경우에는 주의가 필요하다. 그 중에서도 보급 루트는 표적이 되기 쉬우며, IED나 매복 공격을 받기 쉬웠다.

기지를 출발하기 전에는, 지도상에서 **이동 경로**를 확인한다. 이는 만에 하나, 차량을 사용할 수 없게 되었을 경우에 도보로 이동해야만 하는 필요가 발생하기 때문이다.

또한 운전수가 피탄을 당했을 경우도 대비해야만 한다. 따라서 각 차량에는, 사전에 **예비 운전수**가 반드시 임명 되었다.

차량이 어느 정도의 **장갑 방어력**을 지니고 있는지도 잊지 않고 확인해야 한다. 그것은 만에 하나 차량이 피탄을 당해 정지했을 경우, 반격의 방법이나 전술을 결정짓기 때문이다.

충분한 장갑을 장비하고 있을 경우, 차량을 차폐물로 삼아 응전할 수 있다. 그러나 장갑이 빈약한 차량을 사용할 경우엔 격파당할 위험성이 크다.

이러한 경우, 차량을 포기할 수 있는 용기와 결단이 필요하다. 시가전에서는 적을 발견하여 공격한다는 단순한 전술만으로는 살아남을 수 없기 때문이다.

이동전의 체크 사항

시가전에서 이동할 경우에는, 다양한 사태를 가정하여 출발 전에 심혈을 기울인 준비가 필요하다.

차량의 장갑으로 전술이 결정된다

장갑의 강도로, 상정되는 공격에 대한 전술도 변화한다.

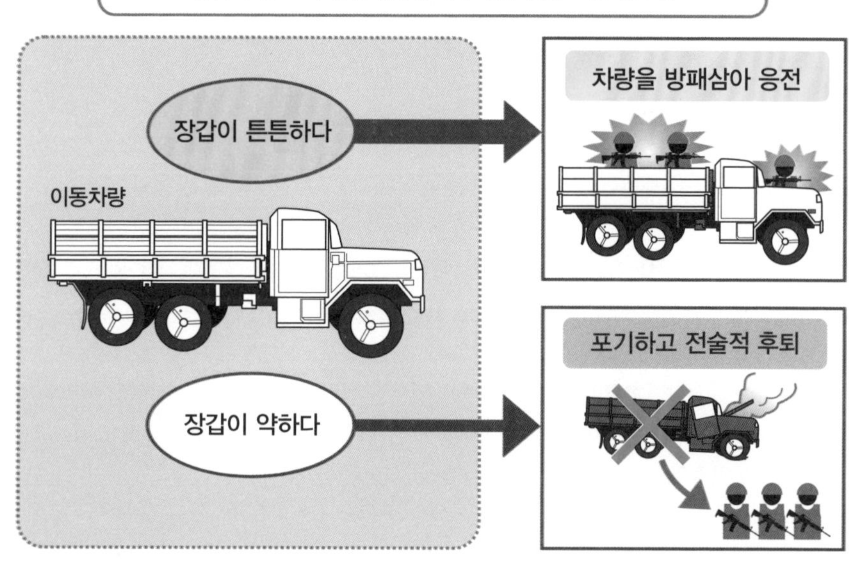

원 포인트 잡학

이라크 전쟁 당초, 미군의 보병 차량은 거의 장갑화되어 있지 않은 상태였다. 따라서 병사들은 얇은 철판을 잔뜩 모아서 용접하는 등 임시방편을 동원하기도 했다.

No.039

시가전에서 SWAT 전술의 적용이 가능한가?

미 육군은 이라크전쟁 당초에, 시가전의 노하우를 갈고 닦기 위해 경찰특공대(SWAT)의 전술을 참고삼기도 했다. 그러나 SWAT 전술은 전장에서는 소용이 없다는 사실이 증명 되어, 이윽고 사용 되지 않게 되었다.

●범인의 제압과 적의 제압은 완전히 다르다

경찰특공대(SWAT)는 무장한 범인의 체포를 임무로 삼고 있다. 그들의 교전규칙은「가능한 한, 한 발도 쏘지 않고, 한 방울의 피도 흘리지 않고」이다.

SWAT는 무장하고 있는 범인을 식별하지 못한 상태에서는 발포할 수 없다. 이것이 SWAT와 군대의 전술을 대폭적으로 차별화한다.

출동하는 상황을 생각해 보자. 사건 발생 후, SWAT는 범인이 농성 중인 건물의 주위를 완전히 포위하고 저격수를 배치한다.

일반 경관이 주민들을 피난시키고, SWAT는 돌입 계획을 준비한다. 건물의 조감도가 있을 경우, 이를 활용한다.

반면 시가전은 어떨까? 일단 주민을 피난시키는 것도 불가능하다. 적이 잠복한 장소도 한 군데가 아니다. 어디에 적이 숨어있을지 알 수 없다.

사방에서 총탄과 포탄이 날아다닌다. IED이나 대전차 로켓포도 등장한다. 노상에서 도망다니는 주민들에 대한 대응도 필요하며, 그 와중에 도주하려는 적을 발견할 필요도 존재한다.

SWAT는 건물에 돌입할 경우, 입구의 앞에서 일렬로 대형을 맞춘다. 돌입 신호와 함께 입구를 열고, 섬광폭음탄을 투척한 연후에 돌입한다.

그러나 시가전에서는, 그러한 움직임은 위험하다. 건물의 입구에 집결하게 되면, 그것만으로도 절호의 표적이 된다. 장갑차량이나 불도저로 벽을 파괴하고, 신속하게 건물 내부로 돌입하는 편이 보다 안전하다.

SWAT는 몸을 숨기고 있다가, 순식간에 돌입하여 범인의 허를 찌른다. 하지만 이러한 움직임은 시가전에서는 응용하기 어렵기 때문에, 군대는 역으로 스스로의 전력을 과시하면서 진격하는 **위력수색(Reconnaissance in Force)**을 사용한다.

가옥을 수색하는 룸 클리어링(실내검색)에도 양자의 차이가 나타난다. SWAT는 육안으로 확인할 수 있는 무장 범인에게만 발포하지만, 시가전에서는 숨어있는 적에게도 용서 없이 벽 너머에서 발포하거나 수류탄을 투척한다.

SWAT와 육군의 전술상의 큰 차이

SWAT		육군
상대를 체포한다	⟷	적을 섬멸한다
가능한 한 한 방울의 피도 흘리지 않고		용서 없이 공격, 숨통을 끊는다

출동 상황에 따른 차이

SWAT와 육군은 각자의 상황에 따라 취해야할 전술이 달라진다.

SWAT		육군
피난 유도를 우선시	주민에 대해	대응은 하지만, 우선순위는 적의 섬멸
일렬로 대형을 맞추고 신호와 함께 돌입한다	건물로의 돌입	전투장갑차량이나 불도저로 벽을 파괴하고 돌입한다
육안으로 확인할 수 있는 무장범에게만 발포한다	실내의 제압	적이 숨어있을 만한 장소에 용서치 않고 발포한다

원 포인트 잡학

적의 반응을 유도하기 위해, 시가전에서는 위력수색을 사용한다. 소규모 공격이나 주위의 눈에 띄는 군사행동을 실시하여 적을 유인하는 전술로써 사용된다.

No.040

수송 트럭을 개조하자

이라크전쟁이 시작된 당시, 수송 트럭은 무방비에 가까운 상태였다. 최전선에서는 철판을 용접하여 방비를 시도했지만, 총탄의 관통은 막을 수 없었다. 이러한 허약한 장갑에 대해, 병사들은 자조적인 의미에서 「물 장갑」이라고 부르곤 했다.

●장갑 키트로 방비한다

미군은 이라크에서 물자의 호위나 경계 임무에 수송 트럭을 사용했다. 병사들은 완전히 노출된 상태로 짐받이에 탑승하여, 좌우로 나뉘어 주위를 경계했지만, 장갑화가 되어있지 않아 IED이나 총탄을 막아낼 수단이 없었다.

이 상황이 개선된 것은 용기 있는 병사의 직접적인 호소 덕분이었다. 주 방위군 부대의 토마스 윌슨 특기병은, 쿠웨이트의 기지를 방문한 럼스펠드 국방장관에게 캐물었다.

윌슨 특기병은 집회석상에서「이라크 개전 이후로 2년이나 지났는데, 어째서 폐품 처리장에서 철판이나 방탄유리를 뒤져서 수송 차량의 장갑으로 갖다 써야만 합니까?」라고 지적했다.

이러한 발언은, 언론에서 대대적으로 다루어졌다. 미국 국내의 여론을 염려한 국방부는, 전장의 부대에 장갑판을 서둘러 배급했지만, 이러한 어이없는 대응은 최전선에서 싸우는 병사들의 사기를 저하시켰다.

그 후, 현지에서는 수송 트럭의 개조가 시작되었다. 군수 기업의 협력을 얻어, 특제의 장갑 키트가 투입되기 시작한 것이다.

예를 들면, 「**다목적 병력수송 차량 시스템(Multi-purpose Troop Transport Carrier System, MTTCS)**」라고 불리는 키트가 있다. 이것은 트럭의 짐받이에 설치할 수 있는 장비이다.

상자 타입으로, 총탄이나 IED의 파편을 방어할 수 있다. 방탄유리나 총안구도 설치 되어 있어 안전하게 내부에서부터 발포가 가능하다. 또한 머리 위의 해치를 개방하면, 총좌에 장비한 기관총도 사용할 수 있다.

최근에는 **MRAP 차량(Mine Resistant Ambush Protected vehicle)**의 도입도 추진 되고 있다. 이것은, 수송 트럭의 약점을 보완하기 위해 개발된, 본격적인 방어가 가능한 신형 차량이다.

건 트럭(Gun truck)

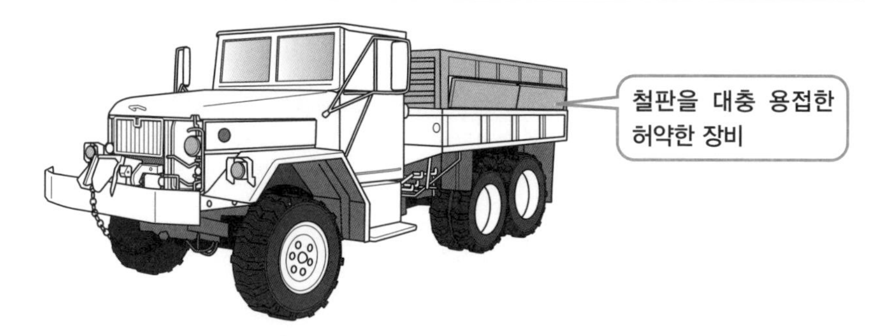

MTTCS와 MRAP

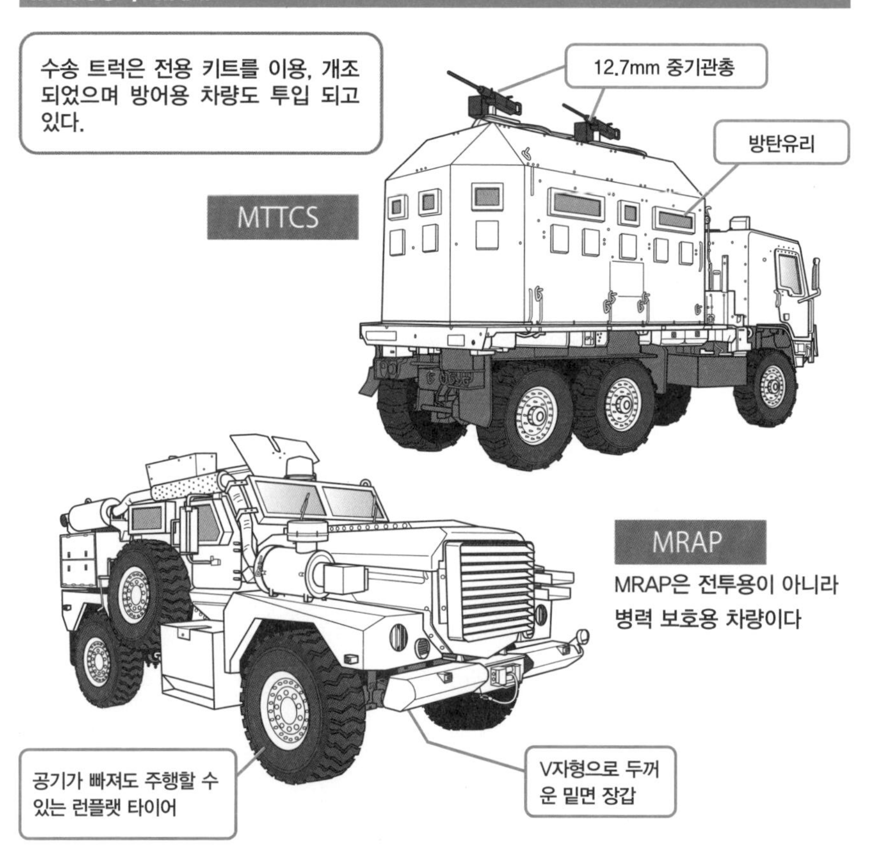

원 포인트 잡학

MRAP 차량은, IED의 폭발에 견딜 수 있도록 차체의 바닥이 V자형으로 되어 있다. 그러나 측면으로부터의 공격에 대해서는 개량의 여지가 있는 것으로 알려졌다.

No.041

스트라이커 장륜식 장갑차를 개량!

이라크의 미군은 장갑 수송트럭(건 트럭)이나 MRAP 차량뿐 아니라, 스트라이커 장륜식 장갑차도 사용하고 있다. 이 차량은 우수한 화력과 기동력을 보유하고 있지만, 승무원은 이라크에서의 운전 및 교전 요령을 다시 익힐 필요가 있었다.

●로켓 추진식 유탄의 위협에 대비한다

스트라이커 장륜식 장갑차는 지역 분쟁이나 테러에 신속하게 대응하기 위해 개발 되었다. 수송기에 적재할 수도 있으며, 완전무장을 갖춘 병사와 함께 세계 어떤 장소에라도 신속하게 전개할 수 있는 장비이다.

그러나 이라크의 전장에서는 특별한 개조가 필요했다. 시가전에서 임무를 수행하기 위해 외부 장갑을 가장 먼저 보강해야만 했던 것이다.

시가전에서의 위협은, 적이 보유하고 있는 **로켓 추진식 유탄(Rocket Propelled Grenade, RPG)**였다. 미군은 베트남전쟁 당시부터 계속 이 RPG에 시달려 왔다.

베트남전쟁 당시부터, 진지조차도 RPG의 표적이 될 수 있었다. 그 대책으로 고안된 것이, 대상을 철망으로 둘러싸서 방비하는 방법이었다.

철망을 이용한 대비책은, RPG의 기폭 시스템과 관계가 있다. RPG 로켓탄의 선단부에 위치한 기폭장치는, 표적에 명중하여 뭉개지면서 폭약을 폭발시키는 전류를 흘린다. 기폭장치의 직격을 철망으로 방어하여, 폭발의 충격을 완화시킨다는 아이디어이다.

이러한 아이디어는, 이라크에서도 채용 되었다. 이른바 **슬랫아머(Slat Armor)**이라고 불리는 가늘고 긴 강철 울타리로 차체 측면을 빙글 둘러싼 것이다.

이 울타리는 차체와는 일정한 거리를 두고 설치된다. RPG로 공격당해도 슬랫아머 표면에서 폭발하기 때문에 직격을 피할 수 있었다.

그러나 이 장갑은 새로운 문제를 일으켰다. 이라크 사양의 스트라이커는 이 장비로 인해 중량과 차체 폭이 오버 사이즈가 되어 버린 것이다.

중량과 차폭이 변화할 경우, 조종 방법도 변화한다. 이라크 전장의 대부분은 좁고 장해물이 많은 시가지로, 미국 국내의 드넓은 연습장이 아니다.

이러한 사정으로, 시가전용의 조종 교습소가 개설 되었다. 이라크 파견부대는 이 교습소에서 재교육을 받은 연후에 현지로 파견 되는 것이다.

스트라이커 장륜식 장갑차과 RPG

우수한 화력과 기동력을 보유한 스트라이커의 천적은 RPG로, 미군은 베트남전쟁 당시부터 계속 RPG에 시달려 왔다.

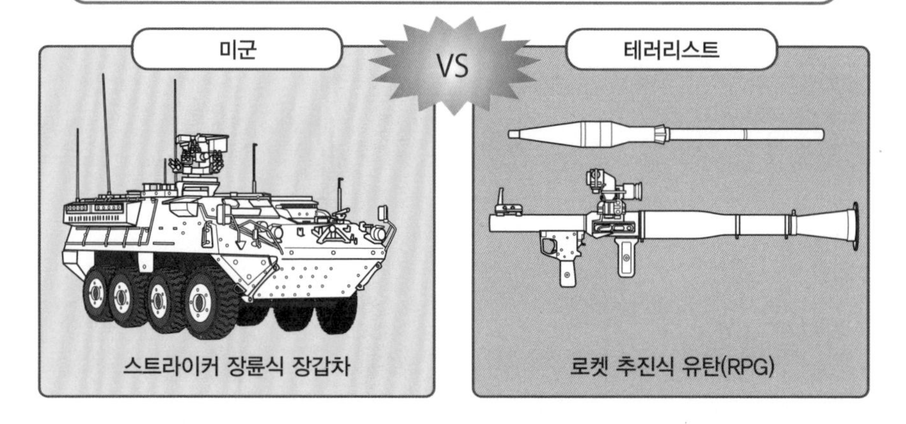

슬랫아머를 장비한 스트라이커 장륜식 장갑차

개량을 통해 중량과 차폭에서 오버 사이즈가 일어나, 병사들이 교습소에서 재교육을 받을 필요성이 발생했다.

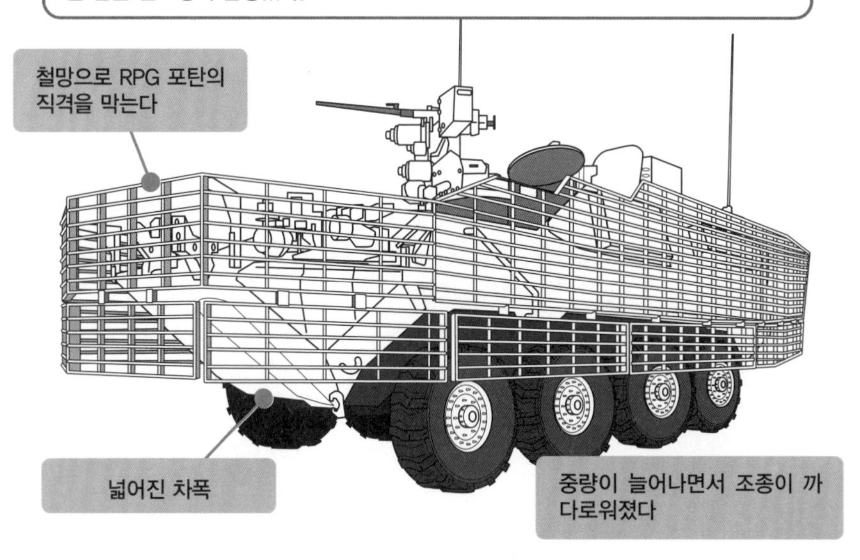

원 포인트 잡학

스트라이커는 병력수송차량으로 개발되었으나, 이 외에도 다수의 파생 모델이 존재한다. 자주포, 박격포, 대전차 로켓을 탑재한 차량은 물론, 원격조작차량까지 개발되었다.

No.042

시가전용으로 전차를 개조하자!

전차는, 제1차 세계대전 당시에 참호전을 타파하기 위한 무기로써 탄생했다. 이후, 적 전차를 격파하기 위한 주포를 탑재하고, 적 전차의 포탄을 막기 위한 장갑판을 장비하게 되었다. 또한, 시가전에서의 생존을 위한 전용 키트도 개발 되었다.

●전술이 변화하면 장비도 변화한다

동서냉전 이후, 전차는 적 전차나 장갑차량을 격파하기 위한 기동 전력으로 진화했다. 그 성과는 걸프전쟁에서도 증명 되었다.

그러나 이라크전쟁에서 상황은 변화했다. 전차 승무원은 기존의 대전차 전술뿐만 아니라 시가전 전술까지 습득할 필요성이 발생했다.

전차에도 시가전에서의 생존을 위한 신장비 **TUSK(Tank Urban Survivability Kit)**가 장착되었다. 이는 미군이 투입한 M1 전차에 다양한 문제가 발생했기 때문이다.

시가전에서는, 적이 어디에 숨어 있을지 알 수 없다. M1 전차는 근거리나 배후에서 RPG 공격을 받을 위협에 노출됐다.

차량 뒷부분에 위치한 가스 터빈 엔진에 피탄을 당하면, 엔진이 정지할 우려가 있다. 캐터필러를 파괴당하면 생명이 위험하다.

탑재하고 있는 기관총에도 문제가 있었다. 120mm 포신 측면에 설치한 동축 기관총 외에, 포탑 상부에는 전차장용의 .50구경 중기관총이 있고 그 측면엔 탄약수용의 7.62mm 기관총이 설치되어 있었는데, 시가전에서는 전차의 주포보다는 이들 기관총이 주력이다. 그러나 이들 기관총을 사용할 경우엔 총탄이 날아다니는 전차 외부로 몸을 노출시킬 필요가 있다.

이러한 상황에서 피탄을 피하기 위해, .50구경 중기관총은 전차 내부에서 **원격 조작**이 가능하도록 개량 되었다. 해치 주변에도 **장갑판**이 추가 되었다.

시가전용의 통신기재도 추가 되었다. 전차의 주위에서 행동하는 보병 부대를 위해, 전차에 지시를 전달할 수 있는 전용 전화가 외부에 탑재됐다.

베트남전쟁에서는, 보병 지휘관은 전차 후면부의 전화(인터컴)를 사용해 전차에 포격을 지시할 수 있었다. 그러나 M1 전차의 경우, 초기 생산분에만 설치되었다가 철거되었으나 TUSK 키트를 부착하면서 다시 설치되고 있는 추세이다.

미군 M1 전차와 개조전차

이라크전쟁에 투입된 M1 전차는 다양한 문제점을 지니고 있었기 때문에, 육군은 개조 키트를 준비했다.

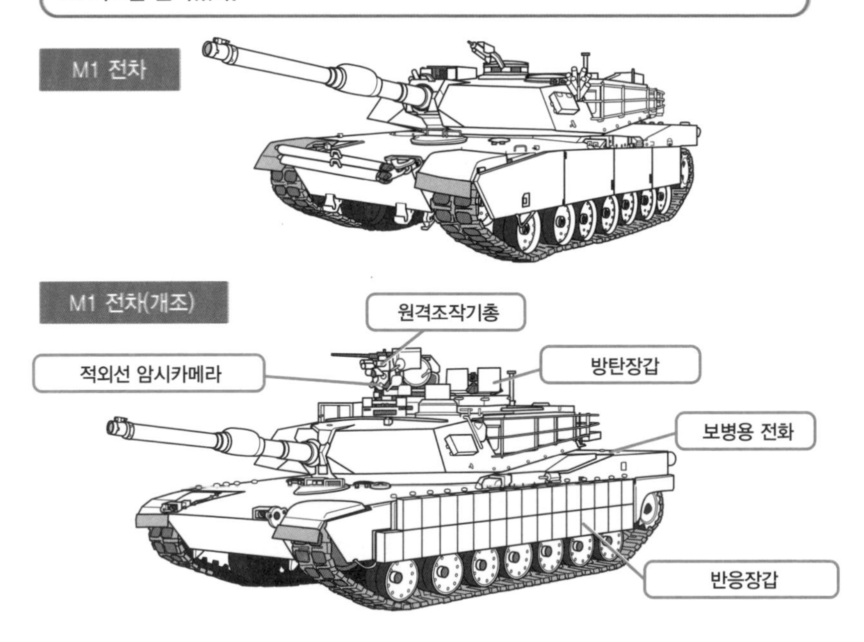

시가전에서는 중요한 기관총

어디에서 공격을 받을지 알 수 없는 시가전에서는, 전차 외부로 나가는 것은 위험하기 때문에, 전차 내부에서 원격 조종이 가능하도록 개조 되었다.

원 포인트 잡학

M1 전차의 강화개조는 수송 트럭과 마찬가지로, 최전선에서 자주 이루어졌다. 이라크의 최전선에서는, 다양한 차량에 전용의「시가전 서바이벌 키트」가 장비됐다.

No.043

시가전의 프로가 사용하는 전술

이스라엘은 1948년의 건국 이후, 네 차례에 걸친 중동전쟁, 레바논 침공, 가자지구 침공 등 다양한 시가전을 경험해 왔다. 그들이 배양한 실전의 노하우는 현재, 미군이 이라크전쟁에서 응용하고 있다.

●정보 수집이야말로 승리의 열쇠

적지에서 전투를 벌일 경우, 다음의 두 가지 전술을 사용한다. 하나는 **철저히 공격에 전념하는** 전술, 또 하나는 진지를 구축하여, **적의 습격에 대비하는** 전술이다. 어느 쪽도 유효한 전술이지만, 이스라엘은 공격에 집중하는 전술을 주로 사용했다.

그들이 공격적인 전술을 사용하는 데에는 이유가 있다. 적의 공격을 기다리고만 있어서는 입수할 수 있는 정보가 한계가 있으며, 효과적으로 전투를 수행할 수 없기 때문이다.

이스라엘군의 전투부대는 수많은 경계임무를 수행했다. 정보제공자나 특수부대로부터의 정보를 참고로 하면서, 주위의 상황을 관찰해 갔던 것이다.

이는 적의 반응을 살피기 위해서만이 아니다. 환경이나 상황에 순응할수록 전투 시에는 유연하게 대응할 수 있기 때문에 병사들의 심리적 측면을 강화하기 위한 의미도 있다.

전투 그 자체뿐만 아니라, **정보제공자의 네트워크 조성**에도 시간을 투자했으며, 특수부대도 비밀리에 적지에 잠입했다. 그들은 히브리어뿐만 아니라 팔레스타인 억양의 아라비아어도 구사할 수 있기 때문에 의심을 받지 않고 행동이 가능했다.

이러한 전술은 적으로 하여금 두려움을 느끼게 했다. 정보가 이스라엘로 누출되기 때문에, 공격을 시도했다가는 즉시 총공격을 받을 위험이 있었다.

이스라엘군의 우위성은 이러한 정보 공유로 인한 것이었다. 경계부대에 문제가 발생할 경우, 즉시 지원부대가 대응할 수 있는 태세가 갖추어져 있었다.

예를 들면, 적이 건물의 창 너머에서 공격을 해 오고 있다고 가정하자. 이러한 움직임은, 대기 중인 공격 헬기로 전달된다. 그리고 수 km 바깥에서 이 공격 헬기가 대전차미사일을 발사하여 적을 섬멸한다.

어떻게 이스라엘군은 즉시 대응할 수 있었을까? 그것은, 확실한 정보를 사전에 입수하여 적의 동향을 예측하고 부대를 대기시켜 놓았기 때문이다. 공격 헬기뿐만 아니라 전차나 장갑차량도 급행할 수 있도록 준비가 갖추어져 있다.

공격은 최선의 방어

시가전의 프로인 이스라엘이 사용하는 전술은, 보다 많은 정보를 얻어, 철저히 공격에 전념하는 전술이다.

이스라엘의 정보공유와 대응 능력

높은 정보수집능력을 보유한 이스라엘은, 반격할 수 있는 부대를 대기시켜 즉시 대응이 가능하도록 준비를 갖추어 놓고 있다.

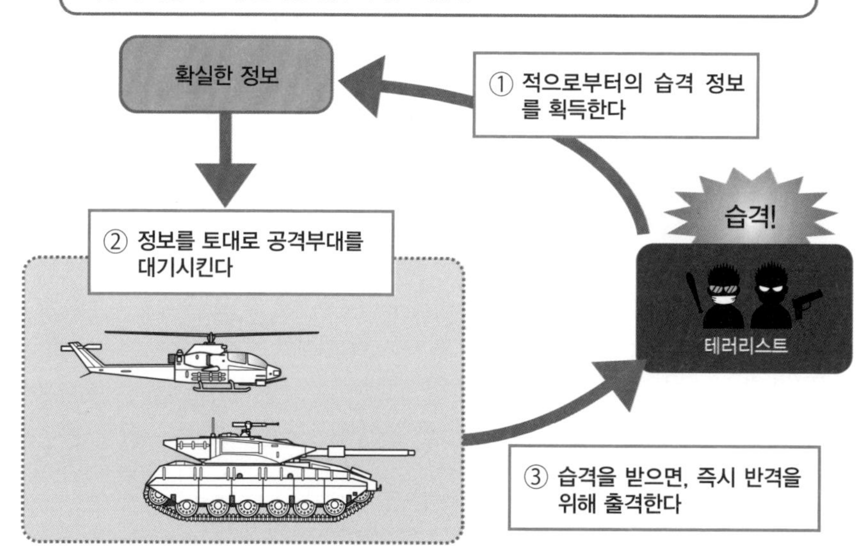

원 포인트 잡학

이스라엘은 가장 먼저, 언어를 의식적으로 전술에 포함시켰다. 아프가니스탄이나 이라크에서도, 언어의 벽을 어떻게 초월할 것인가가 미군의 과제가 되고 있다.

No.044

시가전 사양의 공격 헬기

공격 헬기는 동서냉전 당시, 적 전차나 장갑차량을 격파할 목적으로 진화했다. 사용되는 미사일 가운데 대부분은 장갑판을 관통하고, 차량 내부에 충격을 가한다. 본래는 대인용 무기가 아니지만, 굳이 시가전에서 사용하는 경우도 있다.

●유연한 발상으로 싸운다

대전차미사일을 이용한 전투라고 하면, 제4차 중동전쟁이 유명하다. 이집트 육군이 이스라엘 육군의 전차부대를 격파하면서 큰 충격을 남긴 바 있다.

이후 세계 각국에서 전차의 장갑은 강화 되어, 전술도 완전히 변화했다. 대전차미사일 만능론이 제기 되고, 다양한 개량이 거듭 되어 대전차미사일을 탑재한 공격 헬기까지도 등장했다.

그러나 대전차미사일을 활용한 전술의 상식은, 최근 들어 또 다시 전환됐다. 팔레스타인 자치구의 웨스트 뱅크에서, 이스라엘군이 유도미사일을 **대인용**으로 사용하게 된 것이다.

대전차미사일은, **유선 타입**과 **파이어 앤 포겟(Fire and forget) 타입**으로 나뉜다. 사수가 조준기로 미사일을 지시유도(유선 타입)하느냐 지상의 보병이 레이저를 표적에 조사(照射)하여 그 위치에 미사일을 명중(파이어 앤 포겟 타입)시키느냐의 차이이다.

본래, 사람을 상대로 이 미사일을 사용하는 일은 없다. 그러나 적 지도자를 살해한다는 목적을 달성하기 위한 수단으로써, 최전선에서 애용되었다.

이스라엘군이 참가한 전투 가운데 대부분은, 시가지에서 이루어졌다. 그들은 국제적인 비난을 받지 않기 위해, 팔레스타인 민간인에 대한 피해는 최소한으로 줄인다는 방침을 견지하고 있었다. 이러한 상황에서는 공격 헬기에 탑재한 유도미사일이 가장 효과적인 무기였다.

특정한 건물의 어느 방에 적 지도자들이 모여 있다는 정보를 현지에 잠입한 특수부대가 입수했다고 가정하자. 그 진위를 확인하여 정보가 정확하다고 판단된 경우, 공격 헬기가 비밀리에 행동을 개시한다.

적의 소재를 최종적으로 확인한 특수부대가 건물의 창문에 레이저를 조사한다. 무장 헬기는 그 포인트를 표적삼아 미사일을 발사한다.

이러한 공격은 건물뿐만 아니라 자동차 등의 이동 표적에도 사용됐다. AH64 아파치 공격 헬기를 사용한다면, 수 km 바깥에서도 얼마든지 임무를 수행할 수 있다.

대전차미사일

제4차 중동전쟁에서 사용된 대전차미사일은, 만능론이 제기될 정도로 각국에서 채용되어, 거듭된 개량이 가해졌다.

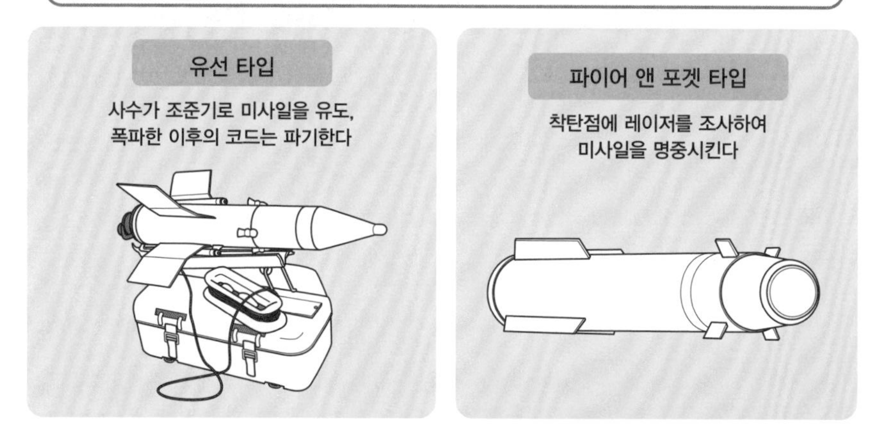

이스라엘군의 대인전술

민간인의 피해를 최소화하기 위해, 이스라엘군은 유도미사일을 대인용으로 사용했다.

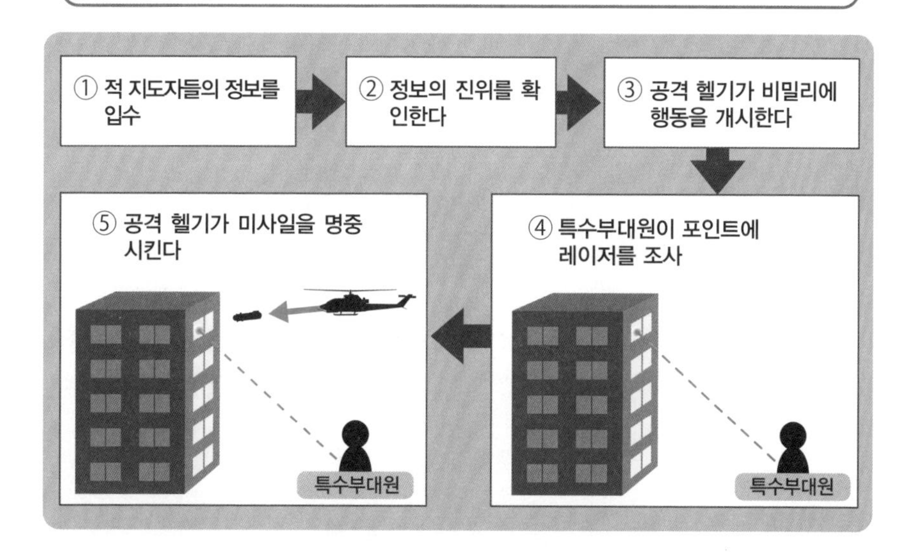

원 포인트 잡학

1973년의 제4차 중동전쟁에서는, 이집트군이 소련제 대전차 미사일을 운용하여 큰 전과를 거둔 바가 있었다. 이후, 각국의 전차 개발은 큰 전환점을 맞이했다.

No.045

이라크전쟁 최대의 시가전

수도 바그다드 남서부에 위치한 팔루자에서 2004년, 미 해병대를 중심으로 편성된 연합군과 이라크 무장세력 간에 대규모의 전투가 벌어졌다. 이 전투는 「팔루자 전투」라고 불리며, 「이오지마 전투」에 필적하는 격전이었던 것으로 알려졌다.

● 2주일에 걸친 격전

팔루자 전투는, 2004년 4월에 미국계 PMC 컨트랙터들이 팔루자에서 무장 세력의 습격을 받은 사건에서부터 시작됐다. 그들은 살해당했으며, 불에 탄 시체는 서쪽을 흐르는 유프라테스강의 교량에 매달렸다.

팔루자는 사담 후세인 지지파가 많고, 반미감정이 강한 도시 가운데 하나였다. 이 지역에서 발생한 사건에 대해, 미군은 범인을 사법 당국에 넘길 것을 요구했으나, 이는 거부당했다.

미군은 즉시 실력행사에 착수하여, 팔루자를 완전히 포위했다. 간선도로를 봉쇄하고, 본격적인 섬멸작전을 준비했다. 한편, 일반 시민에 대한 경고와 여성 및 어린이의 대피를 인정했다.

그리고 11월, 시가지 포위섬멸작전이 개시됐다. 「**여명 작전(Operation Dawn)**」이라고 호칭된 이 전투는 약 2주일에 걸친 격전으로 비화됐다. 미군의 사상자는 50명 이하였으나, 적의 전사자는 1200명, 포로도 1500명을 넘었던 것으로 알려졌다.

작전의 중심이었던 해병대 소총분대의 숫자도, 가볍게 100을 넘었다. 이들 분대는 2주일에 걸쳐 건물들을 차례차례 제압해 갔다.

그들은 일회용 방식의 대전차 로켓포(AT-4)를 많이 사용했다. 그 중에서도 열압력(thermobaric) 탄두의 폭풍과 충격은, 건물에서 농성을 벌이던 적의 섬멸에 효과를 발휘했다.

하지만 여기에 그치지 않고 전차까지 동원하여 제압 부대의 직접 원호를 실시했다. 1대당 평균 24발의 포탄과 2500발의 기관총탄을 매일 소비했다는 보고도 존재한다.

뿐만 아니라, 불도저까지 투입했다. 장갑 불도저는 장애물 제거 외에 건물을 파괴하고 내부로의 돌파구를 개척하는 임무에서도 크게 활약했다.

적의 동향은 상공에서 무인정찰기가 남김없이 모니터링했다. 이변이 발생할 경우, 상공의 건십에서 총탄이나 포탄을 발사하고 정밀유도폭탄을 투하했다.

팔루자 전투

이라크 전쟁 최대의 격전지 팔루자에서는, 약 2주일에 걸쳐 전투가 지속 되었다.

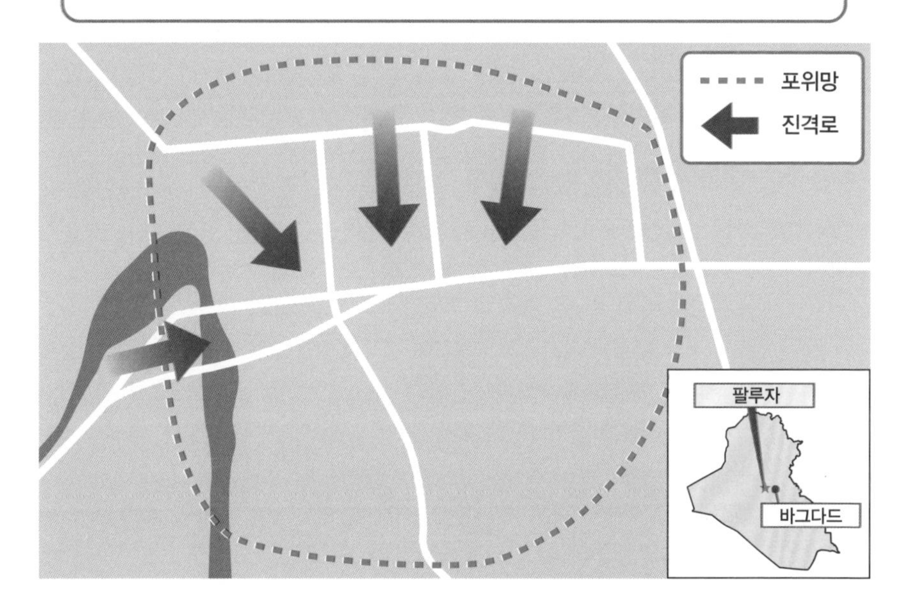

「여명 작전」에서 소비된 포탄과 기관총탄

이라크전쟁 최대의 격전지가 된 팔루자 전투에서는, 대량의 포탄이 사용 되었다.

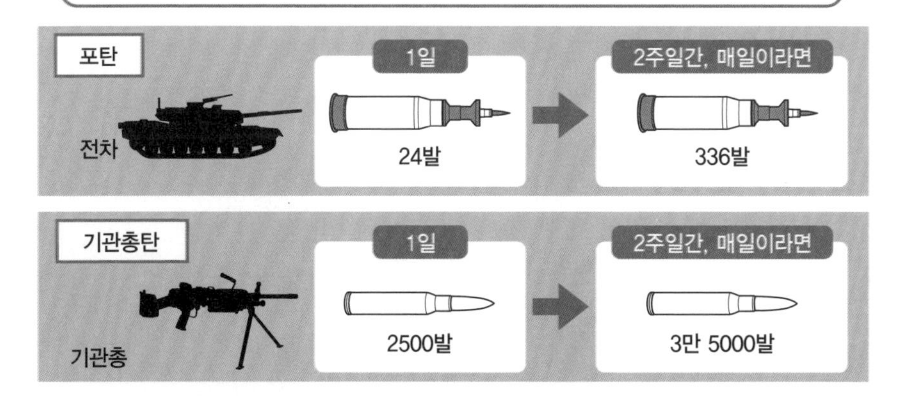

원 포인트 잡학

부시 전 미 대통령은, 「팔루자 전투는, 이오지마와 마찬가지로 존경의 의미를 담아 길이길이 언급될 것이다.」라고 팔루자 총공격의 의의를 연설에서 강조했다.

No.046

적에게 들키지 않고 공격하는 건십

유탄포나 기관포를 적재한 건십(Gunship)은, 시가전에서의 근접항공지원이나 부대 방어에 사용된다. 수송기의 개조와 그 전술은, 베트남전쟁에서 완성, 현재도 아프가니스탄이나 이라크의 최전선에서 사용되고 있다.

●언제든지 사용할 수 있는 건십

베트남전쟁에서 활약한 무기의 일례로, **AC-47 건십**이 있는데. 이 기체의 좌측면에는, **미니건**이 3문 탑재 되어 있었다.

이 미니건에는 1500발의 탄환을 장전할 수 있었으나, 발사속도는 분당 최대 6000발로 그 성능이 엄청났다. 따라서, 2문이 3초간 정도의 점사로 적을 압도하고 재장전 시간 동안 나머지 1문이 발포하는 전술을 사용했다.

건십은 공격 목표의 상공을 선회하면서 표적을 확실하게 포착할 수 있었다. 기체를 깊숙이 기울이면서 비행을 계속하며 미니건으로 적을 섬멸한다.

이 기체는 특수작전에서 많이 활용 되었다. 2만 4000발의 탄약과 45발의 조명탄을 적재할 수 있기 때문에, 야간 전투에서도 위력을 발휘할 수 있었다.

이후, 건십은 기종 변경과 개량을 거쳤다. 적의 대공 공격능력을 회피하기 위해, 고고도에서 공격이 가능하도록 설계된 **AC-130 건십**에는 105mm 유탄포나 40mm 기관포 등의 대형포가 탑재 되었다.

AC-130 건십은 공군 소속이지만, 그 지휘는 육군, 해군, 공군, 해병대의 특수작전 부대를 통합 지휘하는 미 특수전 사령부가 담당한다.

따라서, AC-130은 언제든지 사용할 수 있는 기체가 아니었다. 이러한 상황에서 임기응변이 특기인 해병대는, 독자적으로 사용할 수 있는 기체를 입수하기 위해 개발을 개시했다.

그 결과로, 보유하고 있는 **KC-130J 공중급유기**에 탈착 가능한 대지 공격용 키트를 개발하는 데 성공했다. 기체에 화기관제장치나 목표탐지 센서를 장비하여, 급유기를 건십으로 개조했다.

무장은 정밀유도폭탄이나 공대지 미사일을 선택했다. 향후에는 30mm 기관포의 탑재도 예정하고 있다. 이 해병대 전용의 건십은 2010년 10월, 아프가니스탄에서 실전 투입되었다.

AC-130 건십

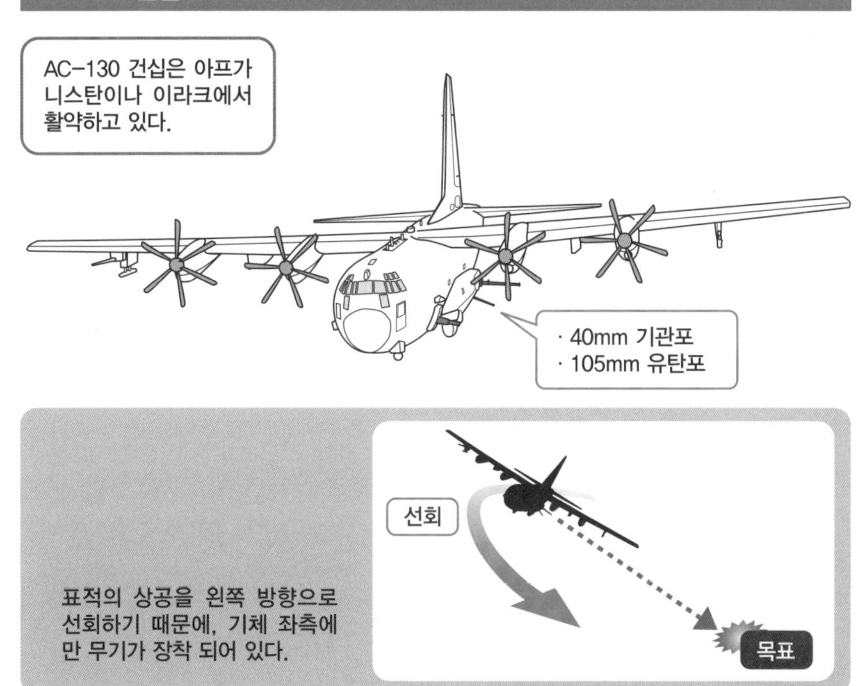

적에게 들키지 않고 공격하는 건십

AC-130 건십을 항상 사용할 수 없었던 해병대는 급유기에 대지 공격용 키트를 장비하여 공격기로써 실전 투입했다.

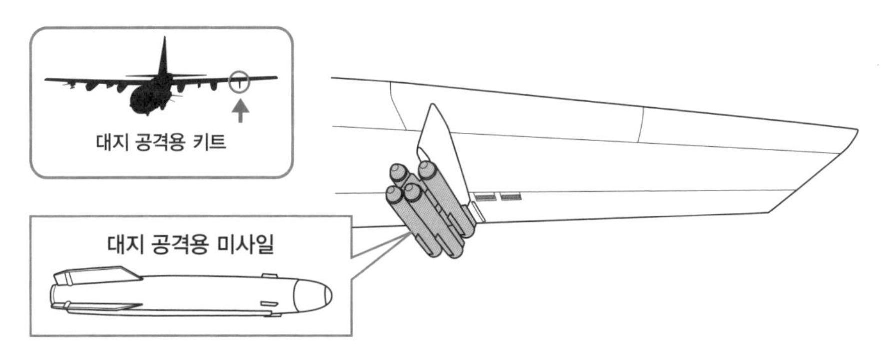

원 포인트 잡학

KC-130J에 30mm 기관포를 탑재할 경우, 전술적 가치는 한층 강화된다. 까마득한 상공을 비행하면서, 지상의 적에게 들키지 않고 정밀사격으로 섬멸할 수 있다.

No.047

아프가니스탄전쟁의 현실

아프가니스탄과 이라크는 지형이 다르다. 또한 이라크에서 벌어지고 있는 시아파, 수니파, 쿠르드인의 대립이라는 사회구조와 달리, 수많은 언어나 부족이 혼재하는 지역이다. 따라서, 아프가니스탄에 이라크에서의 전략과 전술을 대입하는 것은 어렵다.

● 이라크전쟁의 노하우는 통용되지 않는다

아프가니스탄과 이라크는 그 지형이 크게 다르다. 전자는 구릉이나 산악지대가 연결 되어 있는데 반해, 후자는 평원 중심이라고 할 수 있다. 따라서, 미군이 이라크에서 사용하던 전술은 아프가니스탄에서는 거의 사용할 수 없다.

도로 하나의 예를 들어봐도, **포장 유무의 격차**가 심하다. 이라크와 달리 아프가니스탄에는 험난한 비포장도로가 많아, 장갑차량으로 고속주행은 불가능하다.

적은 일본제 4WD 차량이나 픽업트럭을 즐겨 사용한다. 노면이 불량해도, 신속한 이동이 가능하며 미군의 추적을 따돌리기 쉽다는 이점도 보유하고 있다.

이라크의 적은 IED를 사용한 소규모 공격이나 자폭 테러를 선호했다. 그들은 일반 시민의 희생을 무시하면서, 목적을 이루기 위해서는 수단과 방법을 가리지 않는다.

그러나 아프가니스탄은 경우가 다르다. 적은 치밀하게 작전을 계획하고, 대규모 작전을 감행해 오는 경우가 많다. 아프가니스탄에서의 전투는 특유의 문화, 관습, 부족제에 의한 영향을 크게 받는다.

아프가니스탄에서의 전투는, 몇 시간이나 계속 되는 경우도 많다. IED를 사용해 방비가 부족한 보급부대나 경계 차량을 날려버리고도 즉시 도주하거나 하지 않는다. 그들은 그야말로 타고난 전사들이기 때문이다.

또한, 아프가니스탄에서는 지역 사회나 부족의 영향력이 훨씬 강하다. 정권 다툼의 구도도 한층 격렬하여 외지인인 미군이 주도권을 잡을 수 있을 리가 없다. 그들은 건물 한 채를 수색하는 일조차 허용하지 않은 일도 있었다.

미군은 적과의 전투 이외에도, 이러한 정치적 거래까지 시야에 넣고 움직일 수밖에 없었던 것이다.

아프가니스탄과 이라크

아프가니스탄과 이라크는 다양한 면에서 큰 차이가 있었다.

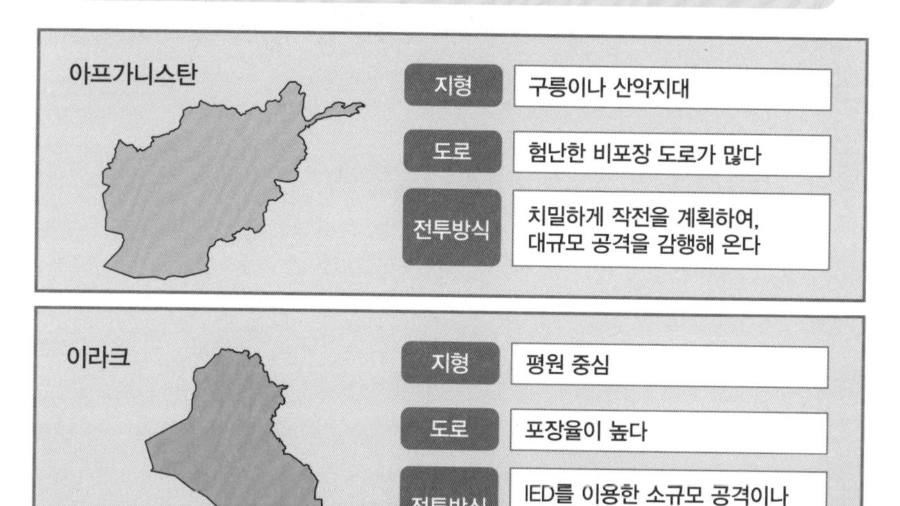

아프가니스탄 전쟁의 어려움

아프가니스탄에서는 부족에 의한 결속력이 강하며, 외지인인 미군이 개입할 여지는 적었다.

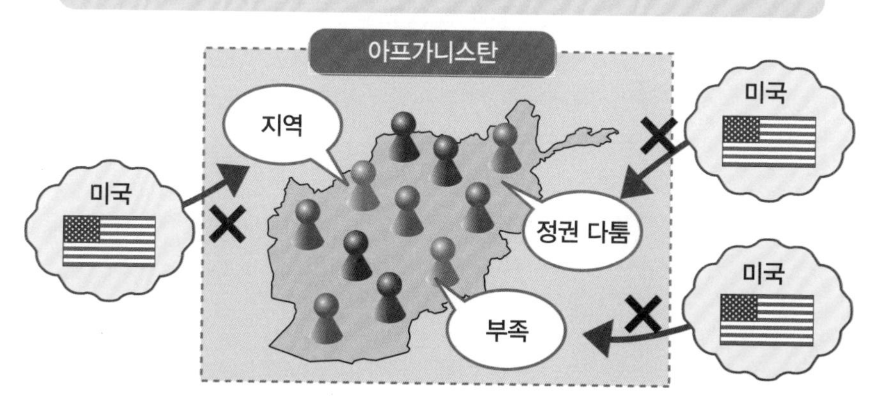

원 포인트 잡학

911 테러의 주모자는 「알카에다」로 확인되었다. 이들을 인도해달라는 미국의 요구를 거부한 탈레반 정권에 대한 제재가, 아프가니스탄전쟁의 시작이었다.

No.048

적의 움직임을 탐지하자

아프가니스탄과 이라크에서 유일하게 공통적인 전술이 있다. 그것은 적의 움직임을 예측하여, 선수를 치는 것이다. 바로 이러한 경우에, 정보제공자나 무인기로부터 얻은 정보를 정확히 분석하는, 최첨단 기술을 활용한 전술을 구사하게 된다.

●일기예보와 같이, 습격 장소를 예측한다

미군은, 적의 움직임을 패턴 분석하게 되었다. 향후의 움직임을 예측하기 위해, **무인정찰기**나 **비디오카메라**를 이용한 전술을 구사하고 있다.

데이터로 산출 되는 일정한 패턴으로부터 소비자의 행동을 예측하는 방법은, 금융 업계나 마케팅 업계에서 폭 넓게 사용 되어 왔다. 경찰에서도, 범죄자의 동향을 예측하는 **지리적 프로파일링**에 응용하고 있다.

이러한 전술은 전장의 일기예보라고 할 수 있다. 어디에 비가 내릴까가 아니라 어디가 습격당할지를 예측하는 것이다.

예를 들면, 보급 물자의 수송 루트를 감시하고 있는 카메라는, 시간을 바꿔가면서 현장을 촬영한다. 이 영상은 컴퓨터로 해석 되어, 평소와는 다른 무언가를 감지한 시점에서 경고를 발신한다.

IED가 폭발한 장소나 불발탄이 발견된 장소를 디지털 맵으로 표시하기도 한다. 적절한 처리를 행함으로써 적의 행동 패턴이 드러나며, 다음으로 어디가 표적이 되기 쉬운지에 대한 예측이 가능해진다.

이러한 해석 덕분에, 수많은 IED가 사전에 발견되고 있다. IED나 매복공격을 걸어오는 적에 대해, 무장 헬기나 건십을 이용해 상공으로부터 타격을 가하는 일도 가능해졌다.

그러나 아프가니스탄과 이라크는 여기서도 차이가 있다. 아프가니스탄의 전장은 촌락이나 산악 지대이지만, 이라크의 전장은 시가지가 많다. 아프가니스탄에서는 감시 구역이 넓고, 이라크만큼의 효과를 기대할 수 없다.

시가지에서는 인공물의 변화나 사람들의 왕래를 감시하기 쉽지만, 복잡한 지형은 감시하기가 쉽지 않다. 아프가니스탄에서는 이러한 약점을 보완하기 위해, 각 부족과의 교류를 중점적으로 담당하는 그린베레가 감시 임무까지 맡게 된다.

감시 카메라의 경고 시스템

감시 카메라는 시간을 바꿔 가면서 촬영하며, 평소와는 다른 사물을 발견하면 경고를 발신한다.

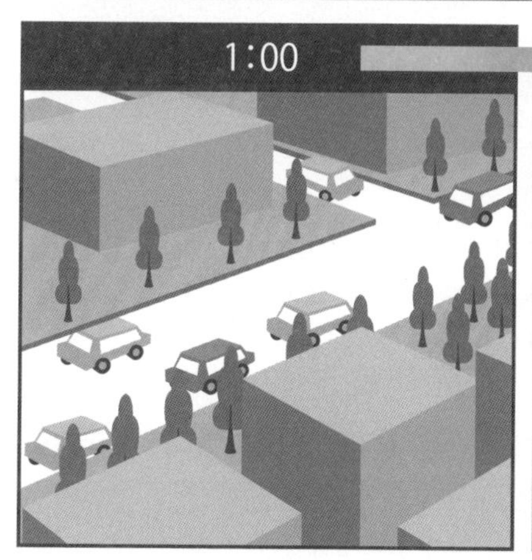

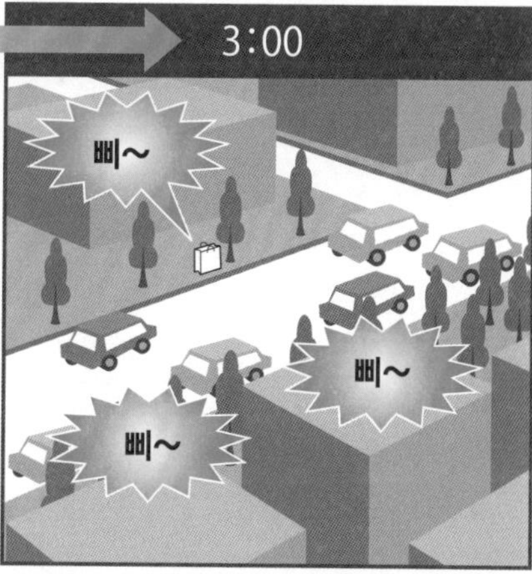

아프가니스탄과 이라크에서의 감시의 눈

아프가니스탄과 이라크는, 각각 감시 카메라 등으로 감시 가능한 범위가 다르다.

지형이 장해물이 되어 사각이 있다

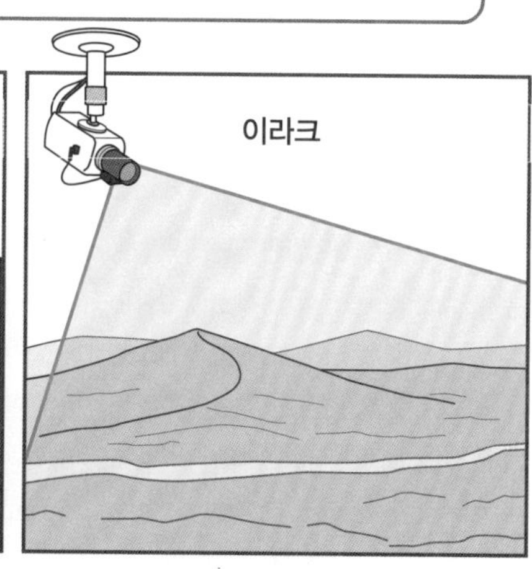

광범위를 커버할 수 있다

원 포인트 잡학

감시 영상은 무인정찰기나 소형 수송 차량만이 촬영하는 것이 아니다. 지상의 건조물에도 카메라가 설치 되어, 다양한 각도에서 시간을 바꿔가면서 촬영된다.

No.049

IED의 발견

아프가니스탄에서는, 지리적인 문제나 사회적 정세 등으로 인해 이라크와 동일한 전술을 사용할 수 없는 경우가 많다. 그러나 IED의 발견과 처리에 있어서는, 이라크전쟁과 동일한 방법을 사용할 수 있는 경우도 존재한다.

●IED를 봉쇄한다

미군은 IED의 공격을 방어하기 위해, 두 가지 전략을 사용하고 있다. 그것은, 철저한 경계와 무인정찰기를 이용한 감시이다. **주간에는 MRAP 차량을 투입**하여, IED이 설치 되기 쉬운 주요간선도로를 순찰한다. 그리고 이변을 발견할 경우, 이를 즉시 공병(工兵)이 처리한다.

야간에는 무인정찰기가 감시를 담당한다. 암시장치나 열원탐지장치 등을 구사하여, IED를 설치하려는 수상한 인물의 움직임을 포착한다.

비무장의 무인정찰기가 아니라, 무인공격기를 감시 임무에 사용하는 경우도 많다. 적을 발견한 단계에서 대지 공격용 미사일을 발사할 수 있기 때문에, 건십이나 무장 헬기를 호출하지 않고도 상황을 종료시킬 수 있다.

하지만 전략과 전술의 양면을 고려할 경우, 적을 생포하는 경우가 유리한 때도 있다. 그를 심문하여 다양한 정보를 얻을 수 있기 때문이다.

예측한 지점의 근처에 미리 지상제압 팀을 대기시키기도 한다. 무인정찰기가 적을 발견하면 신속하게 급행하여, 적을 생포하는 것이다.

도마뱀의 꼬리를 계속 잘라도 의미가 없다. IED를 사용한 공격은 조직화 되어 있기 때문에, 주모자들의 움직임을 포착하는 편이 낫다.

IED 공격은 **계획입안 그룹, 폭탄제조 그룹, 매설 그룹, 기폭 그룹, 매복지원 그룹**으로 나뉘어져 실행된다. 그들의 동향을 비디오카메라로 녹화하여 범행 성명이나 작전의 재검토 등에 사용한다.

그렇기 때문에, 매설 그룹만을 해치우는 것만으로는 아무런 의미가 없다. 폭탄제조 그룹이나 계획입안 그룹을 일망타진하지 않으면, 상황은 변하지 않는 것이다.

구속한 적으로부터 정보를 획득할 경우, 컴퓨터 처리가 가능해진다. 적의 행동을 예측할 수 있게 되며, 주모자의 잠복 장소를 판별할 수 있게 되기도 한다.

IED를 막는 두 가지의 전술

주간과 야간으로 전술을 가려 구사하면서 적의 공격을 방어하고 있다.

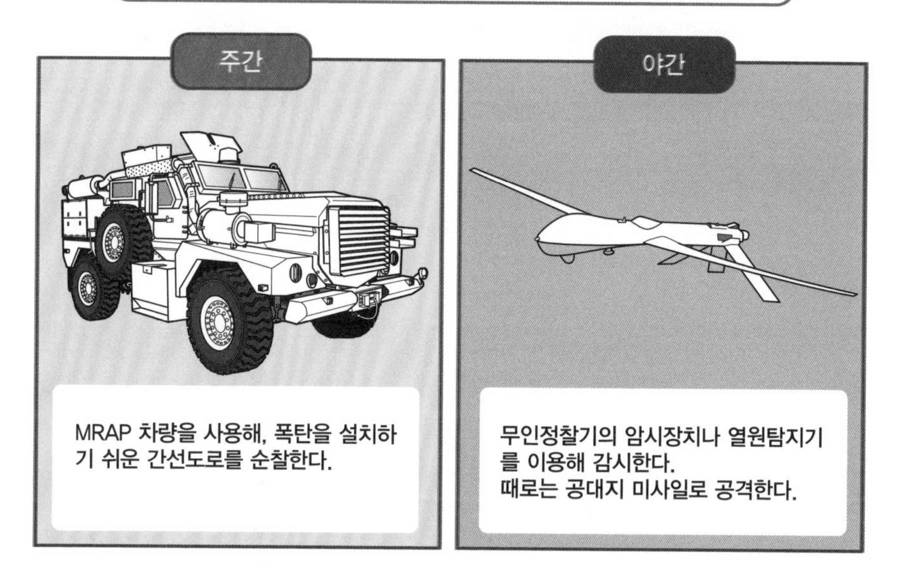

테러리스트의 IED 공격은 주모자를 체포하는 것이 중요

주모자가 각 팀을 지휘하며 계획적으로 폭탄 공격을 실행하기 때문에, 주모자를 체포하는 것이 중요해진다.

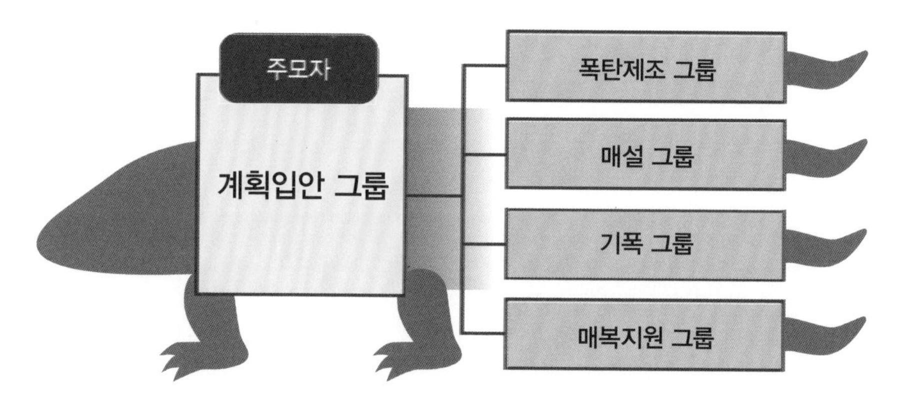

원 포인트 잡학

폭탄의 매설 장소 선정, 미군의 행동 감시, 폭탄 제조 등, 공격 준비에는 1주일은 필요한 것으로 알려졌다. 그 준비단계에서 공격을 간파하는 경우도 있다.

No.050

전차는 산악전에 맞지 않는다

평원이나 사막에서의 전투를 가정하고 있는 전차의 주포는, 사거리가 3km를 넘는 경우도 있다. 대전차 무기의 공격을 견디기 위해, 장갑도 강화 되어 있다. 그러나 전차를 이용한 산악 지형에서의 전투는 중요시 되지 않았으며, 전술도 확립 되지 않았다.

●전차를 이용한 산악전은 상정 외!

전차는 산악 지형에서의 전투에는 불리한 것으로 알려져 있다. 지형이나 교통 인프라 등의 측면을 고려할 때, 전차는 산악에서 그 기동력과 화력을 충분히 발휘할 수 없기 때문이다.

협소한 지형에 전차를 투입할 경우, 곧바로 대전차 로켓의 표적이 된다. 특히, **로켓 추진식 유탄**은 전차에게 위험한 것으로 알려졌다.

RPG는 구소련에서 개발 되어, 전 세계의 무기고에 저장 되어 있는 로켓포이다. 저렴하며 거듭된 개량이 가해져, 현재도 아프가니스탄이나 이라크를 비롯한 전 세계의 전장에서 적들이 사용하고 있다.

병사가 단독으로 휴대 가능한 RPG는, 320mm의 장갑관통력을 보유하고 있으며, 유효사거리는 500m이다. 명중률도 나름 우수하며, 목표를 정하고 방아쇠를 당기면 로켓 포탄이 목표를 향해 날아가는 구조를 하고 있다.

만약 높은 지대에서 RPG의 표적이 된다면, 전차는 무사할 수가 없다. 장갑이 얇은 상부는 최대의 약점 가운데 하나이다.

해치를 개방한 상태에서 전투를 하게 될 경우, 비참한 결말을 맞이한다. RPG를 사용하지 않더라도, 저격수가 발사한 총탄조차 견뎌낼 수 없다.

그러한 피해를 최소한으로 억제하기 위해서는, 해치를 닫을 수밖에 없다. 해치를 닫게 되면, 이번엔 시야가 제한되어 차내에서는 높은 암석 지대의 그림자에서 이쪽을 노리는 적병의 움직임이나 대전차 로켓의 공격을 감지하기 어려워진다.

포신을 선회해서 경계하려고 해도, 평원에서의 전투와는 다르다. 높은 지대에 위치하는 적을 주포로 포착하려고 해도, 각도에 따라 매우 힘들어진다.

이러한 문제점이 보고되면서, 가급적이면 산악전에 전차를 투입하는 것을 자제하게 되었다. 그 증거로, 아프가니스탄전쟁에서는 미군을 비롯한 NATO 군 대부분은 최근까지 전차를 투입하지 않았다.

RPG의 특징

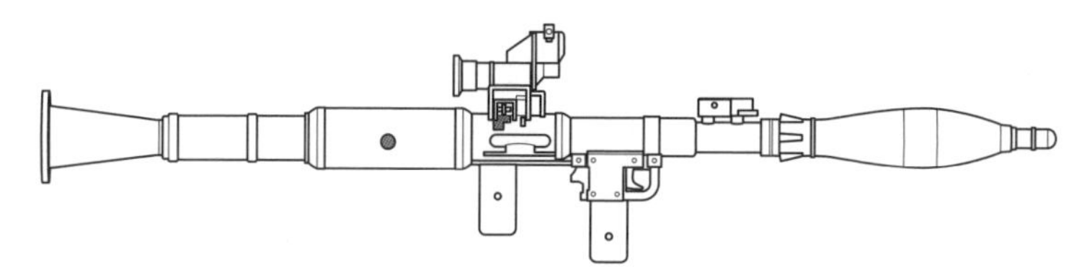

· 단독으로 휴대 가능

· 320mm의 장갑관통력을 보유

· 약 1km의 사거리(유효 사거리 500m)

· 명중률이 우수

· 저렴하다

산악지대에서는 높은 곳에서 표적을 노리게 된다.

높은 산악지대에서의 공격에 전차는 무사하기가 어렵다.

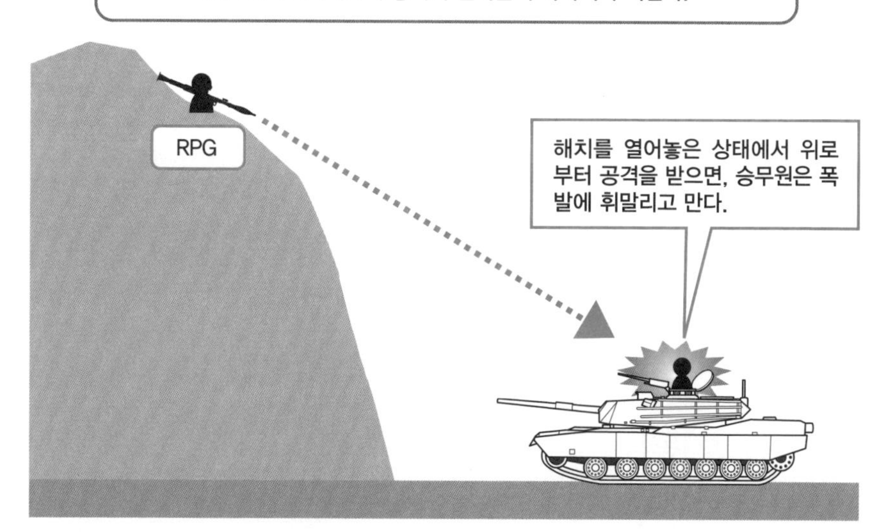

원 포인트 잡학

한반도에 주둔 중인 미군은, 산악전에서의 전차의 한계를 이해하고 있었다. 미군이 아프가니스탄에서 전차를 투입하는데 주저한 것은, 이러한 배경도 작용했다.

No.051

산악 지대에서의 전차 전술

아프가니스탄의 전장에서는 지형상, 전차는 부적합한 것으로 알려졌다. 그러나 미군은 2010년 말에 M1 전차를 배치했다. 이는, 새로운 전술을 고안하여 전차가 전과를 올릴 수 있다는 사실이 증명되었기 때문이다.

●적으로 하여금 공포를 느끼게 하는 전술

미군은 아프가니스탄 개입 이후, 전차의 투입을 보류하고 있었다. 지형이나 도로 사정 등, 산악 지대는 전차의 기동력을 최대한으로 발휘할 수 있는 장소가 아니라고 판단 되었기 때문이다.

산악전에서 사용했던 기존의 주력은 보병전투차량(IFV)이었다. 이 차량은, 보병을 후면부의 탑승구역에 수용할 수 있을 뿐만 아니라 스스로도 전투에 참가할 수 있었다. 화포를 장비하여, 보병을 원호할 수 있었던 것이다.

그러나 IFV의 장갑에는 한계가 있었다. 적의 RPG 공격을 견디지 못 했으며, IED에도 취약했다.

미군은 이러한 문제를 해결하기 위해 **MRAP 차량**도 투입했다. 그러나 이 차량은 험한 진흙 길에서의 이동에는 적합하지 않아서, 바퀴가 미끄러져 꼼짝도 못 하는 상황에 처하는 경우도 있었다.

이러한 문제점을 해결한 것이 전차였다. 현지에 전개하고 있는 NATO 군의 일부가 전차를 투입하여, 새로운 전술을 고안한 것이다.

그 전술은, 기존의 전차전과는 이질적인 것이었다. 전차가 동원된 것은 적의 의지를 꺾는 **심리전**이기 때문이었다.

적에게 포격을 실시하는 것이 아니라, 공포를 느끼게 하기 위해 전차를 사용했다. 적이 잠복해 있는 건물의 벽을 전차의 차체로 파괴하고, 보병 부대를 단번에 건물 내부로 돌입시키는 무기로써 사용한 것이다.

아프가니스탄에서의 전투 가운데 대부분은 촌락이나 산악 지대에서 이루어진다. 가옥의 대부분은 콘크리트제가 아니기 때문에, 전차를 투입하게 되면 쉽게 파괴할 수 있었다.

전차는 높은 지대로부터의 공격에는 취약하다. 그러나 보병 부대와의 공동 작전을 통해, 아프가니스탄에서는 새로운 전술이 확립 되었다.

미군의 주력 보병전투차량(IFV)

아프가니스탄에서는, 미군은 IFV를 주력으로 배치했다.

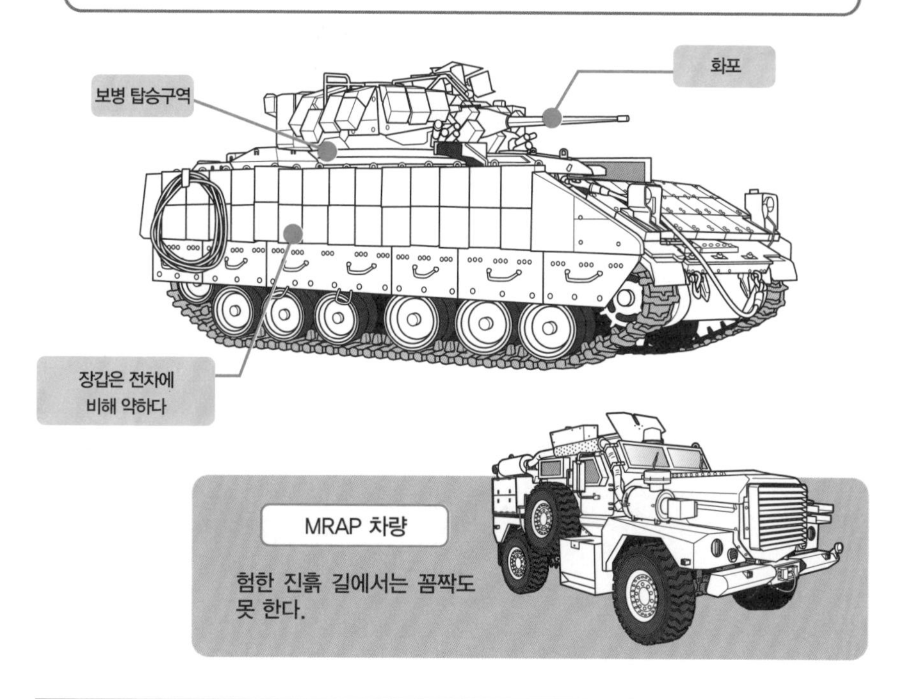

새로운 전차 전술

기존의 전투 방식이 아니라, 적의 의지를 꺾는 심리전에 이용한다. 전차의 포격이나 차체를 사용해 벽 또는 건물을 파괴하여 보병을 돌입시킨다.

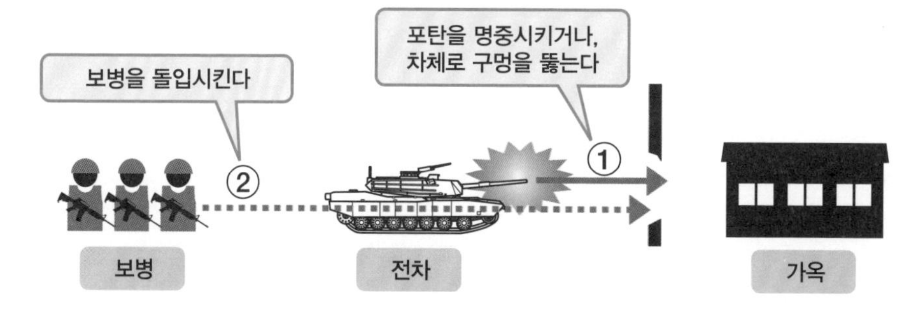

원 포인트 잡학

미군이 M1 전차의 투입을 결정한 것은, 캐나다군의 설득에 의한 것으로 알려져 있다. 그들은 2006년에 레오파르트2 전차를 최전선에 투입했다.

No.052

사령관이 바뀌면 전술도 바뀐다?

아프가니스탄에서는, 언어나 문화가 최대의 장해물이었다. 이질적인 문화를 섬멸할 것인가, 아니면 수많은 부족들의 이해와 동의를 얻으면서 화평을 실현할 것인가? 임명된 사령관의 생각에 따라, 작전은 변화했다.

●상대의 인간성에 호소한다

2008년경부터 아프가니스탄에서는, 미군이 새로운 전투방식을 도입하게 되었다. 그것은 전투를 통해 적을 제거할 뿐만 아니라 지역 부족과의 대화를 통해 이해와 협력을 촉구하는 문화적인 접근방식이었다.

이는 새롭게 부임한 사령관의 영향이 강했다. 신임 사령관은 과거 10년 가까이, 그린베레나 레인저 부대의 지휘를 맡았던 경험을 보유하고 있었으며, 특수작전으로 배양한 노하우를 폭 넓게 운용하려고 시도한 것이다.

아프가니스탄에서는, 지역에서 생활하는 수많은 부족의 협력을 얻는 일이 승리로 이어진다. 종교나 문화의 벽을 넘어, 미군은 적이 아니라고 널리 이해시키는 것이 무엇보다도 중요하다고 사령관은 생각했다.

그 중에서도, 탈레반의 발상지인 칸다하르에 가까운 헬만드 주의 통치는 지극히 혼란스러웠다. 대다수의 주민이 희망하는 것은, 싸움이 아니라 화평이었다.

그러나 문제점도 있었다. 문제는 누구나가 자신들의 부족이나 촌락 등의 이익을 생각한다는 것이었다. **주 정부에는 절대적인 신용**을 보이지만, **중앙 정부는 인정하지 않는다**는 사고방식도 뿌리 깊었다.

이러한 상황을 타파하기 위해서는, 그들과 교류하면서 시야를 넓히는 이외의 방법은 없었다. 그 결과 미군이 솔선수범하여 그들에게 방문하게 된 것이다.

촌락을 방문하여, 부족의 장로를 비롯한 다양한 사람들과 지긋이, 차를 마시면서, 몇 시간이나 이야기를 나누었다. 부상자나 환자의 치료도 실시했다.

어린이들과의 교류에도 시간을 투자했다. 어린이들은 양떼 등을 모는 일을 맡은 경우가 많았기 때문에 주위의 이변이나 무장 세력을 목격하기 쉬웠다.

이 사령관은, 무력을 통한 제압보다도 인간성을 중시했다. 부족이나 가족의 유대관계를 최우선으로 대우하고, 정부를 믿지 않는 사람들의 마음을 여는 것이 중요하다고 생각했다.

부족의 협력을 얻기 위한 전술

다수의 부족과 신뢰 관계를 맺는 것이 승리로 이어진다고 믿고, 문화적인 접근방식을 시작했다.

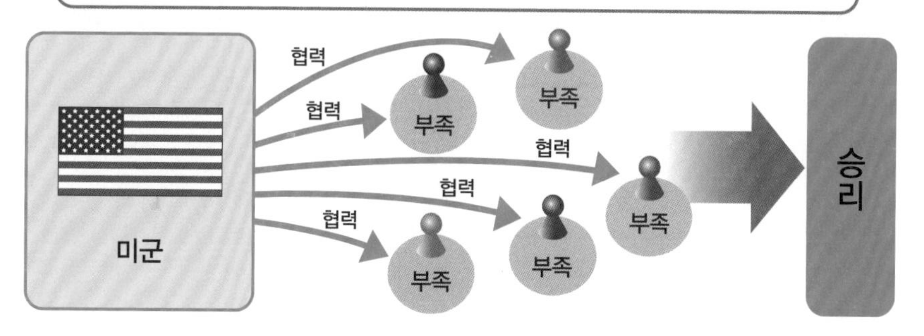

아프가니스탄 각 부족의 사고방식

각 부족은 주 정부는 절대적으로 신용하면서도, 중앙 정부는 인정하지 않았다.

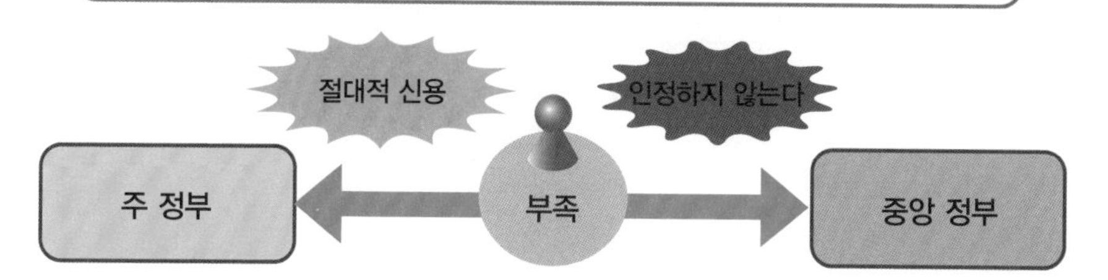

미군이 취한 전술

부족의 수장이나 어린이들과의 교류를 중시하며 신뢰를 얻는 작전을 실시했다.

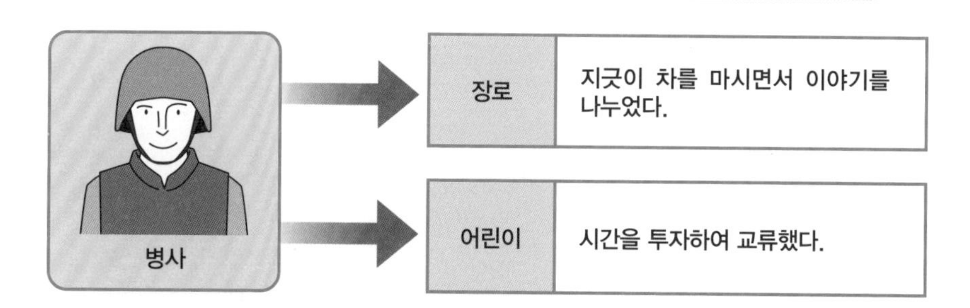

원 포인트 잡학

부족과의 대화를 통해 이해와 협력을 추구한 사령관은, 2010년 6월에 오바마 정권을 비판한 일로 사임했다. 이라크 전략으로 평가를 얻은 새로운 사령관이 부임하여, 또 다른 전술을 시도하고 있다.

No.053

전장의 매스마케팅 전술

전장에서는, 매스마케팅도 전술로서 사용된다. 매스마케팅이란 TV, 라디오, 신문, 잡지 등의 매스미디어를 활용하여, 대중에게 대량 광고를 실시하는 방법이지만, 아프가니스탄에서는 심리전의 새로운 전술로써 효과를 발휘하고 있다.

●상대의 마음을 움직이는 '영업'

매스마케팅에서는, 소수의 아이템을 대량 유통시키는 것이 목적이기 때문에 대량의 광고를 실시한다. 다양한 매스미디어를 활용하여, 광고를 집중적으로 실시함으로써 대중의 심리를 자극하여 구매하도록 유도하는 심리전이다.

이 방법은 시장의 성장기에 업계의 정상 기업이 잘 사용한다. 일본에서도, 캐주얼 의류 판매 부문에서 급성장을 이룬「유니클로」가 유명하다.

아프가니스탄의 전장에서도, 이러한 매스마케팅 전술이 전개 되고 있다. 대중을 상대로 영업하고 있는 것은「**안전과 안심**」,「**전후복구지원**」,「**자녀 양육**」이라는, 눈에 보이지 않지만 그 전부가 중요한 상품이다.

우선, 안전과 안심이 일상 생활에서 중요하다는 사실을 강조했다. TV, 라디오, 신문 게시판, 포스터 등을 활용하여 미군의 존재 의의까지 강조하면서 이해를 받을 수 있도록 선전했다.

전후복구지원에 대해서도, 중요성과 의미를 이해할 수 있도록 선전했다. 아프가니스탄의 재건이 실현될수록, 고용은 증진된다. 그리고 시장경제를 활성화시킬 수 있다는 현실을 전달하기 위해 노력했다.

아프가니스탄의 장래를 생각했을 때, 아이들의 양육도 중요한 문제였다. 아프가니스탄 젊은이들의 식자율이 지극히 낮다는 현실적 문제도 존재했다.

이러한 전술은 미군과 계약을 맺은 아프가니스탄인의 그룹이 실행하고 있다. 이 그룹은 국외에서 마케팅 비즈니스로 대대적인 성공을 거둔 이들이며, 조국 재건을 위한 협력을 아끼지 않았다.

아무리 교묘한 매스마케팅 전술이라도, 미국의 방식으로는 아프가니스탄에 통용 되지 않는다. 문화, 풍습, 가족 제도, 부족 조직 등의 문제를 해결하기 위해서는, 역시 네이티브의 발상과 지혜가 필요 불가결했다.

매스마케팅 전술

대기업이 행하는 매스마케팅 전술은, 집중적인 광고를 통해 대중의 구매력을 증진시키는 것이다.

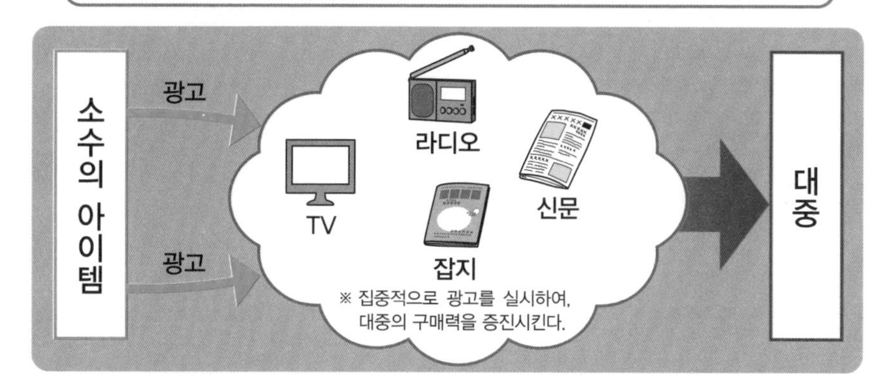

미군의 매스마케팅 전술

미군은 눈에는 보이지 않지만 중요한 「안전과 안심」, 「자녀의 양육」 등을 미디어를 통해 선전했다.

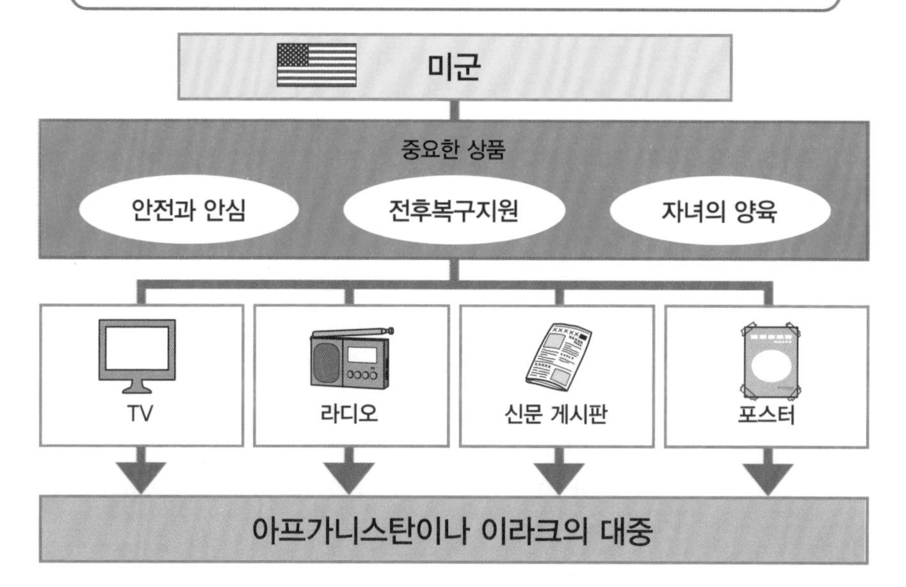

원 포인트 잡학

UN 아동기금(UNICEF)의 「세계 어린이발전 백서 2010」에 따르면, 아프가니스탄 젊은 층의 비식자율은 남성 51%, 여성 82%로 되어 있다.

No.054

전장에서 실패를 초래하는 요인

작전 실패에는 이유가 있다. 그 대부분은, 잘못된 작전 전략과 전술이 사용 되었기 때문이다. 상황을 정확히 파악하고, 그 장소에 적합한 전투 방식을 취하지 못 한다면, 싸우기도 전에 작전은 좌절한다.

●모든 일에 주의를 기울인다

전투부대의 임무는 적과 싸우는 것이지만, 실제로는 그것뿐만이 아니다. 싸우기 위해서는 기지에서 출격하여, 적과 교전할 때까지의 행동이 필요하다.

비전투부대도 마찬가지이다. 그들의 임무는 무기 탄약이나 자재를 최전선 부대에 보급하는 것이다. 그를 위해서는 적의 동향을 예측하여 이동 루트를 결정하고, 준비를 해야만 한다.

임무를 완수하기 위해서는, 세밀한 부분에도 주의를 기울여야 한다. 전원이 구체적인 계획이나 수단을 이해하고 이를 위해 움직이는 것이 중요한 것이다.

이러한 요소가 애매한 상황일수록, 작전은 실패하기 쉽다. 특수부대에서는「더블 체크」나「트리플 체크」라고 불리듯이, 계획의 재검토는 몇 번이나 이루어진다.

이러한 시점이 부족한 결과로, 아프가니스탄이나 이라크에서는 믿어지지 않는 일이 현실로 일어나곤 한다.

예를 들면, 출격하려고 해도 사용차량의 연료가 부족한 경우가 있다. 사전의 정비부족이 원인으로 출격 차량이 당일에 고장이 나기도 한다.

이러한 사태는 작전의 개시를 지연시킨다. 타 부대와의 합동작전일 경우, 그 부대를 위험에 노출시키는 결과를 초래한다.

또한, 아프가니스탄이나 이라크의 도시 중심부에서 활동하는 부대는 교통정체라는 문제에 직면하기도 한다.

평소라 할지라도 시가지의 교통량은 많다. 엎친 데 덮친 격으로, 다양한 작전을 위해 출동하는 차량의 행렬이 하나의 도로를 놓고 쟁탈전을 벌이게 된다. 일반 차량이나 일반인과의 교통사고도 일어나기 쉽고, 적의 표적이 될 위험성도 높아진다.

명령을 충분히 이해하지 못한 상태에서 출동하는 부대도 있다. 잘못된 해석을 토대로 작전이 실행되어, 오인 사격을 일으킬 위험도 있었다.

전투로 돌입하기까지의 준비가 중요

전투로 돌입하기 전의 준비를 실시할 때는, 다양한 항목을 더블 체크, 트리플 체크라 불리듯이, 반복해서 확인한다.

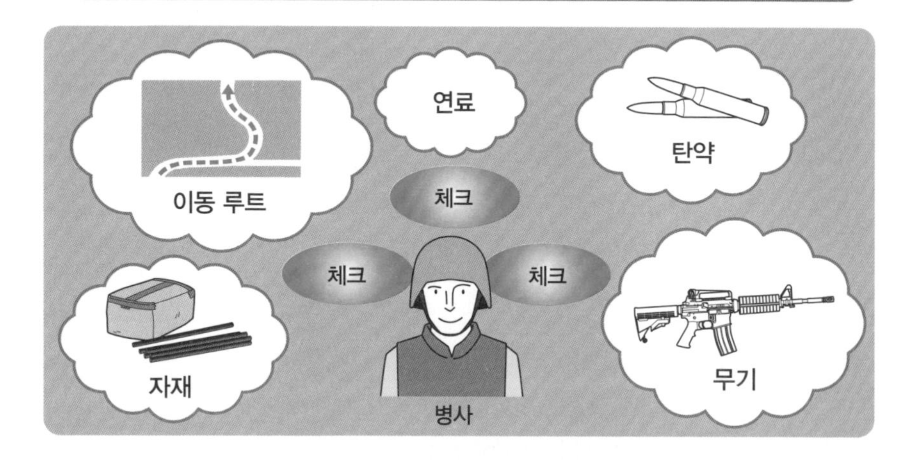

합동작전에서도 사전 체크가 중요

합동작전에서는, 부대 하나의 작전 지연이 타 부대의 위험으로 이어진다.

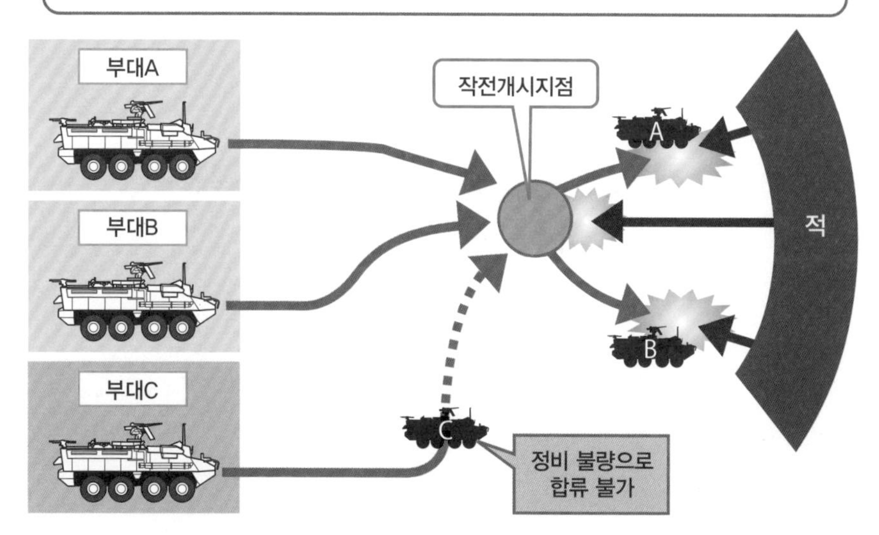

원 포인트 잡학

전장에서 잘못된 지도가 지급되는 경우도 자주 있다. 정확한 지도를 제공받아도, 익숙하지 않은 지형과 비교해서 판독하기는 어렵기 때문에 어떤 전쟁에서도 문제가 일어났다.

No.055

즉석에서 야전 비행장을 건설하자!

현대의 전장에서는, 비행장의 확보가 전황에 큰 영향을 끼친다. 비행장은 적의 동향을 24시간 감시하거나 적 시설에 폭탄을 투하할 뿐만 아니라, 최전선으로 물자를 운반하는 병참 기지로써도 빼놓을 수 없다.

●병참은 항공로로 운반한다

충분한 무기와 탄약, 그리고 식료품이 없을 경우, 최전선의 병사들이 최대한의 전과를 거두는 것은 어렵다. 충분한 준비와 보급이 주어지고 나서야, 그들의 사기는 향상된다.

병사는, 일시적으로 보급을 받을 수 없는 가혹한 상황에 놓이는 일도 있다.

그러나 보급이 도착할 것이라고 알고 있는 상황에서는 현재 보유한 무기 탄약으로 적을 격퇴하고 전선의 유지를 시도하게 된다.

병참은, 지상전에 있어서 빼놓을 수 없는 존재이다. 그렇기 때문에, 비행장의 확보와 운용은 전략 · 전술적으로 최우선 과제로 간주된다.

최전선으로 물자를 운반하는 비행장 가운데 대부분은 즉석으로 건설된다. 그 장소의 지리나 환경에 맞추어, 급조 되는 경우가 많다. 실제로는, 수송기를 사용한 물자 수송이냐 대형 헬기를 이용한 것이냐에 따라서도 비행장의 규모는 달라진다.

탈취한 적 비행장을 개조하는 일도 있으며, 민간 비행장을 사용하는 경우도 있다. 수송 헬기 전용이라면, 높고 광대하며 장해물이 없는 평지를 사용하기도 한다.

비행장의 설치가 결정 되면, 엔지니어들이 활동을 개시한다. 그들은 기재나 차량을 육로나 수송 헬기로 반입하여 **연료 저장고**를 설치한다.

비행장 전체를 조망할 수 있는 장소에 **관제 시설**도 건설한다. 그들은 파일럿과 무선 교신할 뿐만 아니라, 정비나 연료 공급 등의 조정 역할까지 담당한다.

준비가 끝나자마자 병참 업무가 시작된다. 수송기나 헬기의 운용을 개시하고, 병참 물자를 내려놓는다.

작전 규모가 커질수록, 비행장도 확장된다. 작전실, 주거구, 식당, 의무실, 오락실 등 시설도 늘어만 간다. 참고로 걸프전쟁에서는, 하루에 1000기에서 2000기가 이착륙하는 공항이 사막 한가운데에 탄생했다.

최전선에서는 비행장의 확보가 중요

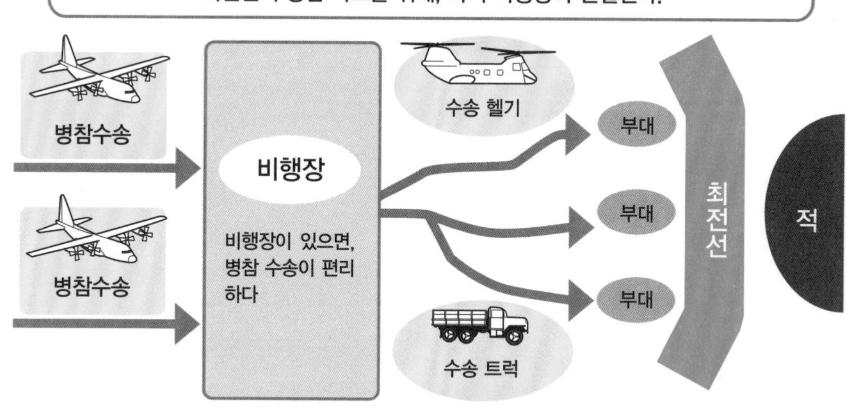

필요한 것부터 먼저 건설한다.

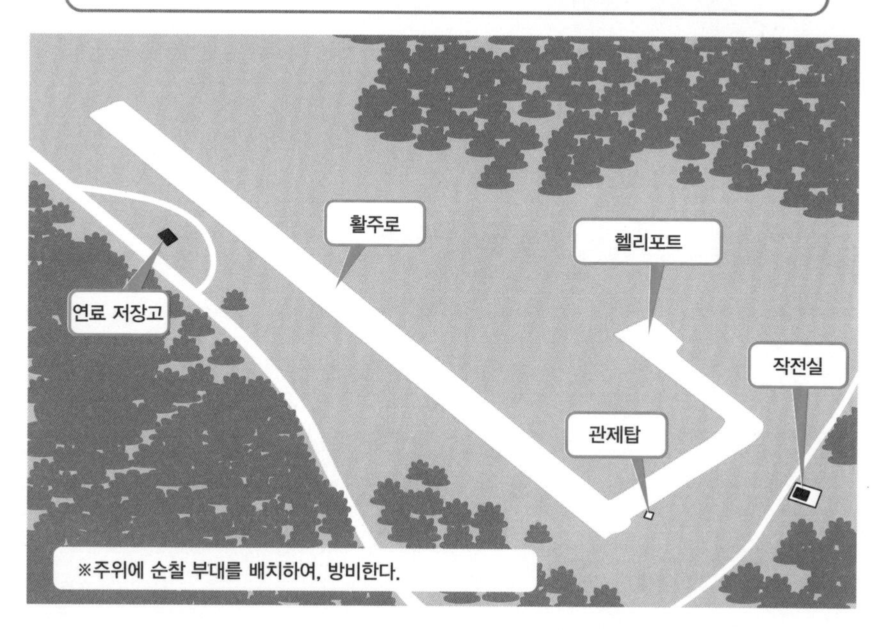

원 포인트 잡학

즉석 비행장 건설이 능숙한 것은, 역시 공군이다. 비행장이 없어도 적합한 조건의 장소를 발견하여 정비한 후 수송기의 이착륙이 가능하도록 조성할 수 있다.

「CMO(민사작전)」의 편성

미군의 경우, CMO는 국무부를 중심으로 하는 일반 국민과, 세계 각지에 전개하고 있는 통합사령부 산하의 부대로 실행된다. 또한, 심리전이나 정보전의 프로로 알려진 특수전 사령부도 관여한다.

그리고, 작전 입안과 실행 단계에서 미군과 국무부가 일체화한다. 이러한 과정이야말로 CMO의 특징이라고 할 수 있을 것이다.

그러나, 국무부의 정책 · 목적과 군사작전의 전략 · 전술이 항상 일치하라는 법은 없다. 국무부에서 파견된 직원으로부터 정치나 외교적 측면의 조언을 듣고, 그 연후에 서로 간에 어긋난 해석의 차이를 조정할 필요가 있다.

실제로 작전이 시동하는 경우, 미 육군에서는 「CMOC(민사작전 센터)」가 설치 되는 경우가 많다. 이는 작전본부에 해당하는 부서로, 국무부와의 세부 조정이나 현지 전개부대와의 중계를 담당하는 거점으로 기능하기도 한다.

예를 들자면, 전투부대가 적을 섬멸하고 그 이후에 민사작전부대를 투입한다. 그들 가운데 대부분은 민사 · 심리전 사령부에 소속된 예비역으로 편성 되어 있다. 해병대에서는 전문의 「민사 그룹」에 소속된 예비역이 배치된다.

예비역 가운데 대부분은 본문에서 언급한대로, 군사 · 민간 쌍방의 지식과 경험을 보유하고 있기 때문에 직업군인과는 다른 시점에서 상황을 분석할 수 있다. 또한, 전문적인 조언이나 조정, 전문기술의 구사도 가능하다는 이점이 있다.

미 육군에서는 민사 예비역의 전문 분야를 6가지라고 규정하고 있는데, 공중위생과 복지, 인프라, 경제적 안정, 법을 통한 통제, 통치, 교육과 정보가 여기에 해당한다. 모든 항목이 전투 중심의 직업 군인으로써는 감당하기 어려운 임무들이라고 할 수 있다.

그 이외에도, CMO에서 필요한 부대가 있다. 이들 부대들도 높은 전문성이 요구 되며, 작전을 완수하기 위해서는 필요 불가결한 존재라고 할 수 있다.

예를 들면, 수송 부대는 후방지원 부대로 간주되기 쉽지만, CMO에서는 식료품, 음료수, 의류를 지급하는 중요한 역할을 담당한다. 물자의 반송뿐만 아니라 지역 주민의 반송이나 인프라의 정비에도 큰 영향력을 끼친다.

공병대도 매우 중요한 전력이다. 그들의 기술이 없으면, 거점의 구축이나 교통망의 확보는 어렵다. 그들의 전문적인 토목건축 노하우는 다양한 국면에서 도움이 된다.

의료부대도 중요한 존재라고 할 수 있다. 전투부상병의 치료뿐만 아니라, 지역 주민의 건강 조사나 치료, 전염병의 예방이나 환경 인프라의 정비에서도 공헌할 수 있다.

헌병대에도 폭 넓은 활동을 기대할 수 있다. 치안 · 질서 유지를 위한 검문, 부대의 경호, 교통정리, 폭도 진압, 포로수용소나 피난민 캠프의 운영 관리 등 기존의 임무를 그대로 활용 가능하다.

제4장
무기 · 장비편

No.056

시가전에서의 효과적인 전투방식이란?

시가전에서는, 수 십 미터 거리에서 전투가 발생하기 쉽다. 이러한 거리에서 적을 효율적으로 제거하기 위해서는, M16 소총이나 M4 카빈, 그리고 본래는 수 백 미터 거리의 전투용으로 제조된 사용 탄약의 장점과 단점을 숙지해야 한다.

●상황에 전투방식을 순응시킨다

미 육군이나 해병대가 사용하는 화기로, **M16 돌격소총**이나 **M4 카빈**을 들 수 있다. 동일한 구경의 **M249 경기관총**도 사용되었다.

그러나 이러한 무기들은 시가전용으로 제조된 것이 아니었기에, 실전 사용에는 좀 더 다양한 궁리가 필요했다. 예를 들자면, 사용하는 5.56mm 탄약의 경우, 이 탄약은 지근거리에서는 고속으로 비행하기 때문에 인체를 단순히 관통하기가 쉬웠고, 이에 따라 머리나 가슴에 명중시키지 않는 이상, 효과적으로 피해를 입히지 못해 오히려 피격당한 적에게 반격당하기가 쉬웠다.

M249 경기관총은, 탄약뿐 아니라 본체에도 문제가 있었다. 채용 이후로 긴 세월이 경과했기 때문에, 총 본체의 노후화도 심각했던 것이다.

또한 이라크의 시가전에서는, 건물 내부에서 전투가 발생하는 경우도 있다. 소총이나 기관총은 협소한 장소에서의 취급이 불편하여 작아서 다루기 쉬운 권총으로 대용되기도 했다.

미군에서는 M9 권총을 사용하고 있지만, 이 권총에서도 문제가 발생했다. 고장이 많고, 9mm 탄약의 위력이 부족하여 한 발로 적을 쓰러뜨리지 못 했다. 탄창에도 문제가 있어서 탄 걸림이 잘 일어났다.

이러한 상황에서 최전선의 병사들은, 자신들이 휴대하는 화기와 탄약의 장점과 단점을 재확인하여, 전술을 의식적으로 변화시키게 되었다. 신중하게 목표를 노려 쏴 맞추고, 탄두의 무게를 변경시키고, **광학조준기**를 탑재하는 등의 형태로 대응하기 시작했다.

한편, 새로운 전술을 고안하여 약점을 보완하기도 했다. 예를 들면, 지원화기로 사용 되는 7.62mm 탄약을 사용하는 **M240 기관총**을 전면으로 밀어 붙이며, 이를 중심으로 하는 전술로 전환한 것이다.

이 화기는 적을 일격으로 쓰러뜨릴 수 있을 뿐만 아니라, 벽 너머에 숨어있는 적까지 제거할 수 있다. 민간인의 희생이 발생하지 않는다고 판단할 수 있는 상황에서는, M240은 누구나 신뢰할 수 있는 화기가 되어주었다.

5.56mm 탄약과 M249 경기관총

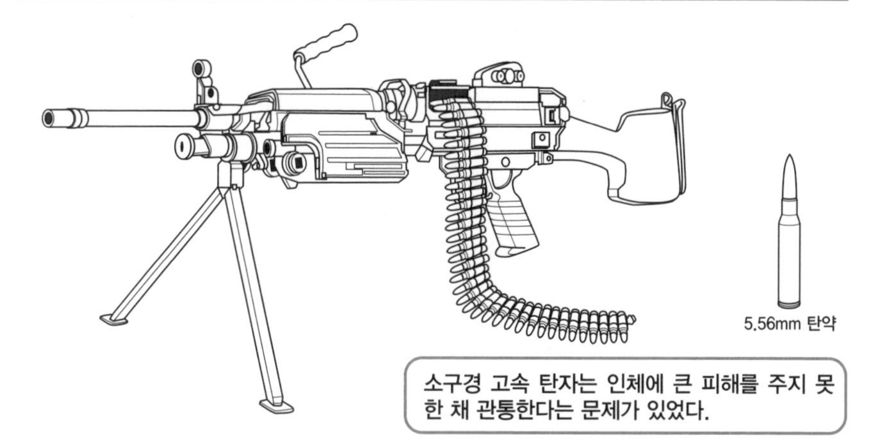

광학조준기

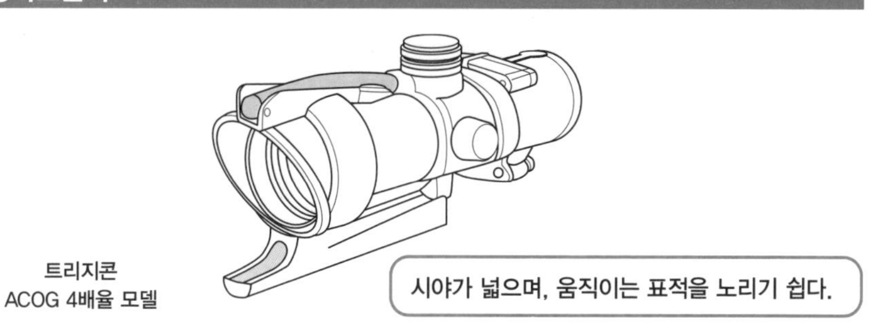

7.62mm 탄약과 M240 기관총

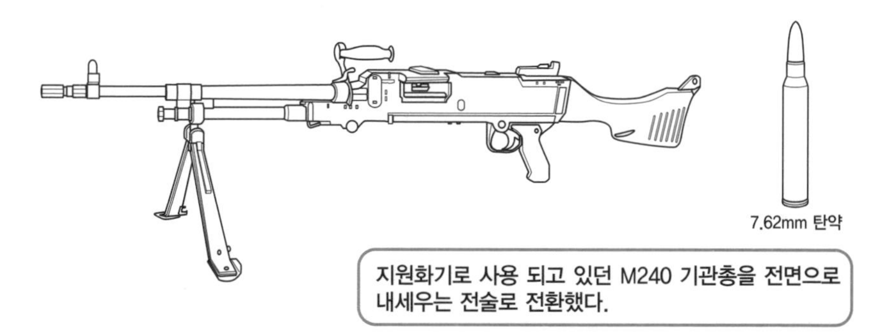

원 포인트 잡학

특수부대는 62그레인의 SS109(M855)탄 대신에, 보다 무거운 77그레인짜리 탄자를 물린 탄약을 사용하는 경우가 많다. 탄자의 중량이 무거울수록, 한 발로 적을 처리하기 쉽기 때문이다.

No.057

관통력은 얼마나 필요한가?

동서냉전 이후, 관통이 잘 되지 않고 체내에 손상을 주기 쉬운 경량의 소총 탄약이 사용 되게 되었다. 그러나 현재는, 방탄조끼나 헬멧이 보급 되어 이러한 대상을 관통할 수 있는 위력이 필요해졌다.

●사용탄에 따라 위력도 바뀐다

베트남전쟁에서 미 육군이 사용했던 **M16A1**에는 경량의 탄자가 사용되었다. 총탄이 체내를 마구 휘젓도록 하는 것이 목적이었다.

적이 총탄에 맞아 부상을 당하게 되면, 응급조치나 후방 반송에 인원을 할당해야 한다. 부상병을 운반하기 위해, 적 병사 가운데 수 명은 전장에서 이탈해야 한다.

괴로워하는 부상자와 직면했을 때, 병사들은 불안과 공포를 느낀다. 이와 같이 사기를 저하시키는 심리적 효과를 기대한 것이다.

당시, M16A1으로 사용하던 총탄은 **M193 탄약**이었다. 미군이 채용했던 이 5.56mm 탄약의 중량은, 불과 55그레인(약3.6g)에 지나지 않았다.

그러나 서방국가들을 중심으로 구성된 NATO군에서는, 5.56mm 탄약을 사용하는 소총탄의 채용과 관련해 또 다른 방안을 검토하고 있었다. 미군과는 달리, 관통력이나 명중 정확도의 강화를 생각하고 있던 것이다.

이러한 움직임에는 많은 이유가 있다. 예를 들어, 동일한 구경의 탄약을 사용하는 M249 경기관총이 실전 배치되기 시작하면서 경량탄으로는 설정한 표적에 탄착군이 형성되지 않아 기관총으로서의 역할을 수행할 수 없게 될 가능성이 있었기 때문이다.

또한 동서냉전 당시, 자국이 전장이 될 위험성이 있었던 NATO 국가들은, 적의 방탄조끼나 헬멧을 꿰뚫을 수 있는 탄약을 희망했다. 이러한 의도 하에, 관통력을 강화하기 위해 탄심을 강철로 처리했던 것이다.

결과적으로 NATO 군이 채용한 것은 **SS109 탄약**이었다. 고속으로 발사 되는 이 탄두의 중량은, 62그레인(약 4g)으로 결정됐다.

NATO 군에 가맹하고 있던 미군은 이러한 결정에 따라, M16A1을 SS109 탄약을 쏠 수 있는 M16A2로 버전업시켰다.

그 이후로도 M16의 개량은 계속됐다. 현재는 육군은 컴팩트한 M4 카빈을 사용하며 해병대는 원거리까지 쏠 수 있는 **M16A4**를 선정하고 있다.

M16A1

베트남전쟁에서 미 육군이 사용했던 M16A1에는, 경량탄이 사용 되었다.

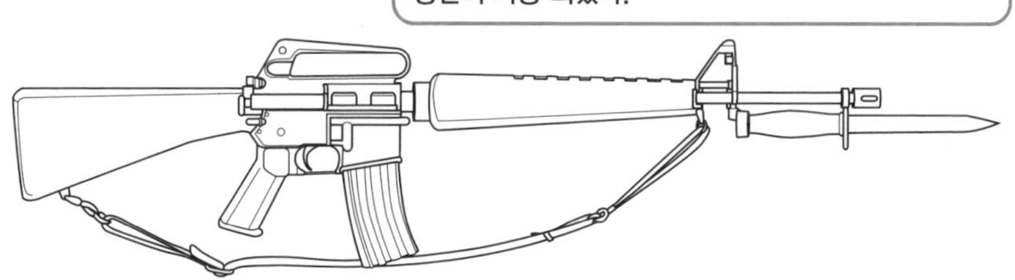

탄약의 변천

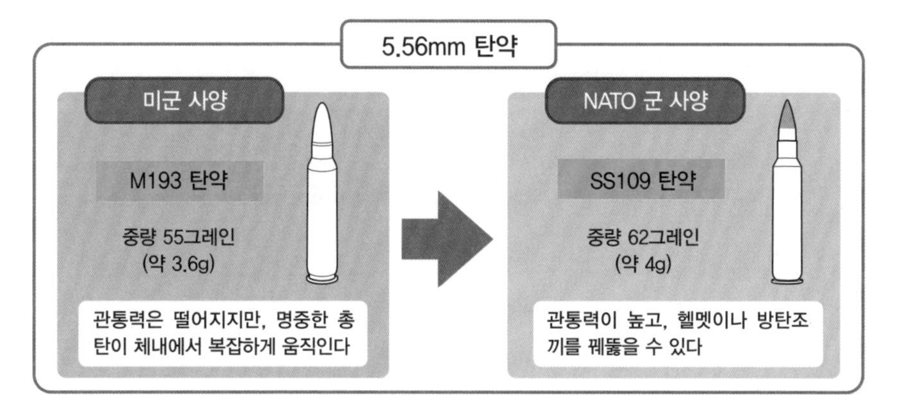

M16A4

근거리전에 적합하면서, 원거리도 노릴 수 있는 M16A4를 해병대가 사용하고 있다.

원 포인트 잡학

NATO(북대서양조약기구)는, 서방국가들을 중심으로 유럽 국가들과 미국, 캐나다로 구성된 군사동맹이다. 가맹 국가는 현재 28개국이다.

No.058

특수부대 전용 탄약

M4를 사용하는 미군 특수부대의 입장에서는, NATO 군이 사용하는 SS109 탄약은 만족스러운 탄약이라고는 할 수 없었다. SS109 탄약으로는, 적에게 부상을 입힐 수는 있어도 무력화는 힘들었다. 이러한 상황에서 그들은, 임무에 적합한 탄약을 독자적으로 사용하게 되었다.

●일반 보병에게는 너무 위험한 탄약

최전선에서 사용 되는 M4의 평가는 완전히 양분된다. 우선, 콤팩트하고 사용이 편리하다는 의견이 있다. 반면, SS109 탄약은 위력이 부족하다는 의견이 존재한다.

그 중에서도, 다양한 극비 임무에 종사하는 특수부대는 만족하지 않았다. 이 탄약은 관통 능력이 강한 나머지, 적을 넉다운시키기는 어려웠다.

이러한 상황에서 그들은, **탄약의 개량**에 착수했다. 보다 강력한 살상 능력을 보유한 탄약을 추구하면서, 탄두의 중량을 바꾸고 탄두 자체의 재검토를 시도했다.

그 결과 탄생한 것이, 중량 60그레인(약 3.9g)의 **APLP(Armor-Piercing Limited-Penetration)**탄이다. 이 탄두는, 금속이나 단단한 물체에 명중할 경우엔 관통탄으로 기능하지만 부드러운 물체에 명중할 경우엔 팽창하여, 파편을 흩뿌리면서 괴멸적인 데미지를 가한다.

당초에 군 상층부는 이 탄약의 도입에 부정적이었다. 동물의 시체나 젤라틴 등 다양한 부드러운 물체에 시험 발사를 실시했지만, 그 위력을 확인할 수 없었던 것이다.

이라크에서는, 군의 교전규칙에 얽매여 있지 않은 「PMC 컨트랙터」들이 가장 먼저 이 탄약을 실전에서 시험해 보았다. 그들은 적과의 총격전 끝에 한 발로 상대를 처리하는 데 성공했다. 이러한 사실에 입각하여, 특수부대는 즉시 이 탄약의 도입을 결정했다.

그러나 이 탄약은 고성능인 반면, 일정한 위험성을 내포하고 있었다. 그것은, 탄막을 전개해서 적을 섬멸하는 전투에는 적합하지 않다는 것이다.

전장에서 위험한 것은 적의 총탄뿐이 아니다. 아군의 오인 사격이 발생할 경우, 만에 하나 APLP 탄약에 피탄 당하기라도 하면 생존율은 대폭으로 떨어진다.

육안으로 확인할 수 있는 적을 한 발로 처리할 수 있는 특수부대원만이, 이 탄약을 자유자재로 구사할 수 있다. APLP 탄약은 그야말로 **프로를 위한 탄약**이었다.

M4의 평가

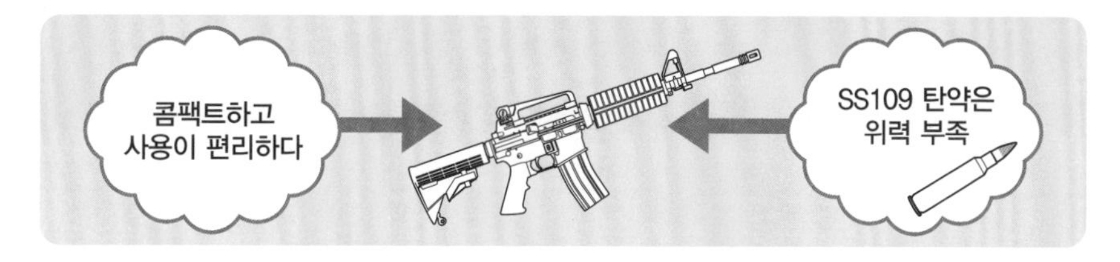

APLP 탄약의 특징

SS109 탄약으로는 만족할 수 없었던 특수부대가, 보다 살상 능력을 강화하기 위해 제작한 것이 APLP 탄약이었다.

APLP 탄약

중량 60그레인
(약 3.9g)

- 금속이나 단단한 물체에 명중하면 관통한다
- 부드러운 물체에 명중하면 파편이 되어 큰 데미지를 가한다
- 탄막을 전개해야 하는 전투에는 적합하지 않다

특수부대원이기 때문에 사용할 수 있는 탄약

적을 한 발로 처리할 수 있는 사격의 프로가 아니면 이 탄약을 잘 다룰 수 없다.

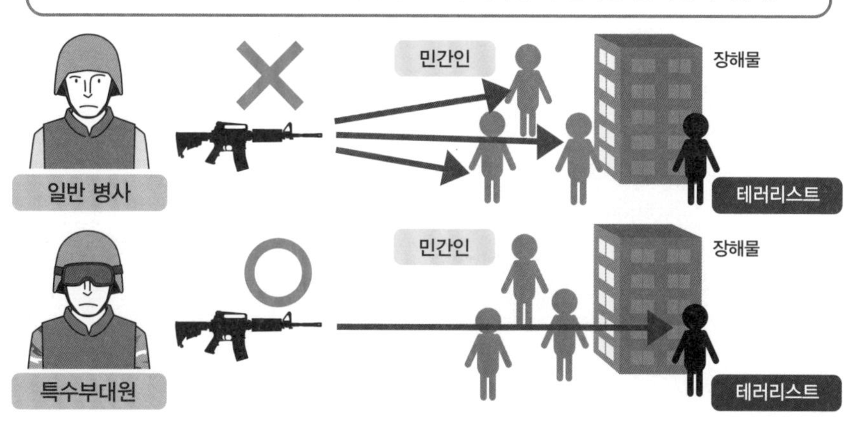

원 포인트 잡학

M16 소총이나 M4 카빈은, 다양한 구경의 변경이 이루어졌다. 그러나 어떤 탄약도 총 본체의 약점을 보강할 수는 없기 때문에, 근본적인 해결은 불가능했다.

No.059

12.7mm 탄약을 사용하는 M16 계열 소총

미군의 M16과 M4 만큼 빈번한 모델 체인지나 탄약 변경을 거친 총기도 드물다. 항상 어딘가의 전장에서 전투를 계속하면서, 반성할 점을 찾아 개선해 왔다는 의미에서, AK47 돌격소총을 능가하는 기세였다고 할 수 있다.

●구경이나 부품을 변경하여 사용한다

M16이나 M4의 개량은, 지금도 계속 되고 있다. 최전선에서 획득한 데이터를 분석하여, 병사의 안전과 안심을 지키기 위한 노력을 계속하고 있다.

그 결과로, 현재는 **12.7mm 탄약을 사용하는 변형 모델**까지도 탄생했다. 12.7mm 탄약은, 말하자면 중기관총이나 대물저격총 수준의 탄약이다.

이 구경은, **적 차량**이나 **진지, 시설, IED** 등을 노릴 수 있다. 또한 1km 이상 떨어진 원거리 대인 저격에 사용하기에도 적절하다.

M16에 사용하는 탄약은 새롭게 가공된 것이다. 탄두의 형상이나 약협(藥莢)은, 중기관총이나 저격총에 사용하는 탄약과는 다르다.

이 탄약을 M16으로 사용하는 의미는, 어디에 있을까? 그 해답의 하나로, 원거리보다도 시가전 등의 지근거리에서 압도적인 화력이 필요해지는 경우도 있다는 것을 들 수 있다.

예를 들면, 차폐물 너머의 적을 제거할 수 있다. 5.56mm 탄약으로 벽 너머를 노리기는 힘들다. 7.62mm 기관총으로 집중 포화를 가하는 것보다 확실하게 한 발로 처리할 수 있다면 탄약의 낭비도 막을 수 있다.

또한 12.7mm 사양의 M16을 사용할 때에는 특별한 트레이닝을 필요로 하지 않는다. 조작 방법은 5.56mm의 M16이나 M4와 전혀 다름이 없다.

이 M16을 사용하는 것은 일반 보병이 아니라 특수부대이다. 이 구경이라면, 방탄유리도 꿰뚫을 수 있고 **차량의 엔진 블록**에도 데미지를 가할 수 있다.

최대의 특징은, 5.56mm 탄약 사양의 M16 용으로 컨버전 키트가 존재하는 것이다. 총신이나 부품, 그리고 탄창의 일부를 재조립하기만 해도, 구경을 변경하여 사용할 수 있다.

12.7mm 탄약을 사용하는 M16

중기관총 등에 사용하는 12.7mm 탄약을 사용할 수 있는 M16도 등장했다.

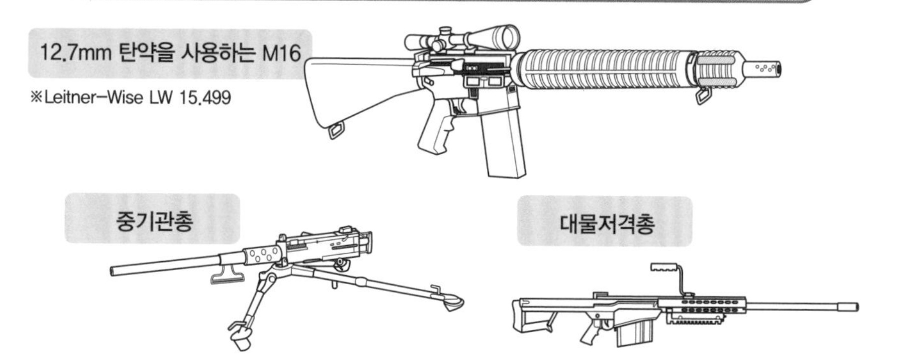

탄약의 비교

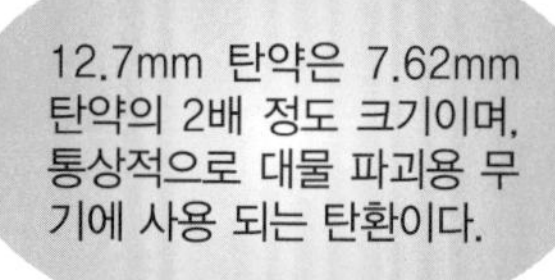

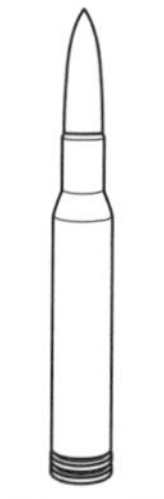

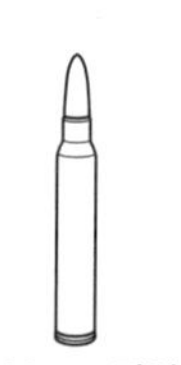

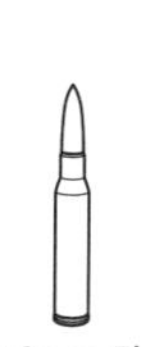

12.7mm 탄약의 위력

12.7mm 탄약이라면 방탄유리도 꿰뚫을 수 있고, 차량의 엔진 블록에도 데미지를 가할 수 있다.

원 포인트 잡학

M16이나 M4 전용의 탄약으로는, 12.7mm 탄약 이외에도 6.8mm SPC 탄약이 있다. 이 탄약도 총 본체의 총신 등의 부품을 재조립하여 그 자리에서 즉시 사용 가능하다.

No.060

특수부대 전용소총의 등장

미군 가운데에서도 특수작전에 종사하는 부대는, 임무에 따라 최첨단 무기 장비를 사용 가능하다. 화기 탄약에 대해서도, 일반 보병이 사용하는 제식 탄약 이외에도 자신들이 사용하기 쉬운 제품을 실전에 투입한다.

●신세대 소총

현재, 미군 특수부대에서는 「**SCAR**」이라고 불리는 화기가 사용 되고 있다. 「SCAR」는 Special Operations Forces Assault Rifle의 머리글자를 따온 약칭으로, 문자 그대로 특수부대 전용의 화기를 의미한다.

SCAR는 벨기에의 FN 에르스탈사 제품으로, 기본적으로 두 가지 모델이 존재한다. **5.56mm 탄약 사양과 7.62mm 탄약 사양**으로, 양 쪽 다 NATO 표준 탄약을 사용한다.

구경에 차이는 있지만, 부품의 호환성이 높은 것이 SCAR의 특징이라고 할 수 있다. 이는 총신이나 일부 부품을 변경하는 것만으로, 다양한 탄약을 사용할 수 있다는 사실을 의미한다. SCAR는 AK47 돌격소총의 7.62mm 탄약도 사용 가능하다.

이러한 콘셉트는 특수부대에 매우 적합했다. 그 이유는, 전용의 총신을 개발할 경우엔 그들이 새로 개발한 6.8mm 탄약에도 대응할 수 있기 때문이다.

동일한 탄약을 사용할 경우에도, 전투 목적에 따라 총신의 길이도 조정할 수 있다. 시가전용으로 단총신을 사용하고, 저격 목적으로는 무거운 장총신을 이용해 명중 정확도를 향상시키는 식의 전술로 활용할 수 있는 것이다.

발사 방식은 M16과 같이 발사 가스를 직접 분사하여 노리쇠를 움직이는 **가스직동식**이 아니며, 발사 가스로 피스톤을 밀어 노리쇠를 전후로 움직이게 하는 쇼트 스트로크 방식을 채용하고 있기 때문에 청결을 유지하기 쉽고 탄 걸림도 잘 일어나지 않는다.

발사 속도도 분당 600발 정도로 조절 되어 있다. 이는 M16이나 M4의 발사 속도와 비교해 약 3분의 2 수준으로, 연사 시에도 컨트롤이 수월한 편이다.

사수의 체형이나 몸의 전면에 장착한 장비의 상태에 따라, 개머리판의 길이를 개인적으로 조절할 수 있다. 뺨이 닿는 위치도 조절할 수 있기 때문에 조작하기 쉽다.

광학조준기나 라이트 등, 다양한 액세서리까지도 탑재할 수 있다. SCAR는 사수 개개인이 각자의 필요에 따라 커스터마이즈하기 쉬운 화기라고 할 수 있다.

SCAR의 두 가지 모델

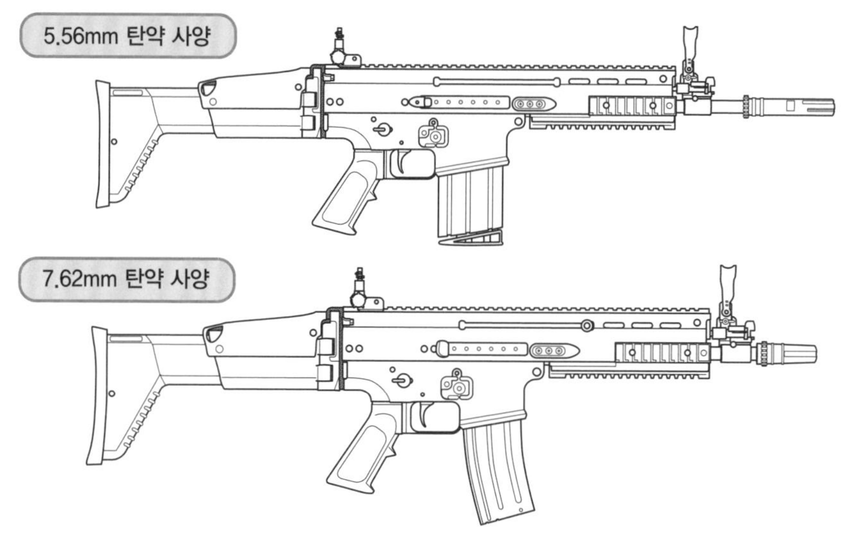

※양 모델은 공통 부품이 많다

가스직동식과 쇼트 스트로크 방식

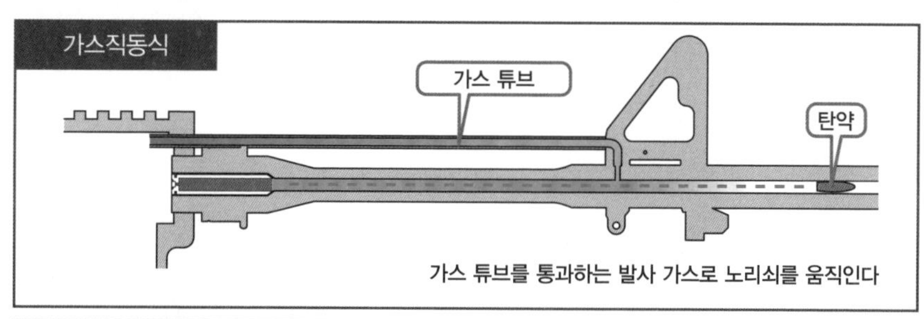

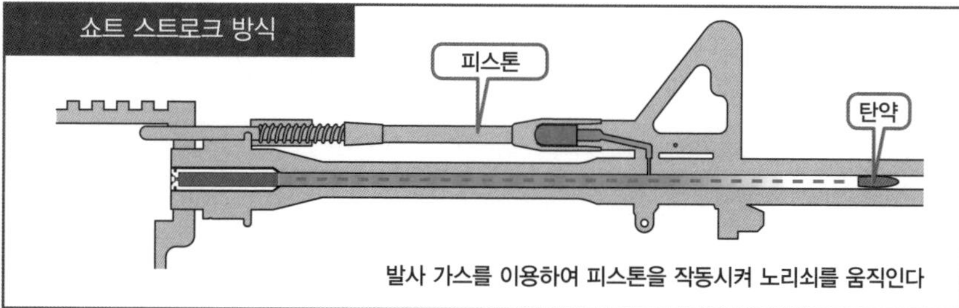

원 포인트 잡학

SCAR의 제조 회사인 FN 에르스탈사는 병사들의 의견을 중요하게 생각한다. 불평불만에는 진지하게 대응하고, 임시적 방편이 아닌 전략적 시점에서 시험제작과 개량을 계속하고 있다.

No.061

목표를 조준하여 발사한다

기존의 전장에서는 피아식별이 비교적 간단했다. 그러나 아프가니스탄이나 이라크의 경우는 달랐다. 적들이 민간인과 비슷한 복장을 한 채 숨어있었기 때문이다. 따라서 발포할 경우에도, 주변에 대한 피해를 최소한으로 억제할 수 있는 사격술이 요구되었다.

●구세대의 전투 방식은 통용 되지 않는다.

현대의 전장에서는, 주변을 신경 쓰지 않고 마구 발포할 수 있는 기회는 적다. 전투는 도시부나 촌락 주변에서 이루어지며, 그러한 장소에서는 현지 주민들이 생활하고 있다.

연사나 **점사**로 쏘는 일도 없어졌다. 점사란 연사와는 달리, 방아쇠를 당길 때마다 일정한 수의 탄이 발사 되는 방식이다. 이러한 기능이 탑재되어 있으면, 연사와 비교해 총구의 반동이 적어지고 탄약의 낭비도 사라진다.

그러나 이러한 방법들은 적과 정면으로 대치한 상황에서만 효력을 발휘한다. 시가지에서는 죄 없는 사람들을 살상할 위험이 있기 때문에, 1발씩 신중히 노려서 쏘는 전통적인 사격방식을 보다 많이 채용하게 되었다.

확실하게 노려 쏘는 방법은, 특수부대에서는 상식인 것으로 알려져 있다. 화력이 필요할 때도 연사를 하지 않고, 방아쇠를 신속하게 몇 번이나 당김으로써 안정적인 탄막을 전개한다.

조준의 정확도를 확실하게 향상시키기 위해, M16이나 M4에 조준기를 탑재하는 경우도 있다. 조준기의 은혜를 풀로 활용한다면, 적을 확실하게 포착할 수 있다.

또한 정확도를 더욱 향상시키기 위해, **지정사수소총(Designated Marksman's Rifle, DMR)**이 투입되었다. 지정사수소총이란, 전문적인 저격 소총과 달리, 팀(분대) 안에서 선발된 사수(지정사수)가 취급하는 화기를 일컫는다.

미 해병대나 육군에서는 M16A4의 개량형을 투입하고 있다. 다른 병사와 동일한 구경의 소총탄을 공유할 수 있을 뿐만 아니라, 경기용의 총신과 광학조준기로 명중 정확도를 강화한 것이다.

또한, 통제된 발포는 전투방식과 병사들의 사기에 좋은 영향을 끼친다. 불필요한 발포를 자제함으로써, 높은 안전성을 확보할 수 있다.

발포를 하지 않으면, 장소가 발각되기 어렵다. 또한, 무턱대고 발포하고 있는 쪽은 적이라는 식으로 정확한 판단이 가능하다는 이점도 있다.

연사와 점사

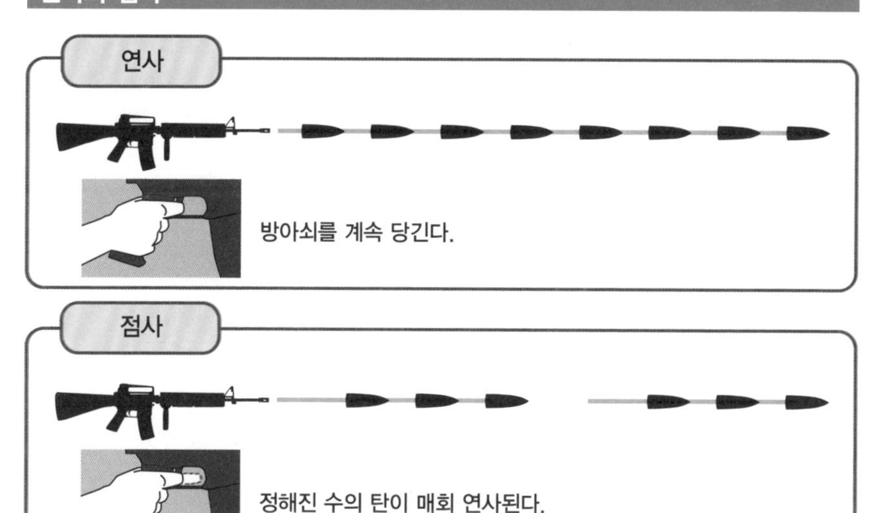

여러 발씩 발사하여 전개하는 탄막

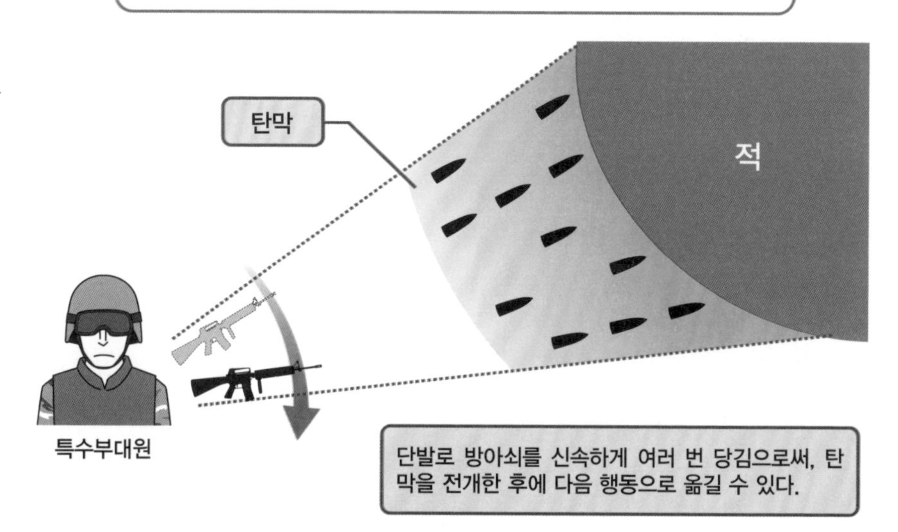

원 포인트 잡학

조종간을 연발로 맞춰 놓은 상태로, 방아쇠를 당기는 손가락만으로 발사 탄수를 컨트롤하는 사격 방법도 있다. 이 방법은 특수부대가 실내전투에서 잘 사용한다.

No.062

한 발로 적을 제거한다

일격필살을 노리는 것은 저격수뿐만이 아니다. 작전을 수행하기 위해서는, 차폐물의 그림자에 숨어 있는 적을 신속하게 제거해야 할 필요가 있다. 총탄이나 수류탄을 사용할 수 없는 장소에 대한 공격에는 유탄발사기가 사용된다.

●누구라도 명중시킬 수 있다

유탄발사기는, **40mm 구경 유탄**을 사용하여, 거리 400m의 적까지 정확하게 노릴 수 있는 무기이다. 보병부대의 근접전용 무기로써 베트남전쟁 당시부터 사용이 시작 되었다.

베트남전쟁 당시, 미군에게는 수류탄의 최장 투척거리와 박격포의 최단 사거리 사이를 커버할 수 있는 무기가 없었다. 그 결과, 50m에서 400m 사이의 거리에서 벌어지는 전투를 유리하게 수행하기 위해, 유탄발사기가 개발 되었다.

사용하는 40mm 유탄은, 반경 5m 이내의 적을 살상할 수 있다. 훈련을 거치면 100m 거리에 위치한 건물의 창문으로 유탄을 명중시킬 수도 있다.

베트남에서 사용된 초기의 유탄발사기는 **M79**라고 불렸다. 유탄 이외에도 최루가스탄이나 발연탄 등도 사용할 수 있었지만, 사수는 유탄 발사기와 탄약, 그리고 스스로를 보호하기 위한 권총 밖에 휴대하지 못 했다.

이러한 사정으로 인해, M79는 M16이나 M4의 총신 하부에 장착하는 **M203**으로 변경됐다. M203의 등장으로 사수는 소총을 쏘면서 40mm 유탄도 발사할 수 있게 되었다.

M203은 아프가니스탄이나 이라크에서도 사용 되고 있다. 고무탄이나 코르크탄 등의 비살상 탄약도 사용할 수 있기 때문에, 전후복구지원의 방해가 되는 폭동이나 데모의 진압 등에도 효과를 발휘했다.

미군은 현재, M203에서 신세대인 **M320**으로 변경을 개시하고 있다. 이 M320은 M16 소총에 장착할 수 있을 뿐만 아니라, 단독(스탠드 얼론, Stand alone)으로도 사용 가능한 편리성을 보유하고 있다.

M320 전용의 조준기에는, 레이저 거리측정기와 적외선 거리측정기가 탑재 되어 있다. 이 장치를 사용하면, 주야를 가리지 않고 40mm 유탄을 적의 머리 위로 확실하게 퍼부을 수 있다.

유탄발사기와 40mm 유탄

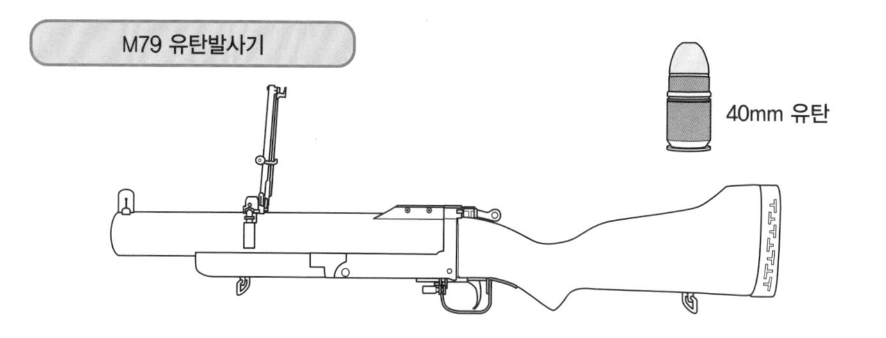

M4에 장착된 M203

레이저 거리측정기 탑재 유탄발사기

원 포인트 잡학

M320의 전용 조준기에는 탄도 측정기가 장착 되어 있다. 표시에 맞춰서 발사 각도나 방향을 미세 조정하여 발사할 경우, 유탄은 확실하게 표적에 명중한다.

No.063

예광탄을 전술적으로 활용하자

전투에서는 발사를 하면 점화되어 빛을 발하면서 날아가는 예광탄도 많이 사용된다. 기관총 사수가 그 빛의 궤적을 보면서 탄도를 수정하는 것이 그 대표적 예인데, 최근에는 M16이나 M4로도 예광탄을 많이 사용하고 있다.

●적이 있는 장소를 주위에 전달한다

총격전에서 가장 어려운 일은, 아군끼리 서로 간에 의사를 전달하는 것이다. 총탄이나 포탄이 날아다니는 와중에 목소리는 들리지 않고, 의사소통조차도 어렵다.

그 중에서도, 적의 장소를 전달하는 것은 특히 어렵다. 이라크 시가전에서의 교전 거리는 불과 수 십 미터정도였기 때문에, 「접촉! 2시 방향, 거리 80」과 같은 간결하고 명료한 지시를 전달하면 의사소통이 가능했다.

그러나 아프가니스탄에서의 전투는 달랐다. 구릉이나 산악에서의 전투는 수백m 떨어져 있는 경우도 많고, 언제나 적의 모습을 육안으로 확인할 수 있는 상황이 되리라는 법은 없다.

적을 발견했다는 보고를 받아도, 육안으로 확인하려면 시간이 걸린다. 「2시 방향, 거리 300, 바위의 그림자」라는 보고를 받아도 순식간에 차폐물의 배후로 숨는 적을 발견하기는 어렵다.

잠복해 있는 적을 찾는데 시간이 걸릴수록, 먼저 발포당할 위험은 증가한다. 적이 저격수를 배치하고 있다면 말할 것도 없다.

전장에서는 가장 먼저 적의 소재를 찾아내서 선수를 치는 쪽이 우위에 설 수 있다. 압도적인 화력으로 공격을 가해야만, 적을 괴멸시킬 수 있는 것이다.

적에게 선수를 빼앗기지 않기 위해서도, 특수부대나 경험이 풍부한 보병부대는 새로운 전술을 고안해냈다. 그것이 M16의 **20발 탄창**을 사용하는 것이었다.

그들은 20발 탄창을 준비하여, 거기에 **예광탄을 풀로 장전**했다. 기존의 전투에는 30발 탄창을 사용해 응전하지만, 주위에 적의 위치를 전달할 때는 20발 탄창으로 교환하여 단발로 발사한다.

이러한 전술을 통해, 신속한 응전이 가능해졌다. 물론, 예광탄을 사용함으로써 위치가 발각될 위험은 존재한다. 따라서 발포 이후에는, 사격의 기본에 입각하여 사격 위치를 신속하게 변경한다.

아프가니스탄과 이라크의 교전 거리

원거리에서 싸우는 아프가니스탄에서는, 근거리에서 싸우는 이라크보다 아군과의 의사소통이 어렵다.

예광탄의 사용 방법

빛의 띠를 발하는 예광탄으로 적의 위치를 아군에게 전달한다.

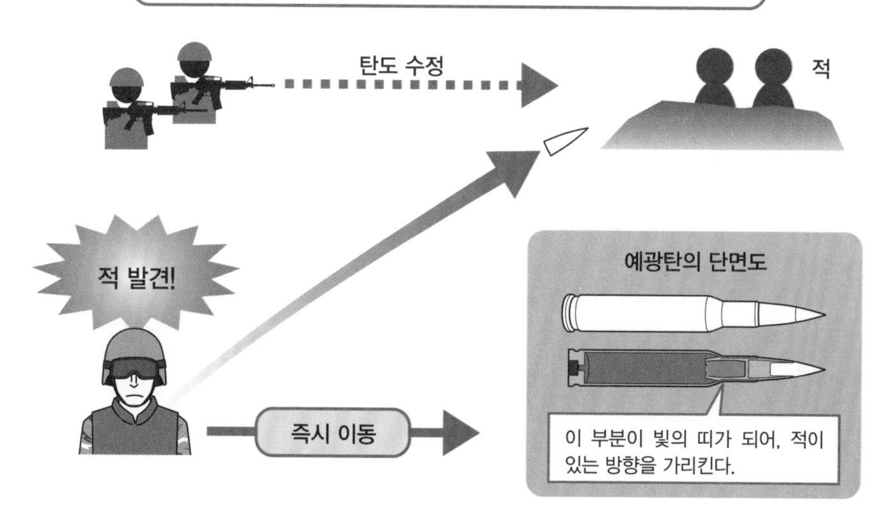

원 포인트 잡학

급탄 스프링에 대한 부담의 경감과, 이에 따른 탄 걸림을 방지하기 위해 20발 탄창에는 17발에서 18발, 30발 탄창에는 27발에서 28발 밖에 장전하지 않는 병사들이 많다.

No.064

주야를 가리지 않고 적에게 사격!

미군이 주력 화기로 사용하고 있는 M4에는, 다양한 광학조준기를 탑재할 수 있다. 야간 전투에서 효력을 발휘하는 암시장치도 사용할 수 있다. 최첨단의 장비를 구사함으로써, 24시간 언제든지 싸울 수 있게 되었다.

●성능을 최대한으로 끌어낸다

M4에서 사용하는 5.56mm 탄약은 만능이 아니다. 전투가 이루어지는 장소나 교전 거리에 따라 그 위력은 변화한다.

약점을 커버하기 위해, 최전선에서는 **7.62mm 기관총**이나 **.50구경 중기관총**을 병용한다. 이러한 무기들은 절대적인 화력 지원을 담당해 왔다.

전술을 구사할 경우, 7.62mm NATO 탄약이나 .50구경 탄약으로 5.56mm 탄약의 약점은 보강할 수 있었다. M4로는 무리더라도, 적의 저격수가 잠복한 건물에 여러 정의 기관총으로 집중포화를 가해서 침묵시킬 수 있었다.

한편, 사막이나 산악지대에서는 500m를 넘는 거리에서도 총격전이 발생한다. 이러한 경우 M4로 정확한 사격은 어렵기 때문에, 기관총으로 원호하면서 M4의 유효 사거리까지 전진하는 전술이 사용된다.

이러한 상호 지원의 전술을 사용하면서 전투가 진행되었지만, 언제나 기관총에만 의지할 수는 없다. M4로 대적할 수 있는 적을 상대할 경우에는, 병사 스스로가 명중률을 높이려는 노력이 중요해진다.

그 명중률을 높일 수 있는 것이 광학조준기이다. 이 장비를 사용하면, M4의 성능을 최대한으로 이끌어 내면서 5.56mm 탄약의 약점을 보강할 수 있다.

주간의 작전에서는 4배 정도의 광학조준기를 많이 사용한다. 렌즈에 착탄점을 표시하는 광점이 나타나는 **도트 사이트**도 인기가 높다.

야간에는, **AN/PEQ-15**라고 불리는 조준기 등을 사용한다. 이 조준기는, 가시(可視) 레이저나 적외선 레이저를 적에게 조사하여 공격 포인트를 설정할 수 있을 뿐만 아니라 적외선으로 주위를 밝히는 기능까지도 갖추고 있다.

이 장치는 암시장치와 병용이 가능하다. 적이 잠복해 있을 위험성이 있는 건물 등을 섬멸하는 시가전에는 보다 강력한 효력을 발휘했다.

500m를 넘는 거리에서 벌어지는 총격전

500m를 넘는 총격전에서는, 기관총으로 원호하면서 M4의 유효 사거리까지 전진한다.

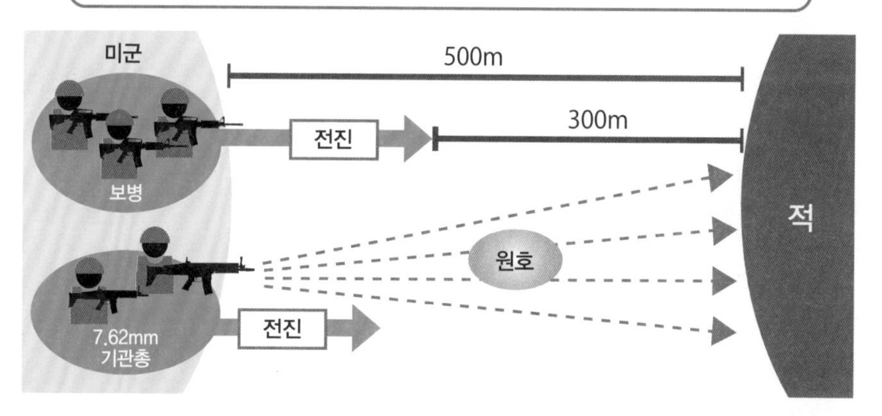

광학조준기 AN/PEQ-15

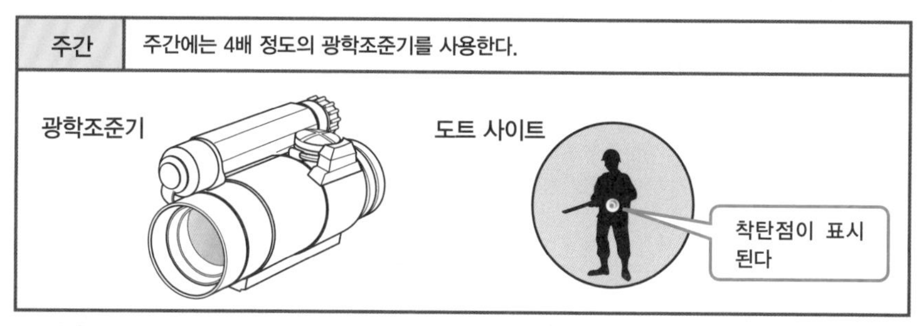

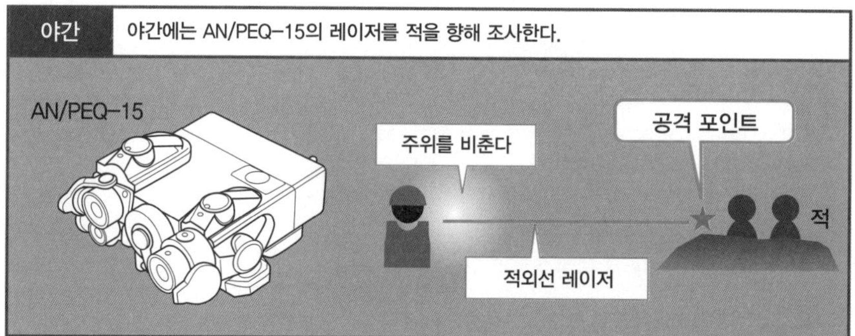

원 포인트 잡학

기관총에도 다양한 조준기를 장착할 수 있다. 전투부대 중에는 주간엔 기관총 주체로 행동하고, 야간에는 M4 주체의 전술로 나누어서 운용하는 경우도 있다.

No.065

심야의 어둠 속에서 싸운다

아프가니스탄이나 이라크에서 전투하는 미군 전투부대에는, 암시장치가 개인 레벨까지 보급 되어 있다. 처음으로 투입된 베트남전쟁 당시의 암시장치에 비해 현재는 소형 경량화 되고 성능도 향상 되어, 전술적 가치는 높아지고 있다.

●야간전투의 필수품

개인 휴대 **암시장치**의 역사는 그다지 오래 되지 않았다. 실전에 투입 되어, 개량이 시작 된 것은 **베트남전쟁** 당시의 일이다.

베트남전쟁에서는, 달이나 별빛을 이용하여 영상을 포착하는 방식이었다. 만월의 맑게 갠 밤이라면 약 250m 거리에 위치한 적의 움직임을 탐지할 수 있으며, 별빛만이 빛나고 있는 상황에서는 약 150m 거리까지 파악할 수 있었다.

그 이후, 마이크로 채널 회로를 암시장치에 탑재함으로써, 광원의 증폭에 성공했다. 제2세대라고 불리는 이 암시장치는, 해상도가 향상 되고 최대 500m 거리의 적을 식별할 수 있게 되었다.

추가적으로 개량이 거듭된 결과, 제3세대의 암시장치가 등장했다. 미군이 현재, 널리 사용하고 있는 암시장치가 바로 그것이다. 650m 거리의 적을 포착할 수 있을 분만 아니라, 보다 밝고 샤프한 영상을 획득할 수 있게 되었다.

또한, 최첨단의 제4세대 암시장치도 탄생했다. 적의 움직임을 감시할 수 있는 거리는 변함없지만, 보다 선명한 영상을 얻을 수 있다. 증폭 가능한 광원이 부족한 건물이나, 동굴의 내부에서도 효력을 발휘할 수 있다.

암시장치를 사용하는 이외에도, **적외선 암시카메라**를 사용하는 경우도 있다. 이것은 물체의 온도에 따라 방출 되는 적외선을 가시화하는 장치이다.

건물 내부를 이동하는 병사의 몸에서 방출 되는 적외선과, 지면이나 바닥의 적외선에는 큰 차이가 있다. 이러한 미묘한 온도차를 영상화함으로써, 적을 빠르게 발견하여 신속하게 공격할 수 있다.

M4 등에 장착할 수 있는 타입은, 600m 거리까지 탐지할 수 있다. 적이 발하는 적외선 뿐만 아니라, 지면 위에 남은 발자국의 궤적까지 포착할 수 있다.

베트남전쟁 당시의 암시장치(제1세대)

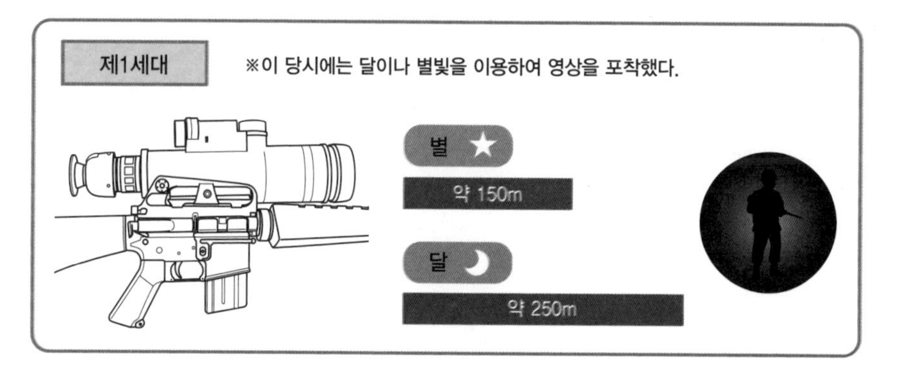

암시장치의 진화

제2세대

마이크로 채널 회로를 탑재하여, 해상도가 향상

500m

제3세대

미군에서 애용중. 보다 밝고 선명한 영상을 획득

650m

제4세대

보다 선명한 영상의 증폭이 가능. 광원이 부족한 건물이나 동굴 내부도 OK! 적외선 암시카메라도 병용

650m

원 포인트 잡학

신형 암시장치에는 적외선 암시카메라가 포함 되어 있다. 어느 한쪽만 사용하거나, 동시에 사용하는 방법이 가능해져서 야간 전투 능력은 단번에 향상 되었다.

No.066

라이트를 점등시켜서 싸운다

일몰 이후, 시가지에서는 라이트를 점등시켜서 작전을 수행하는 경우가 있다. 이는 야간의 적을 기습하여, 어둠에 익숙해진 눈에 광원을 조사함으로써 움직임을 마비시키고, 일시적인 쇼크 상태로 만들기 위해서이다.

●빛으로 움직임을 봉쇄한다

야간 전투는 어둠 속을 은밀히 이동하는 경우가 많다. 암시 고글과 적외선 라이트를 사용하여, 적에게 발각 되지 않고, 임무를 수행한다.

또한, 전후복구지원이 치안 유지 활동에서는 그 반대의 전술을 사용한다. **강력한 라이트**를 상대에게 비추어, 방향 감각을 상실시키고 상대의 움직임이 마비되어 있는 동안에 구속한다.

야간에 은밀히 공격을 실행하는 자체는 어렵지 않다. 그러나 한번이라도 소리를 내게 되면, 상대는 어둠에 눈이 익숙해진 상태이기 때문에 발견되기 쉽다.

따라서 그보다도 어둠에 익숙해진 상대의 눈을 역으로 이용하는 편이 안전하다. 그렇기 때문에, 라이트를 비추면서 돌입한다. 상대의 시각을 혼란시키는 편이 보다 전술적이라고도 할 수 있다.

주간의 작전에서도, 건물에 돌입하여 창고나 지하실 등을 수색하게 되는 경우가 있다. 그러한 상황에서는, 강력한 라이트가 반드시 필요하다.

전장에서 가장 많이 사용 되는 제품은, 슈어파이어사의 소형 라이트이다. 시판 타입은 저렴하기 때문에 개인적으로 구매하여 최전선에서 사용하는 병사들도 많다.

이 라이트는 강력하며, 상대의 시력을 일시적으로 빼앗을 수 있을 정도의 위력이 있다. 빛을 조사하면 눈의 안 쪽에 통증을 느끼면서 순간적으로 움직일 수 없게 된다.

그 이외에도, 군 사양의 라이트도 여러 종류가 사용 되고 있다. 그 대부분은, 권총이나 소총의 총신 하부에 전용 어댑터로 장착 되는 경우가 많다.

예를 들면, **M9 권총**에는 **AN/PEQ-14**를 장착할 수 있다. 이 장치에는 강력한 라이트뿐만 아니라 가시 적색 레이저나 적외선 레이저 장치도 포함 되어 있다. 라이트를 비추면서, 동시에 레이저로 노리는 방법도 사용 가능하다.

소형 라이트를 장비한다.

M4나 권총에 소형 라이트를 장비하여, 라이트로 상대를 비추는 작전을 수행하는 경우도 있다.

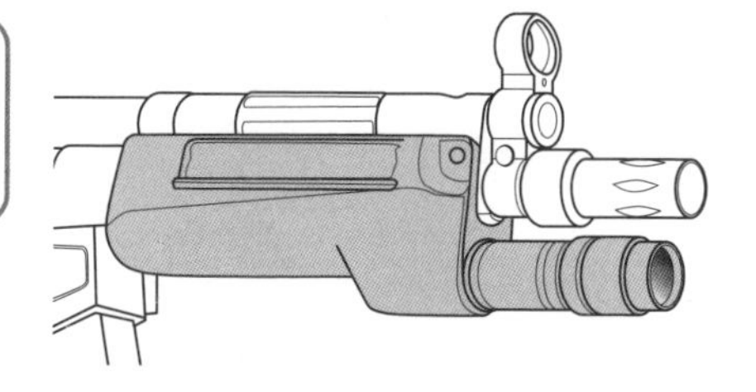

라이트를 점등시켜서 싸우는 전술

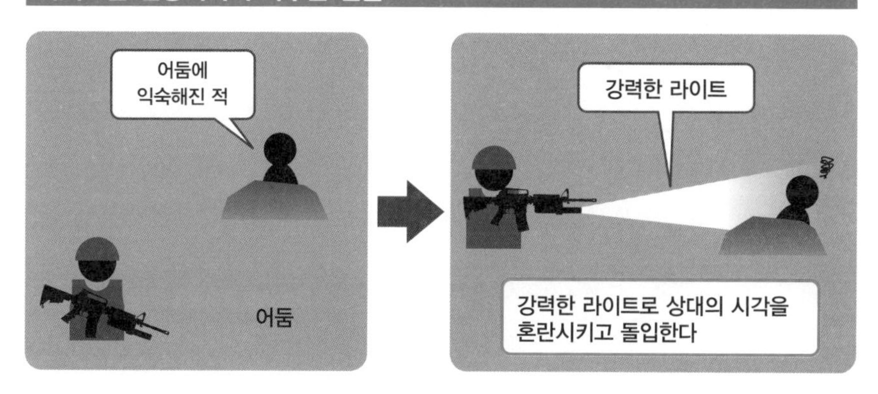

M9 권총과 AN/PEQ-14

AN/PEQ-14에는 강력한 라이트뿐만 아니라 적외선 레이저 장치 등도 포함 되어 있다.

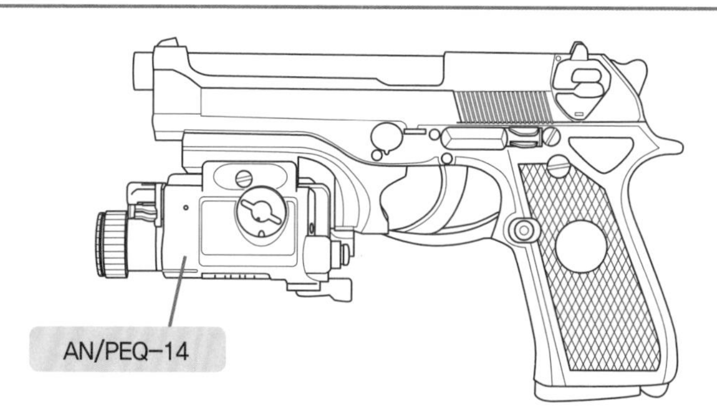

원 포인트 잡학

건물로 돌입할 경우에는, 라이트를 점등시킨 채 돌입하는 전술과, 점등과 소등을 반복하는 전술이 있다. 현장에서는 작전의 목적과 상황에 따라 나누어 구사한다.

No.067

저격의 최대 사거리

아프가니스탄에서는 지리적 조건으로 인해, 원거리 저격이 요구 되는 상황이 많다. 골짜기를 사이에 두고 반대편 산의 능선에서 적을 발견하는 경우도 있다. 실제로 영국군 병사는 약 2600m 너머의 저격을 성공시킨 바 있다.

●전장에서의 저격 올림픽

원거리 저격은 유효한 전술이라고 할 수 있다. 적이 휴대하는 AK47 돌격소총의 유효 사거리 바깥으로부터 안전히 적을 제거할 수 있다는 이점이 있다.

원거리 저격이라고 하면, **12.7mm 탄약**이 유명하다고 할 수 있다. 중기관총에 사용하는 이 탄약을 이용하는 **바레트 M82 저격 소총**은 적 차량의 격파나 IED의 폭파 등 대물 저격에 폭 넓게 사용되어왔다.

12.7mm 탄약은 대인 저격에도 효과를 발휘하고 있는데, 2002년에는 캐나다군 병사가 2500m 거리의 적을 저격하는 데 성공했다. 그러나 이 소총은 중량이 무겁고, 기동력이 부족하며, 운반이 불편하다는 의견이 있었다.

그 이후, 2010년에 새로운 기록이 탄생했다. 영국군의 하사가 약 2600m 거리의 적과 기관총을 저격하는 데 성공한 것이다.

그가 사용했던 것은 12.7mm 탄약이 아니었다. 영국군이 새롭게 도입한 **8.6mm 라푸아 매그넘 탄약**이었다.

이 탄약은, **L115A3 저격 소총**에서 사용된다. 영국군은 지금까지 7.62mm NATO 탄약을 사용하는 L96A1 저격 소총을 채용해 왔지만, 8.6mm 구경이 사용 가능한 이 저격총으로의 전환 작업을 몇 년 전부터 개시했었다.

그 이유는, 8.6mm 라푸아 매그넘 탄약이 보유한 높은 성능 때문이었다. 이 탄약은 평균적으로 **1500m 거리**의 적까지 노릴 수 있다는 보증을 받았으며, 7.62mm NATO 탄약의 사거리를 배나 커버할 수 있었다.

그것이 아프가니스탄에서는 **2600m 거리**까지 공격할 수 있다는 사실로 증명된 것이다. 물론 이정도 거리에서의 저격을 성공시키기 위해서는 특정한 기상조건을 만족시키는 것이 필요했지만, 8.6mm 라푸아 매그넘 탄약의 높은 성능을 어필하기에는 충분했다.

적의 사거리 바깥으로부터의 공격

AK 돌격소총의 최대 사거리는 약 600m. 그 바깥에서 이뤄지는 저격은 안전하게 적을 제거할 수 있다.

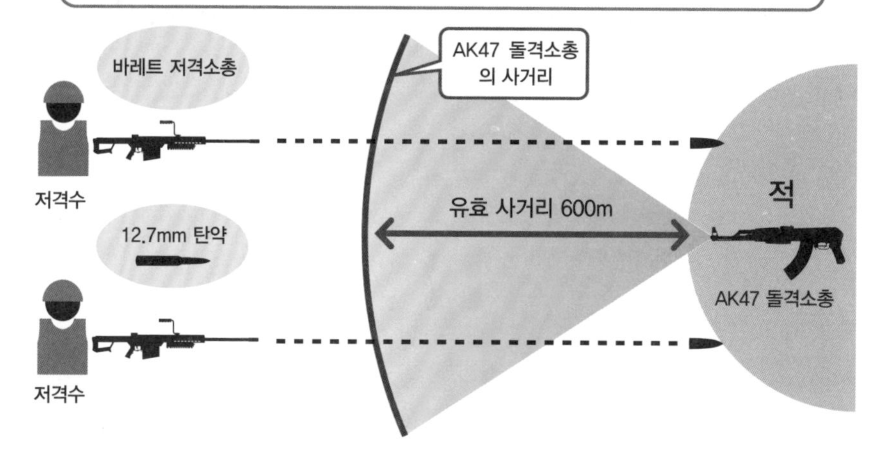

L115A3 저격소총과 8.6mm 라푸아 매그넘 탄약

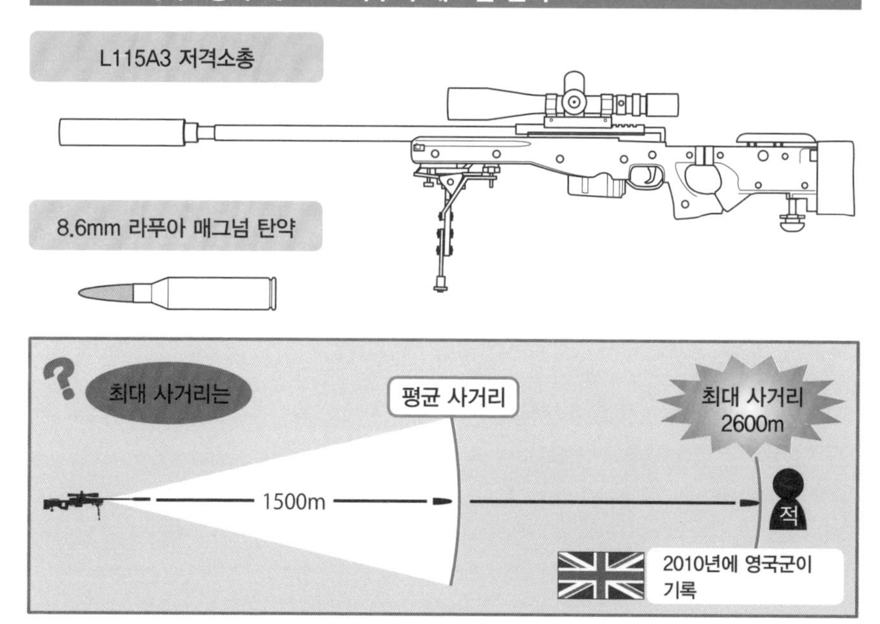

원 포인트 잡학

8.6mm 탄약은 1990년대부터 경찰이나 특수부대의 저격수 등이 사용을 시작했다. 아프가니스탄에서는, 네덜란드군 저격수가 수많은 성공을 거두면서 유명해졌다.

No.068

소련 붕괴 이후에도 살아남은 AK 돌격소총

AK 돌격소총은, 전 세계의 전장에서 지금도 사용 되고 있다. 이 총은 제2차 세계대전 직후에 구소련에서 개발 되어, 공산주의권 내부에서 확산됐다. 현재도 제조는 계속 되고 있으며, 서방으로 수출되는 AK 가운데 일부는 「PMC 컨트랙터」들이 사용하고 있다.

●누구나가 신뢰하는 AK 돌격소총

과거의 구소련 육군은, 무기의 위력에 중점을 두고 있었다. 기관총의 유효성을 고려하여, 전장이라는 가혹한 상황에서 얼마나 전술적으로 사용할 수 있는가에 대한 현실적인 생각이 있었다.

이러한 흐름의 도중에 개발된 **AK47 돌격소총**은, 견고하고 우수한 신뢰성을 보유한 무기가 되었다. 화력으로 승부한다는 전술에 맞추어, 안전장치를 해제하면 연발, 단발이라는 구조로 되어 있다.

초기의 AK는, 패전국인 독일이 대전 중에 사용하던 MP43이나 MP44(StG44)의 영향을 강하게 받고 있다. 지상전에서의 기관총은 전투의 중심이라는 독일의 사고방식에 공감하고 있었던 결과이기도 하다.

그러나 베트남전쟁에서 AK47을 사용한 결과, 살상능력과 화력의 밸런스 조정이 문제시되었다. 7.62mm 탄약은 반동이 너무 강했던 것이다.

한편, 미군은 구소련군의 보병 전술로부터 자극을 받으면서도, 반동을 억제한 M16을 개발하고 있었다. AK와 다른 점은, 5.56mm 탄약이라는 고속경량 탄약을 사용함으로써, 명중률보다도 화력을 유지한 점일 것이다.

그 이후, 구소련은 1970년대에 5.45mm 탄약을 사용하는 **AK74**를 개발하여 아프가니스탄 침공에서 실전 투입했다. 이 화기와 신형 탄약은 서방 국가들의 흥미를 자극하여, 성능을 확인하기 위해 각국이 필사적으로 노획을 시도했을 정도이다.

1991년에는 개량 최신형인 **AK74M**이 배치됐다. 최대 유효사거리는 600m로, 30발 또는 45발 들이 탄창을 사용할 수 있다.

AK는, M16과 동일한 탄약을 사용할 수 있는 AK101이나, 이전의 7.62mm 탄약을 사용하는 AK103 등이 있다. 이들 총기는 정비나 탄약의 공급이 용이하여, 아프가니스탄이나 이라크에서 활동하는 서방의 「PMC 컨트랙터」가 사용하고 있다.

AK47 돌격소총

구소련 육군이 개발한 AK47 돌격소총은, 소련 붕괴 이후에도 살아남아서 서방 국가들의 「PMC 컨트랙터」들이나 테러리스트가 사용하고 있다.

※견고하고 신뢰성도 높은 AK47 돌격소총

AK 돌격소총이 거친 개량의 역사

제2차 세계대전~베트남전쟁

AK47 돌격소총

7.62mm 탄약은 반동이 강하고, 화력과 살상능력의 밸런스에 문제가 있었다.

1970년대

AK-74

5.45mm 탄약을 사용. 아프가니스탄에서 실전 투입 되었다.

1991년

AK-74M

최대 사거리 600m로, 30 또는 45발 탄창을 사용한다.

원 포인트 잡학

미군의 M4나 M16의 조종간은, 안전, 단발, 연발의 순번이다. AK 돌격소총과의 차이를 비교함으로써, 미-소 양국의 보병 전술의 차이를 파악할 수 있다.

No.069

계속해서 개량되는 M16

베트남전쟁에서 M16이 도입된 이후로, M16 시리즈는 서방 국가 사이에서 널리 보급 되고 있다. 현재는, 총신을 단축하여 신축식 개머리판을 장비한 개량형 M4가 주력이며, 아프가니스탄이나 이라크에서 사용 되고 있다.

●탄 걸림의 원인

현재, 미 육군은 **M16을 개량한 M4**를 많이 사용하고 있다. 각종 조준 보조기재의 부착이 용이하고 협소한 공간에서도 사용이 편리하기 때문에, 아프가니스탄이나 이라크의 촌락지대나 시가지에서 발생하는 전투에 요긴하게 쓰이고 있다.

그러나 이 M4에도 결점은 존재한다. 발사약의 타고 남은 찌꺼기가 약실에 잔류하여, 탄피가 원활하게 배출되지 않는 등, 탄 걸림(Jam)이 발생하기 쉬운 것이다.

이는 베트남전쟁 당시부터 문제시 되어 온 사항이다. M16이나 M4는 가스직동식을 채용해 왔기 때문에, 발사약의 찌꺼기가 쌓이기 쉬운 경향이 있었다.

이 문제에 대처하기 위해, 노리쇠나 총신의 개량을 시작했다. 미 육군은 2010년, 업그레이드용 키트의 배포를 개시했다.

우선, 총신을 연속 사격에 버틸 수 있는 두터운 총신으로 변경했다. 총신 상부의 마운트도, 무거운 조준기 등을 탑재할 수 있도록 강화 되었다.

이러한 변경들은 군 상층부에 의한 것으로, 최전선의 병사가 이를 받아들일 수 있을지의 여부는 별도의 문제였다. 그 이유는, 병사들 가운데 대부분이 업그레이드보다도 발사 시스템의 변경을 기대하고 있었기 때문이다.

구체적으로는, **가스직동식**으로부터 **쇼트 스트로크 방식**으로의 변경이다. 쇼트 스트로크 방식은 피스톤이 노리쇠를 미는 기구이기 때문에 고장이 적다. 발포와 동시에 탄피가 강제로 배출되며, 다음 탄약이 장전된다.

이 방식은, XM8이나 SCAR에서 이미 채용되어 있었다. 이러한 총기들과 M4는 아프가니스탄이나 이라크를 본딴 환경 속에서 내구력 비교 테스트를 받은 적도 있다.

유감스럽게도, M4는 2배 이상의 확률도 탄 걸림을 일으켰다. 그러나 육군은 이러한 상황에서도 **M4의 업그레이드**를 계속 고집했다.

M16과 M4

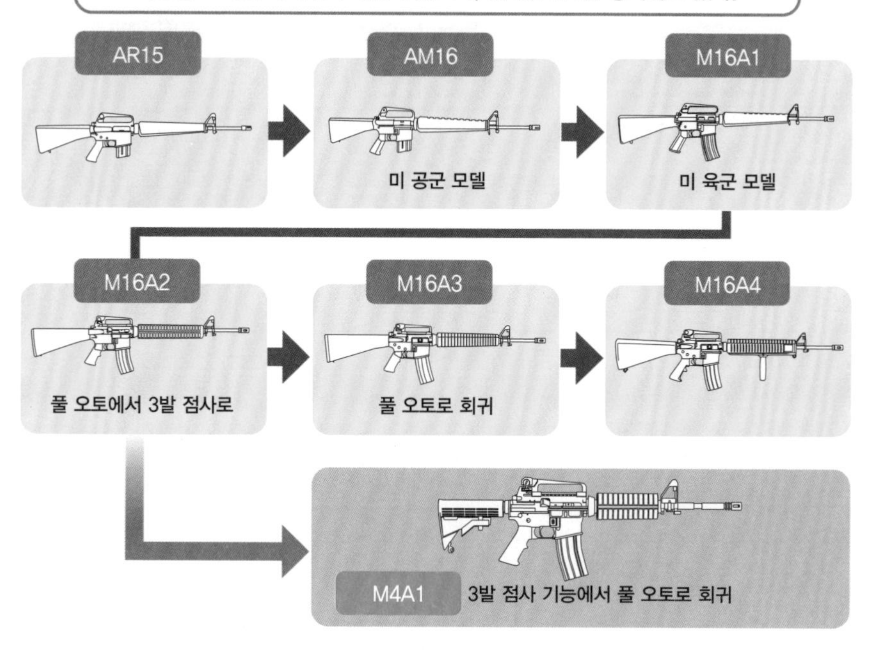

육군과 병사들이 추구하는 것의 차이

군이 결정한 업그레이드 방식은, 병사들이 기대하던 작동기구의 개량이 아니었다.

군 상층부가 결정한 개량

· 총신을 두껍게 했다

· 노리쇠의 개량

· 각종 조준기의 탑재

병사들이 기대했던 개량

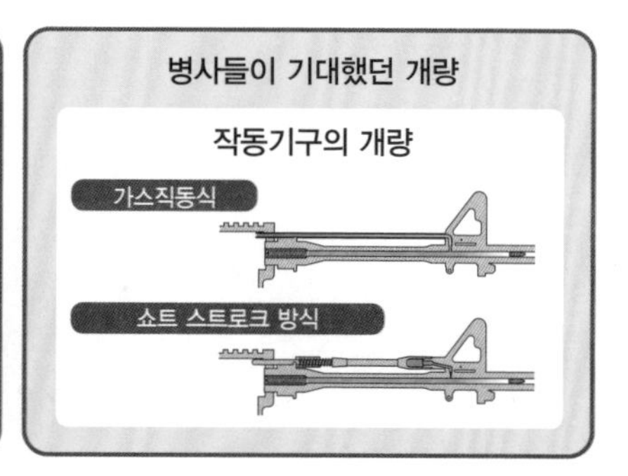

원 포인트 잡학

해병대는 M4를 한정적으로 사용하고 있다. 육군과 달리, 주력 화기는 중거리나 원거리의 전투도 고려하여 M16A4 소총을 선정하고 있다.

No.070

총탄을 사용해 총안구를 만들자

시가전에서는, 반드시 실외에서 적과 대치하지는 않는다. 건물 내무에 몸을 숨긴 상태에서 적을 맞이하는 경우도 있다. 적에게 발견 되지 않도록 주의를 기울이며, 창문은 가능한 한 사용하지 않으면서, 총안구로부터 적을 노려 공격해야 한다.

● 마구 쏴서 구멍을 뚫는다

헐리우드 영화에서는, 주인공이 벽에 총탄을 발사해서 그 구멍을 이용해 옆방으로 탈출하는 등의 장면이 있다. 이러한 장면은 실제로 가능한 것일까?

건물의 재질이나 사용화기의 구경에 따라 다르긴 하지만, 일단 불가능하지는 않다. 전장에서도 실제로 사용하는 방법이다.

또한, 건물은 최고의 진지로써 사용 가능하다. 적의 공격을 방어할 뿐만 아니라, 적의 움직임을 눈에 띄지 않고 감시할 수 있다.

그러나 그를 위해서는 조건이 있다. 시가전 매뉴얼에도 기재되어 있듯이, 창문은 가능한 한 사용하지 않고 총안구를 사용하는 것이 중요하다.

폐허일 경우, 벽에 뚫린 포탄 구멍이나 착탄의 충격으로 파괴된 벽의 균열을 사용한다. 그러나 그러한 것이 없을 경우, 폭약으로 구멍을 뚫는다.

그렇지만, 폭약보다는 총탄을 사용하는 편이 보다 안전하다. 따라서 소총이나 기관총의 총탄을 벽의 한 점에 집중적으로 발사하여, **직경 약 20cm의 총안구**를 뚫는 방법이 사용 되는 경우가 있다.

총안구는 직경 20cm 정도로 시야를 충분히 확보할 수 있다. 발포할 경우엔 총안구에서 총구를 내밀지 않고, **실내의 후방에서부터 발포**한다. 이러한 처치를 통해, 총구의 화염을 적에게 탐지당하지 않고 사격을 실시할 수 있다.

참고로, 콘크리트 블록의 벽에 총안구를 만들기 위해서는 250발 정도의 5.56mm 탄약이 필요한 것으로 알려져 있다. 기관총에 사용되는 7.62mm NATO 탄약의 경우, 약 40발이 필요하다고 한다.

건물 내부로 돌입하기 위한 돌파구를 뚫을 때도, 7.62mm 탄약이 사용된다. 여러 정의 기관총 공격을 집중시켜서 벽을 파괴하여, 병사 한 사람이 포복 자세로 통과할 수 있는 크기의 구멍을 뚫어 돌입하는 경우도 있다고 한다.

창문을 사용하는 대신, 총안구를 만든다

건물을 진지로 삼을 경우, 창문이 아니라 총안구를 만든 후에 그것을 통해 적의 동향을 살피고, 공격한다.

총안구를 만들려면?

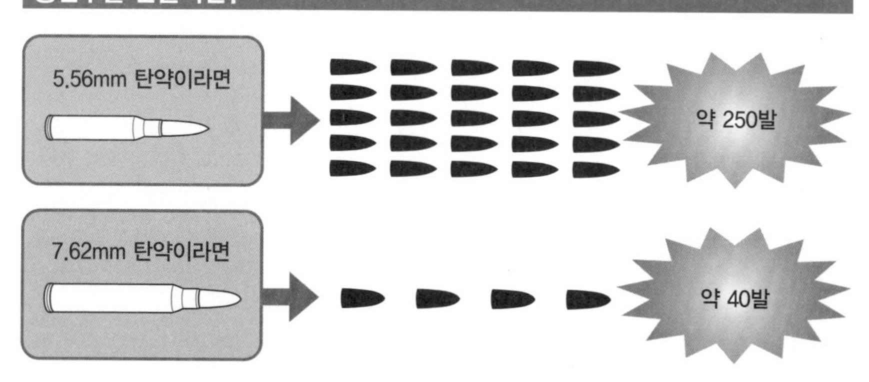

원 포인트 잡학

M16 소총의 5.56mm 탄약을 저지시킬 수 있는 재질의 건물이라도, 7.62mm 탄약은 막지 못 하는 경우가 있다. 따라서 총안구의 제작에는 신중함이 요구된다.

No.071

시가전에서 사용하는 신형 수류탄

폭발하면서 파편을 흩뿌리는 수류탄은, 과거의 전쟁에서도 여러 차례 사용되어 왔다. 예를 들면, 미군이 사용하는 M67 파편 수류탄은, 시가전에서는 그 위력이 너무 강해서 파편으로 아군이 부상당할 위험이 있다.

●희생을 치르지 않고 건물을 제압한다

미군이 사용하고 있는 **M67 수류탄**은 베트남전쟁에서 사용했던 **M26**의 후계 타입이다. M26은 그 형상으로 인해「레몬」이라고 불리며, M67은「애플」이라는 애칭이 붙어있다.

M67은 강한 어깨 힘의 소유자라면 40m 거리까지 투척할 수 있다. 안전핀을 뽑고, 레버가 해제되면 기폭장치가 점화하여 약 4~5초만에 폭발하도록 설계되어 있다.

대인 살상범위는 주위 약 10m. 폭발과 동시에 작은 파편을 주위로 흩뿌려서 적을 살상한다.

영화나 소설에서 수류탄은 자주 사용되지만, 실전에서의 취급은 어렵다. 적이 숨어 있다고 해서 간단하게 던질 수는 없다.

우선, 파편이 튀기는 각도나 방향을 사전에 고려해야 할 필요가 있다. 그리고 주위에 경고를 발신한 이후에 투척하지 않으면, 아군이 파편에 맞을 위험도 있다.

시가전에서 무서운 것은 적의 총탄뿐이 아니다. 서로의 연계가 제대로 이루어지지 않은 상태에서 공격을 감행하여, 아군을 잘못 살상하는 사태도 무서운 것이다.

이러한 문제를 해결하기 위해, 미 육군은 새로운 수류탄을 이라크전쟁에 투입했다. 그것이, 폭발시의 압력을 경감시킨 **HG86 미니 수류탄**이다.

이 수류탄은, 폭발시의 압력을 저하시킨 제품이다. 협소한 범위에서 2mm 정도의 파편을 1600개 가까이 흩뿌릴 수 있게되었다.

이 수류탄은 파편을 광범위하게 튀기지 않기 때문에 아군에 대한 피해를 저하시킬 수 있다. 또한 그 취급에는 충분한 주의가 필요한 것으로 알려져 있으며, 대부분은 특수부대가 사용하고 있다.

M26과 M67

M26은 베트남전쟁 당시부터 사용되었으며, 현재는 그 후계인 M67이 사용되고 있다.

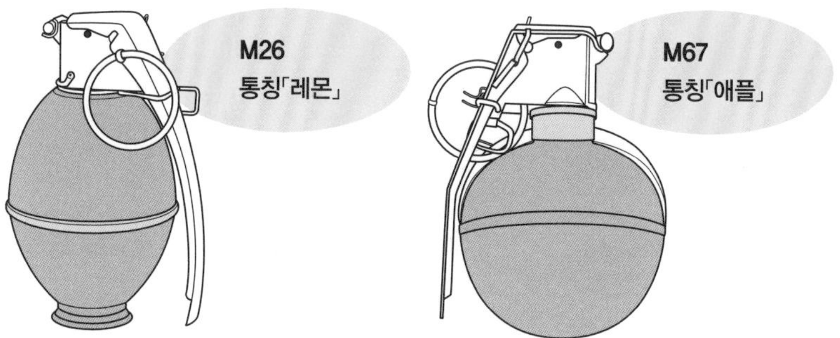

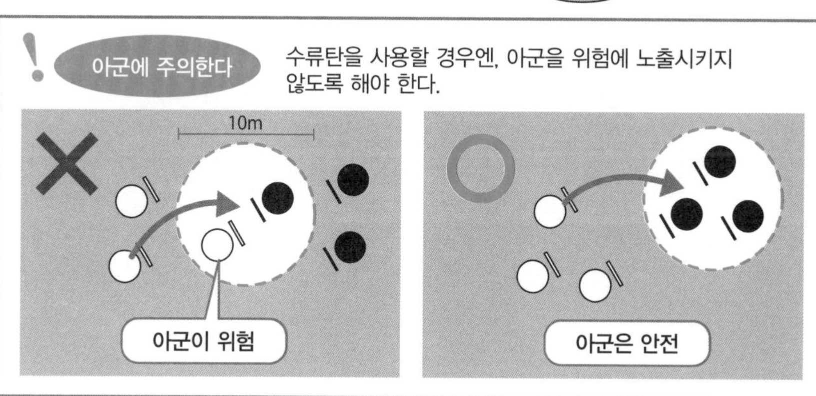

HG86 미니 수류탄

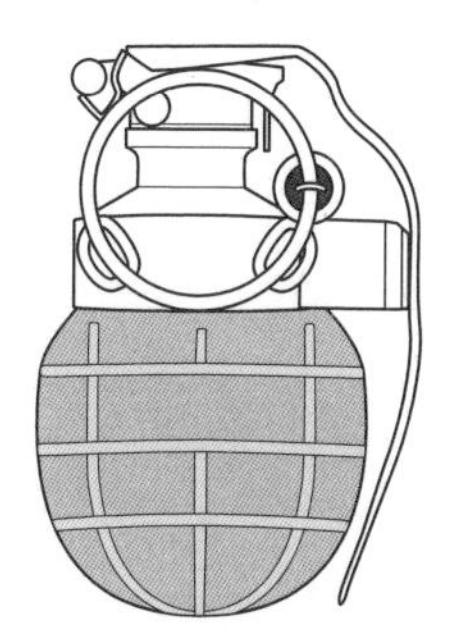

협소한 범위로 2mm 정도의 파편을 1600개 가까이 흩뿌린다.

원 포인트 잡학

M67의 중량은 약 400g이지만, HG86은 약 200g이다. 기본 계획으로는 각자 6개를 휴대하기 때문에, 계산으로는 4명의 팀에서 한번에 24개를 사용할 수 있다.

No.072

정찰용 유탄으로 감시한다

무인기나 대지(대地) 지원기를 사용할 수 없는 상황에서는, 적의 동향을 어떻게 감시해야 할까? 그 해결책 가운데 하나로써, 정찰용 유탄을 하늘 높이 쏘아 올려, 머리 위로부터 송신되는 지상의 영상을 의지하여 싸우는 방법이 있다.

●저고도에서 적을 감시한다

정찰용 유탄이란, 어떠한 것일까? 엄밀히 말하자면 유탄이라고는 할 수 없으며, 폭약은 장전되어 있지 않다. 알루미늄제의 탄두 내부에는 소형의 **적외선 카메라**가 장전되어 있다.

이 카메라는 40mm 유탄과 동일한 형상을 하고 있다. 따라서, M16의 총신 하부에 장착한 M203이나 M320 유탄발사기로 상공을 향해 발사할 수 있다.

탄이 고도 200m 이상의 지점에 도달하면, 탄두 내부에 장전되어 있던 카메라가 배출된다. 카메라는 낙하산으로 강하하면서, **최대 7분간**의 영상을 실시간으로 전송한다.

주간에는 가시 모드로, 야간에는 적외선 모드를 사용한다. 수신에는 TV 모니터 또는 전용의 소형 수신기를 사용하며, 카메라는 약 **1600m(1마일)** 너머의 영상까지 포착할 수 있다.

이 정찰용 유탄은, 오직 감시 목적만으로 사용하는 것이 아니다. 유탄발사기와 병용함으로써, 신속한 공격이 가능하다.

예를 들면, 미 해병대는 **M32MGL**을 장비하고 있다. 이 M32는 단발이 아니라 40mm 유탄을 6발 장전 가능한 회전식 탄창을 장비하고 있다.

첫 발은 정찰용 유탄을 발사하여 적의 동향을 감시한다. 그리고 공격이 필요하다고 판단되었을 경우, 사수는 나머지 5발의 40mm 유탄을 단 3초 이내에 적의 머리 위로 쏟아 부을 수 있다.

수동식의 M203이나 M320을 사용할 경우에는, 다수의 사수를 배치한다. 정찰용 유탄을 발사하여, 필요할 경우 40mm 유탄을 장전한 채로 대기하고 있는 병사가 유탄을 발사한다.

정찰용 유탄이란?

정찰용 유탄은 내부에 폭약 대신 소형의 적외선 카메라를 장전하고 있다.

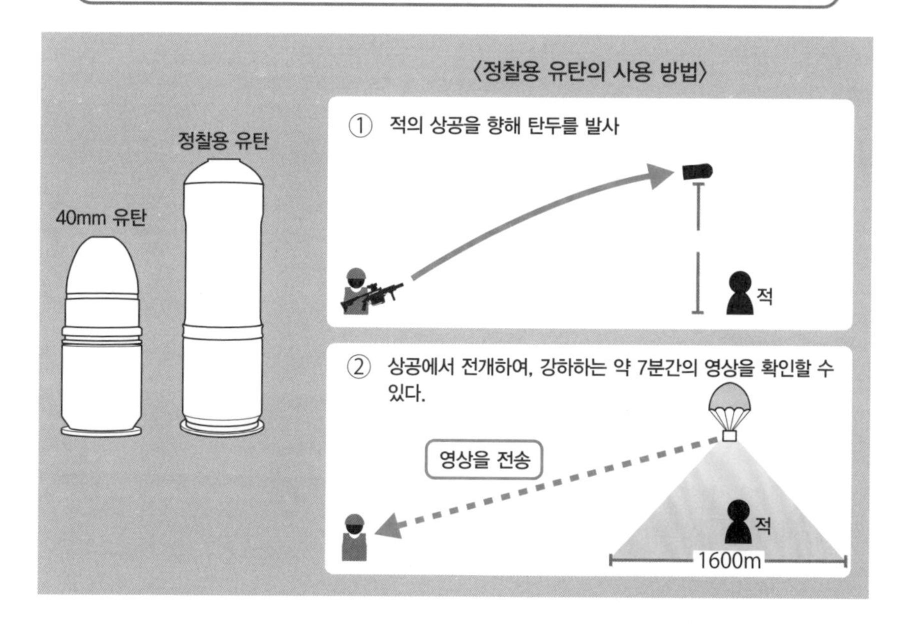

M32MGL

40mm 유탄을 6발 장전할 수 있는 회전식 탄창의 M32MGL을 사용하여, 첫발로 정찰용 유탄을 장전하고, 적을 발견하는 즉시 유탄으로 공격하는 전술을 사용한다.

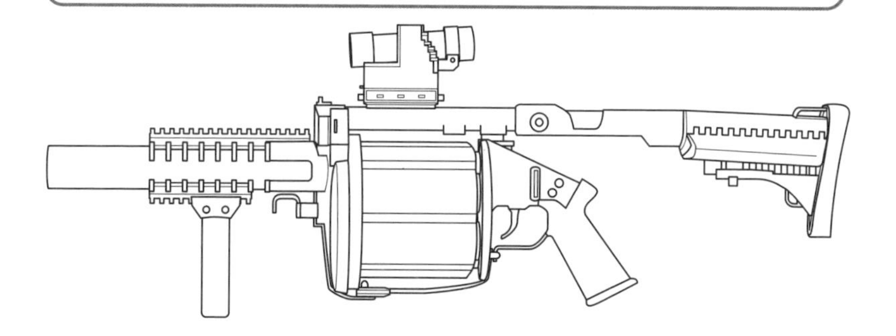

원 포인트 잡학

정찰용 유탄은, 최전선 기지의 경비에도 사용할 수 있다. 적의 습격을 받았을 경우, 진지 내부로부터는 보이지 않는 주위의 정보를 안전하게 수집할 수 있다는 이점이 있다.

No.073

RPG-7의 사용방법

아프가니스탄이나 이라크에서 적이 사용하는 RPG-7은, AK47 돌격소총과 마찬가지로 특별한 훈련을 필요로 하지 않는다. 그 효과적인 사용방법은 구소련의 아프가니스탄 침공 당시에 마스터되어, 현재는 미군을 그 표적으로 삼고 있다.

●전장에서 가다듬어진 전투방식

구소련이 개발한 RPG-7은, 1970년대부터 베트남전쟁을 비롯한 수많은 전쟁에서 사용되어 왔다. 개발 국가인 구소련조차 아프가니스탄 침공에서 막대한 희생을 치렀다.

구소련군의 전차나 장갑차량은, **RPG-7**의 직격을 방어하는 용도의 **반응장갑(Explosive Reactive Armor, ERA)**을 장비하고 있으면서도 격파 당하고 말았다. RPG-7을 이용한 전술이, 원 개발국인 소련을 상대로 확립되었다는 것은 정말 아이러니한 이야기이다.

그 전술은, RPG-7의 성능을 최대한으로 이용하고 있었다. 다수의 RPG-7을 사용하여, 전차나 장갑차량의 측면이나 후면에 착탄시키는 것이다.

당시에 구소련군은 전차나 장갑차량을 지키기 위해, 보병부대로 주위를 방어하는 전술을 사용했는데, 그 결과, RPG-7과 반응장갑이 일으키는 폭발의 파편으로 수많은 병사들이 부상을 입고 말았다.

물론, 구소련군도 반격을 감행했다. RPG-7을 발사하면 옅은 회색의 발사 가스와 모래먼지가 주변으로 확산된다. 이 RPG-7의 발사로 발생하는 후방 폭풍을 추적하여 적을 찾아내려 한 것이다.

그러나 적은 거듭되는 전투로 귀중한 전략적 교훈을 습득하고 있었다. 지면을 물로 적셔, 발사 시에 일어나는 모래 먼지를 억제함으로써 장소를 들키는 사태를 회피했다.

또한 적은 전차에 대해, 여러 발의 RPG를 일제히 발사하는 전술을 즐겨 사용했다. 이 방법을 사용할 경우, 반응장갑은 그리 도움이 되지 않는다.

RPG-7을 사용하는 사수도, 한 발 발사한 후엔 즉시 위치를 바꾼다. 발사 지점은 사전에 다수 선정되어, 여러 지점을 무작위로 이동한다. 이 전술은 지금도 아프가니스탄에서 사용되고 있다.

RPG-7을 사용한 전술

반응장갑의 보호를 받는 전차의 측면에 다수의 로켓을 발사하여, 주위에 방어 병력으로 배치된 병사들에게 피해를 가한다.

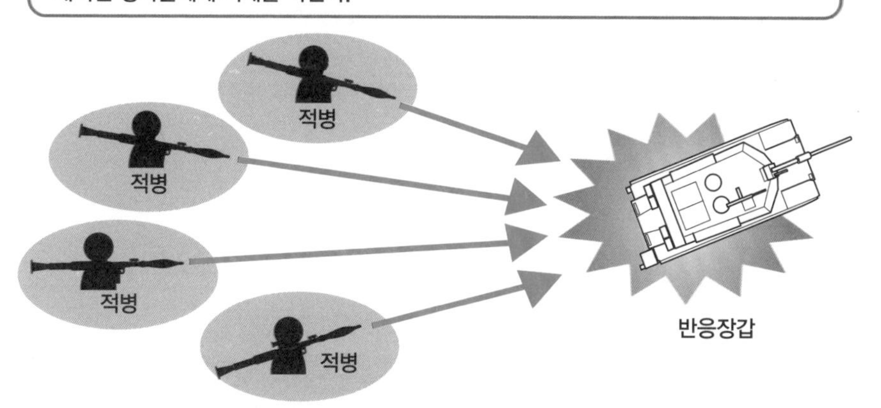

RPG-7의 결점과 그 방비책

RPG-7은 발사 시의 후방 폭풍으로 일어나는 모래 먼지로 적에게 발견당하기 쉽다는 결점이 있지만, 테러리스트들은 주변을 물로 적셔 모래 먼지를 억제하는 전술을 사용했다.

원 포인트 잡학

반응장갑을 최초로 실용화한 것은 이스라엘이다. 제4차 중동전쟁의 전철을 밟지 않기 위해, 레바논 침공 시에 실전 배치를 실시하고 그 효력을 실제로 증명했다.

No.074

RPG-7으로 수송 헬기를 격추!

구소련의 무기는 본래의 목적 이외에도 사용된다. RPG-7은 대전차 공격무기이지만, 헬기도 공격할 수 있다. 탄두의 자폭 시스템을 응용하여, 폭발로 일어나는 충격과 파편을 사용해 엔진 계통에 피해를 입힌다.

●대공무기로도 이용한다

RPG-7으로 수송 헬기를 격추하는 일은 가능할까? 영화나 소설, 그리고 게임에서는 흔한 일이긴 하지만, 이는 현실적으로 일어나는 이야기이기도 하다.

1992년, 아프리카의 소말리아 내전에 개입하기 위해, UN은 미군을 중심으로 한 다국적군을 파견했다. 그 다음 해, 미군은 적 세력 간부를 구속하기 위한 특수작전을 실행했다.

이 작전은, 영화 **『블랙호크다운』**에서도 묘사되었다. 격전 끝에 미군 병사 18명이 전사하고, **수송 헬기**도 2기 격추당했다. 이 때, 적이 사용한 무기는 **RPG-7**이었다.

RPG-7으로 수송 헬기를 노리는 전술 자체는 신기한 것이 아니다. 소말리아에서 일어났던 전투는 아프가니스탄에서의 전투방식을 이용한 것에 지나지 않는다. 사실, 아프가니스탄에서 구소련을 상대로 싸웠던 이들은, 소말리아에서도 활동하고 있다.

그들은 어떤 방법을 사용해서 수송 헬기를 공격하는 것일까? 그 방법은 지극히 간단하다.

우선, 사거리 100m 이내로 수송 헬기를 유인한다. 확실하게 노릴 수 있는 사거리로 유인에 성공했을 경우, 대전차 전술과 마찬가지로 여러 발의 RPG-7을 일제히 발사하여 탄막을 전개한다.

이 방법을 사용하면, 수송 헬기를 격추시킬 가능성은 높다. 격추까지는 할 수 없더라도, 기체에 손상을 가할 수만 있다면 상대방의 활동을 크게 위축시키는 등, 높은 효과를 기대할 수 있다.

RPG-7의 특징 가운데 하나로 **로켓 탄두의 자폭 시스템**이 있다. 표적을 놓쳤을 경우, 탄두는 1km 가까이 비행하면 자폭하도록 설계되어 있다.

이를 이용하여, 원거리로 비행하는 헬기를 노릴 수도 있다. 탄두가 자폭하는 거리를 미리 계산해두고, 대공포처럼 사용하는 것이다.

RPG-7을 이용한 헬기 공격법

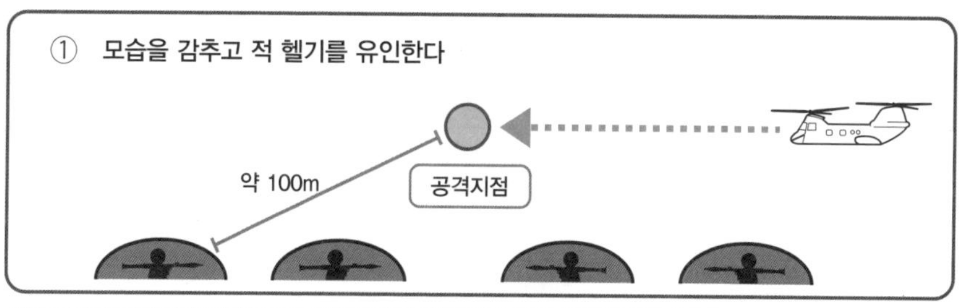

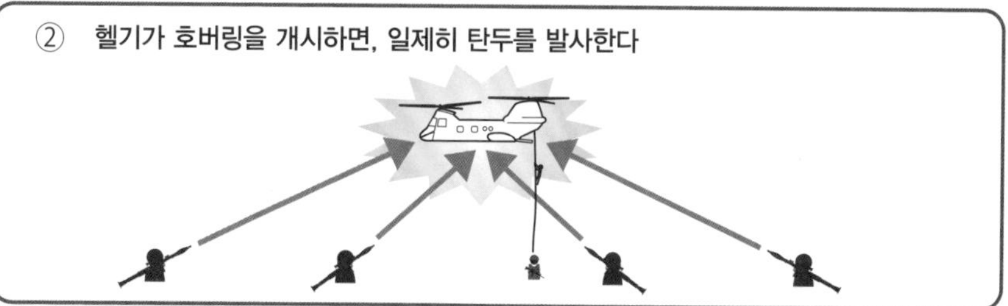

RPG-7의 원거리 공격법

RPG-7의 자폭 시스템을 사용하여, 원거리 공격을 실행할 수도 있다.

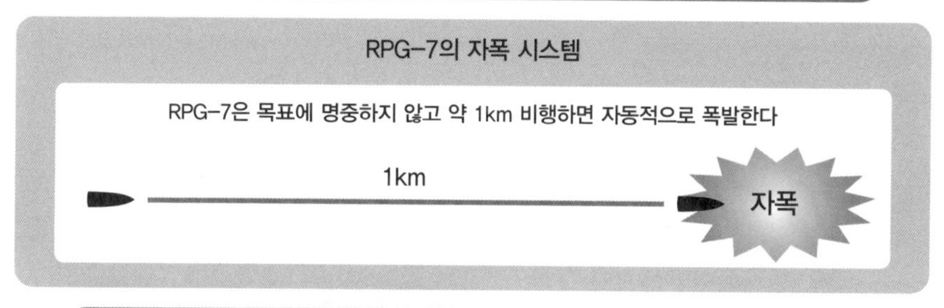

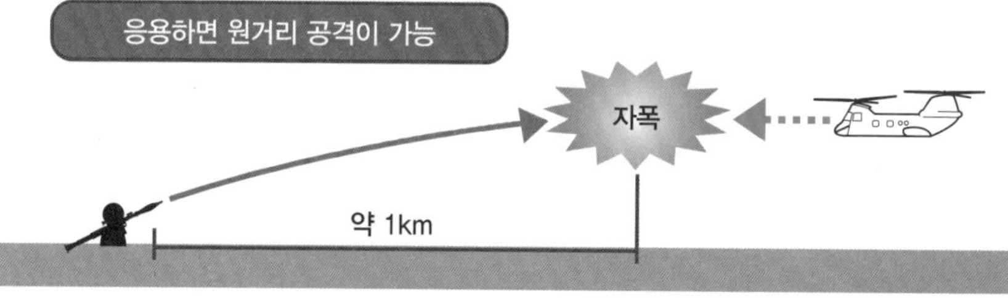

원 포인트 잡학

RPG-7의 탄두 자폭 시스템은 보병도 쓰러뜨릴 수 있다. 즉석 유탄포로써, 보병의 머리 위로 여러 발을 발사하여 공중 폭발시키면서 파편을 흩뿌리는 방법도 사용된다.

No.075

전투 로봇을 잠입시킨다

아프가니스탄이나 이라크에서는, 최전선 병사들의 손해를 막기 위해 전투 로봇을 도입하고 있다. 대부분은 적외선 카메라나 음성수집기재를 장비한 원격조종차량으로, 인공지능이 탑재된 「로봇」과는 이미지가 다르다.

●무선조종 로봇으로 감시한다

제어된 프로그래밍을 통한 인공지능을 사용하여, 스스로의 의지로 조작이나 동작을 행하는 로봇이 존재한다. 가장 친숙한 존재로써, 일본에서도 높은 인기를 자랑하는 자동청소기 룸바가 있다.

룸바는 미국 매사추세츠州에 본거지를 두고 있는 아이로봇社의 제품이다. 버튼 하나를 누르는 것만으로 방 안을 청소해주는 룸바는, 그야말로 전형적인 자율형 로봇이라고 할 수 있다.

전장에서 사용되는 전투 로봇의 성능은 어떨까? 실은 룸바를 제조하고 있는 아이로봇社는 전장에서 사용하는 군사 로봇인 **「510 팩봇」** 등도 제조하고 있다.

전투 로봇 가운데 대부분은, 아프가니스탄에서는 산악지대의 **동굴을 수색**하는 임무를 담당한다. 이라크에서는 **건물을 수색**하며, 노상에 설치된 **IED를 해체**한다.

룸바와 달리, 전투 로봇의 활동은 인공지능으로 움직이는 것이 아니다. 안전한 장소에서, 병사가 모니터를 통해 원격으로 조작한다.

전투 로봇은 만능이 아니다. 포착 가능한 영상이나 음성에는 한계가 있다. 원격 조종이기 때문에, 신호가 닿지 않는 사태가 발생하면, 컨트롤을 상실하는 경우도 있다.

그러나 로봇이기 때문에 지니고 있는 편리성은 있다. 적에게 총격을 당할 경우, 병사라면 부상을 당하겠지만 로봇은 공격을 받아도 파괴되기만 할 뿐이다.

전투 로봇은 현재도 진화하고 있다. 기관총이나 로켓 런쳐로 중무장한 로봇이 전장을 배회하는 것도 그리 먼 미래의 일만은 아닐 것이다. 안전한 전선 기지나 미국 국내에서 원격조작을 실시하는 계획도 급속도로 진행되고 있다.

510 팩봇

자동청소기 룸바를 제작한 아이로봇사가 「510 팩봇」을 제조했다.

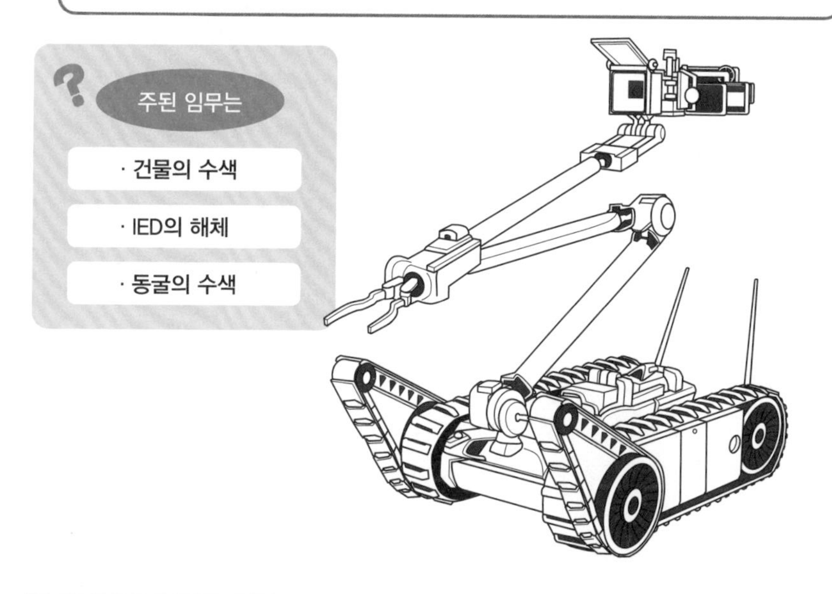

전투 로봇의 최종 진화는?

전투 로봇은 계속 진화하고 있으며, 안전한 장소에서 원격조작으로 전쟁을 행할 수 있게 되는 것도 그리 멀지 않은 미래일 것이다.

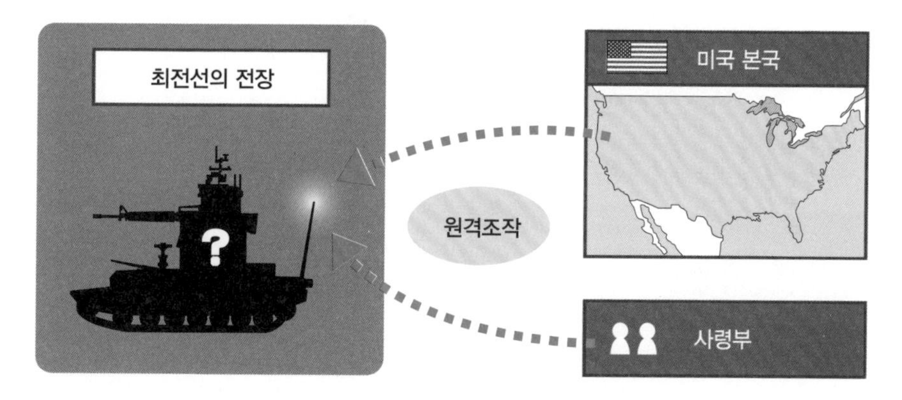

원 포인트 잡학

중무장한 전투 로봇은 감시뿐만 아니라, 즉시 반격도 가능하다. 기관총이나 로켓 런처를 탑재하고, 적병이나 장갑차량에 대한 공격도 가능하다.

No.076

무인 헬기로 물자를 운반한다

전장에서 하늘을 나는 무인기는 항공기뿐만이 아니다. 수송 헬기의 원격조종도 가능한 시대가 되었다. 파일럿을 위험에 노출시키지 않고, 적의 총탄을 피하면서 최전선의 병사가 필요한 물자를 공급할 수 있게 되었다.

●어떤 장소에도 확실하게 전달할 수 있다

미군이 사용하는 무인기라고 하면, 역시 고정익 타입의 정찰기나 전투기를 떠올리기 쉽다. 예를 들면, RQ4 글로벌 호크 정찰기나 RQ1 프레데터 공격기가 유명하다.

그러나 해병대의 작전에서는, 활주로가 필요한 항공기보다도 수직이착륙이 가능한 기체가 바람직하다. 해병대의 작전 특성상, 해상에 있는 함정 위에서 작전을 준비하는 일이 많기 때문이다.

이러한 상황에서 해병대는, **A160T 허밍버드**의 실전 투입을 개시했다. 이 무인 헬기는 감시 목적뿐만 아니라, 물자 수송에도 사용 가능하다.

허밍버드의 **감시 카메라**는 고도 3200m 상공에서 직경 7km의 범위를 영상으로 포착할 수 있다. 지상에서 원격 조종을 하는 파일럿은, 영상을 감시하면서 이변을 탐지했을 경우엔 확대 영상으로 확인할 수 있다.

원격 조종뿐만 아니라, 사전에 프로그래밍을 해둠으로써 **자율 비행**도 가능하다. 적에게 발견당하기 어려운 비행 루트를 설정하여, 식료품이나 탄약의 보급이 필요한 부대의 좌표를 입력하면 그 장소로 물자를 운반한다.

수송 가능한 화물의 중량은 **약 136kg**이다. 최전선에서 싸우는 병사는 필요한 물자를 언제 어디서든 보급받을 수 있기 때문에 현장의 사기를 높이는 상승 효과도 기대할 수 있다.

또한, 최고 속도는 **255km**라는 성능을 보유하고 있으며, 약 40시간의 비행이 가능하다. 따라서, 정찰 임무도 전술적으로 수행할 수 있다.

미 육군은, 해병대의 이러한 움직임에 신속하게 반응했다. 기체를 육군 사양으로 변경하여, 전장의 상공에서 활약시키려고 하고 있다.

A160T 허밍버드

해병대는 물자 수송과 감시 목적을 위해 A160T 허밍버드를 실전 투입했다.

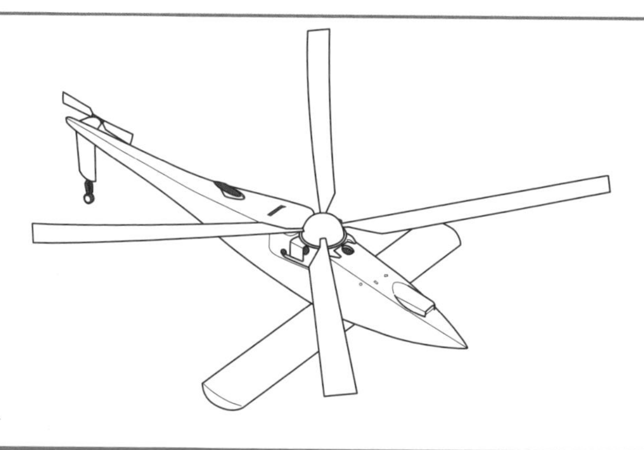

허밍버드의 성능

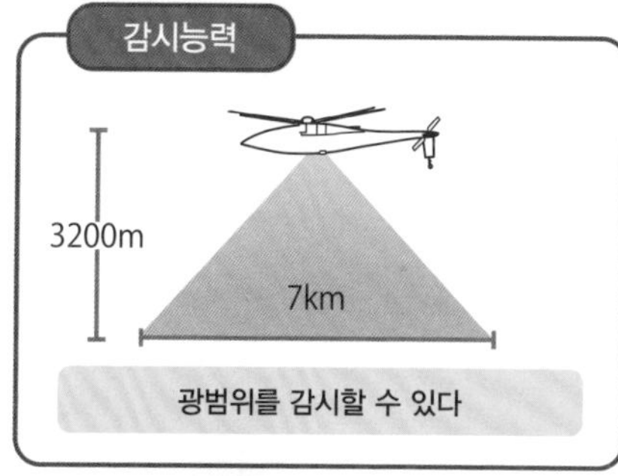

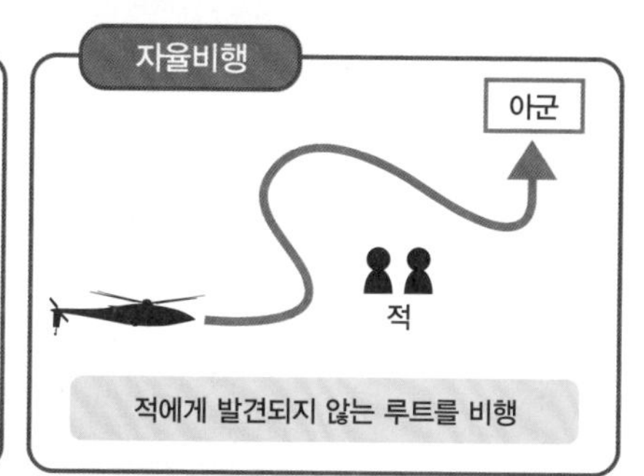

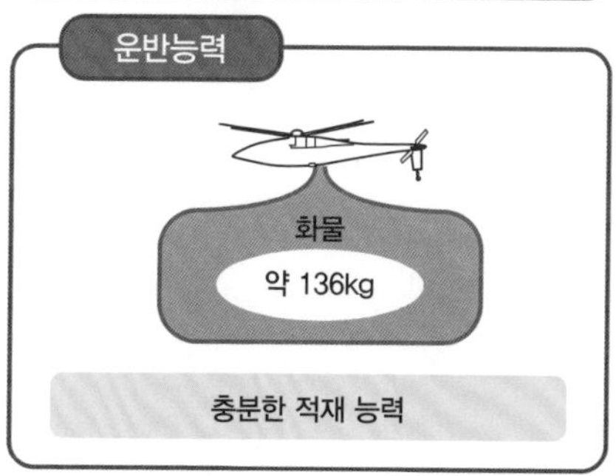

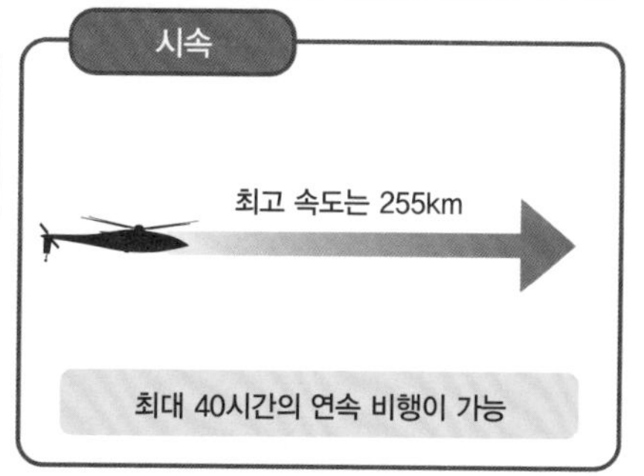

원 포인트 잡학

A160T의 원형은, 민간형 로빈슨 R22 헬리콥터이다. 이 기체는 저렴하지만, 신뢰성이나 퍼포먼스 능력이 높으며, 전 세계에서 사용되고 있다.

No.077

게임 세대의 전투

전투 로봇과 게임 세대는, 지상전의 형태를 뿌리 끝에서부터 바꿔 놓을지도 모른다. 미 육군은, 스트라이커 장륜식 장갑차의 로봇화 테스트를 실시했다. 참가했던 병사들은, 게임 감각으로 로봇과의 융합을 이루어냈다.

●전투 로봇의 미래란

로봇과 인간은 전장에서 어떻게 융합을 이룰 것인가? 그 반응을, 미 육군은 **스트라이커 장륜식 장갑차**로 실험해 본 적이 있다.

이 차량은 완전히 자동화되어, 차체 후면부에 감시 센서와 전술적인 판단을 내릴 수 있는 컴퓨터를 탑재했다. 조종도 자동화되어, 운전석에는 아무도 앉지 않았다.

센서는 RPG-7이나 AK47 등을 발포해 오는 적들의 소재를 포착하여, 리얼 타임으로 가장 위험한 위협을 판단한다. 이 경우에, RPG-7을 최대의 위협으로 판단하여 공격의 지시를 내렸다.

병사들은 그 지시를 모니터 화면으로 확인하여, 차량 외부에 탑재한 기관총을 원격 조작했다. 이 일련의 작업은 모두 승무원실에서 이루어졌다.

실험에 참가했던 병사들은, 컴퓨터의 지시를 정확하게 수행했다.

육안으로 확인하지 않은 정보를 의심하지 않고, 즉시 반격 태세로 전환했다.

그들이 개인적인 감정에 좌우되지 않고 정확하고 충실하게 반응하는 모습을 확인한 상층부는 경악했다. **게임 세대가 전투 로봇에는 필요 불가결**한 존재라는 사실을, 군은 재인식한 것이다.

전투 로봇이 실전 배치될수록, 게임 세대의 병사가 적임이다. 현재 최전선에서 사용되고 있는 전투 로봇의 컨트롤러조차, TV 게임의 그것과 흡사하다.

그러나 게임 세대의 병사들은, 스트라이커의 자동화 조종만은 받아들이지 않았다. 그들은 로봇에게 지배를 당하는 것만은 난색을 표했다.

SF 작가 아이작 아시모프는「로봇은 인간에게 위해를 가해선 안 된다」라고 제창했다. 로봇 공학 3원칙은, 지금으로써는 소설의 세계를 초월하여 전장에서 시험의 대상이 되는 시대로 돌입했다.

실험용 스트라이커 차량

자동 조종으로 움직이는 스트라이커 장륜식 장갑차로 로봇화의 테스트가 실시되었다.

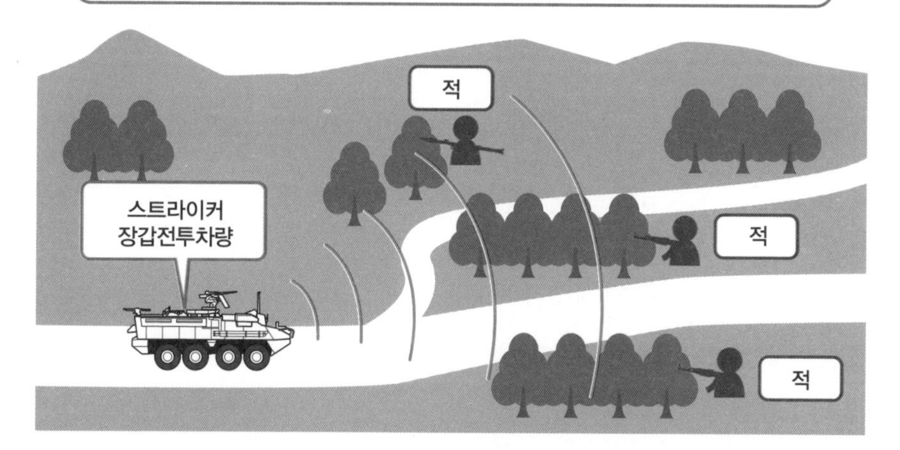

게임적인 즉각 결단!

육안으로 확인하지 않고, 위협에 대해 공격을 실시하는 병사들의 모습에, 상층부는 놀라움을 감추지 못 했다.

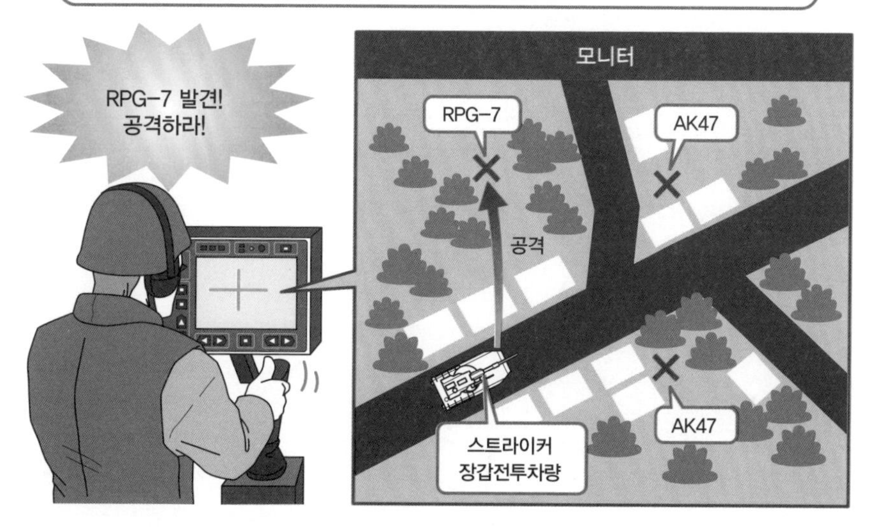

원 포인트 잡학

로봇 공학 3원칙은, 로봇이 따라야 할 원칙의 예시로써 제시되는 경우가 많다. 인간에 대한 안전성, 명령 복종, 자기 방어를 목적으로 하는 3가지 원칙이다.

「CMO(민사작전)」의 향후 전망

21세기의 전장은, 기존의 그것과는 다르다. 지상전의 형태는, 종교 · 민족 · 언어 · 문화 간의 대립을 어떻게 억제하고 완화시키느냐라는 모습으로 변화하고 있다.

그 중에서도, 언어와 문화의 벽을 어떻게 넘어설 수 있는가 하는 문제가 CMO에서 크게 주목받고 있다. 종교나 민족도 고려해야 할 포인트이긴 하지만, 민심을 끌어들이기 위해서는 당사자들의 언어와 문화를 이해할 필요가 있다.

인간은 태어난 시점에서는 아무도 언어와 문화를 지니고 있지 않다. 특정한 환경에서 자라나면서 거기서 몸에 익힌 지식이나 경험이 그 사람의 언어나 문화이기 때문이다.

그렇기 때문에, 이 두 가지 요소를 경시할 수는 없다. 예를 들어, 아프가니스탄이나 이라크의 언어와 영어를 비교해보는 것만으로도 그 차이를 확연하게 느낄 수 있다.

미국에서 사용하는 영어는 SVO 문형으로, 동사가 선행한다. 주어 · 동사 · 목적어의 기본 문형이기 때문에 우선적으로 무엇을 말하고 싶은지를 알 수 있는 언어이다. 이는, 이라크의 일부에서 사용되는 쿠르드어와 동일한 문형이다.

그러나 이라크에서 광범위하게 사용되는 아라비아어는, 영어와는 문형이 다르다. 주어 · 목적어 · 동사의 SOV 문형으로, 한국어나 일본어와 동일하다.

즉, 아라비아어는 문미까지 듣고 나서야 무엇을 말하고 싶은지 알 수 있는 언어이다. 또한 아프가니스탄의 파슈토어나 다리어도, 동일한 SOV 문형이다.

영어와 쿠르드어는 공통점이 많지만, 아라비아어, 파슈토어, 다리어는 이질적이다. 말하고 싶은 사항을 먼저 말하는가, 나중에 말하는가라는 이야기 방식의 차이는 미국적인 사고방식으로 일을 추진하는 것이 불가능하다는 사실을 의미한다.

SVO와 SOV의 차이로 알 수 있듯이 언어의 문형이 다르면 커뮤니케이션의 스타일도 변화한다. 모든 것을 설명함으로써 이해하는 생활양식과 모든 것을 설명하지 않아도 회화의 문맥으로 이해할 수 있는 생활양식은 크게 다르다.

영어는 동사 선행형이기 때문에, 미군의 언동 패턴도 확실하게 알기 쉽다. 그러나 아프가니스탄이나 이라크에서는 그러한 룰은 통하지 않는다. 개인주의가 강한 미국 문화와는 달리, 현지에서는 집단주의가 강한 경향도 있다.

독일이나 일본에서는, 미군의 점령 통치는 비교적 간단한 편에 속했다. 독일어는 영어와 문형이 비슷했기 때문에, 그 사고방식도 비슷했다. 일본에서는, 언어는 달라도 단일민족에 가까운 민족 구성으로 통치하기가 쉬웠던 것에 지나지 않는다.

아프가니스탄이나 이라크의 땅은, 그러한 경우들과는 달랐다. 독일이나 일본과는 달리, 다수의 언어(방언) · 문화 · 종교 · 민족을 상대해야만 했기 때문이다.

동일한 언어라도 지역이 바뀌면 방언이란 형태의 변화가 발생한다. 행정단위가 변화하면 민족도 변한다. 민족이 다르면 언어도 변화한다. 이러한 다언어나 다문화에 얼마나 대응할 수 있는지의 여부가 CMO가 직면한 향후의 과제일 것이다.

제5장
심리편

No.078

지향성 에너지 무기의 투입

테크놀로지의 진보에 따라, 현대의 전장은 SF 소설의 세계로 변하고 있다. 예를 들어 미군은, 전자 에너지를 사용해 적의 피부를 그을리게 만드는 「비살상 무기」의 도입을 추진하고 있다.

●전자레인지 무기의 출현

미군은 이전부터 「**프로젝트 셰리프**」라는 계획을 진행하고 있었다. 이는, 폭도 진압을 시야에 두고 총탄을 사용하지 않고 승리를 거둔다는 콘셉트로 시작된 비살상 무기의 계획이다.

비살상 무기는, 적이 민간인 사이에서 공격을 감행해 오는 상황에 맞추어 개발되었다. 특히 시가지에서의 전투에서 효력을 발휘한다.

이라크나 소말리아의 적은, 민간인을 총알받이로 자주 사용했다. 적은 미군이 교전규칙으로 인해 발포할 수 없다는 사실을 악용한 것이다.

「프로젝트 셰리프」에서는, 그 교전규칙의 약점을 보완하기 위한 방법을 모색해 왔다. 그리고 최종적으로, 3단계의 전술이 고안되었다.

우선, **불쾌한 음향**을 발산하여 적이 그 자리에 머물 수 없게 한다. 그리고, **눈이 아파올 정도의 광원**을 펄스 조사하여 방향 감각을 마비시킨다. 이 정도까지 했는데도 적이 동요하지 않는다면, **전자 에너지**를 조사하여 피부를 그을린다는 것이었다.

음향이나 광원을 사용하는 전술은, 이미 실용화되어 있다. 폭도 진압용의 무기로써 소말리아 앞바다의 해상 등에서, 해적 대책용으로 해군 함정에 탑재되어 있다.

또한, 전자 에너지를 사용하는 비살상 무기에는 최첨단 테크놀로지가 사용되었다. 마이크로파의 일종을 방사하여 피하의 신경말단에서 격렬한 고통을 느끼게 하는 것이다.

조사거리는 500m. 전자레인지에서도 사용하는 마이크로파는, 의류섬유의 틈새를 통과하여 피부를 50℃까지 가열한다.

이 무기는 기관총과 병용하여 스트라이커 장륜식 장갑차이나 **험비**에 탑재된다. 치사성 장비와 비치사성 장비를 동시에 탑재하여, 교전규칙을 준수하면서 다양한 전술을 상황에 따라 나누어 구사한다.

「프로젝트 셰리프」와 3단계의 전술

적이 민간인을 총알받이로 사용할 경우, 총탄을 사용하지 않고 승리를 거두는 것을 목적으로 한 비살상 무기의 계획이 「프로젝트 셰리프」이다.

제1단계

불쾌한 음향을 발산하여 그 자리에 머물 수 없게 한다.

제2단계

눈이 아플 정도의 광원을 펄스 조사한다.

제3단계

전자 에너지를 조사하여, 피부를 태운다.

험비에 탑재되는 지향성 에너지 무기

험비 등의 차량에 치사성 무기와 비치사성 무기를 동시에 탑재시키면, 다양한 전술을 사용 가능하다.

원 포인트 잡학

비치사성 무기와 치사성 무기의 구분을 정확히 나누는 것은 어렵다. 실제로는 비치사성 무기라는 존재하지 않으며, 저치사성 무기라고 해석하는 편이 타당하다.

No.079

투시 기술을 사용한다

시가전에서는 적이 잠복할 수 있는 장소가 다수 존재한다. 그 중에서도 건물을 제압할 경우에는 주의가 필요하다. 잠복해 잇는 적을 안전하게 발견하기 위해 건물 외부 또는 벽 너머로부터 적이 숨은 장소를 탐지할 수 있는 소형 레이더가 실용화되었다.

●벽 너머에 숨은 적의 움직임을 탐지한다

시가전에서 건물의 제압만큼 위험 부담이 따르는 임무는 없다. 적이 바로 옆방에서 숨을 죽이고, 아군이 돌입하는 것을 기다리고 있을지도 모르기 때문이다.

정찰 임무나 강습 작전에서도, 적의 위치는 사전에 파악해 두는 편이 낫다. 지금까지는, 주변에 전개시킨 저격수나 정찰부대가 시간을 투자하여 탐색하는 경우가 많았다.

그러나 인질 구출이나 적 지도자의 확보 등 신속한 공격이 필요한 작전도 있다. 이러한 상황에서는, 문 너머나 실내의 움직임에 대한 정보를 느긋하게 수집하고 있을 여유는 없다.

그러한 최전선의 병사들이 제기한 요구 사항에 대응하기 위해, 새로운 장치가 개발되었다. 이 장치는 헐리우드 영화에서는 이미 등장하고 있는, 건물 외부 또는 벽 너머로부터 실내의 움직임을 탐지할 수 있는 장치이다.

어떠한 재질의 벽이라도, 내부를 탐색할 수 있다. 이동하는 적뿐만 아니라, 그 자리에서 숨을 죽이고 숨어 있는 적까지도 감지할 수 있다. 이러한 장치 가운데에는, 적이 내쉬는 호흡에까지 반응하는 방식도 있다.

민간군사기업에 의해 개발된 소형 레이더에는, 다양한 타입이 존재한다. 임무에 따라 적절한 타입을 나누어 사용 가능하며, 투시할 수 있는 벽의 두께도 다르다.

예를 들면, 「**레이더 비전**」이라고 불리는 타입은 최대 두께 30cm의 벽까지 투시 가능하다. 블록이건 콘크리트건 내부를 꿰뚫어 볼 수 있다.

이러한 장치는 수동 조작에만 대응하지 않고, 전투 로봇에도 탑재할 수 있다. 병사는 멀리 떨어진 장소에서 원격 조작으로 로봇을 조종하여, 외벽 너머의 적을 확인할 수 있다.

건물에 침입한 후 전투 로봇을 선행시켜, 방을 하나씩 확인해 간다. 이것으로 이제, 적은 숨을 장소를 잃은 것이다.

건물 제압 시의 위험 부담

건물을 제압할 경우에 중요한 것은 건물 내부에 적이 숨어있는지에 대한 여부이다.

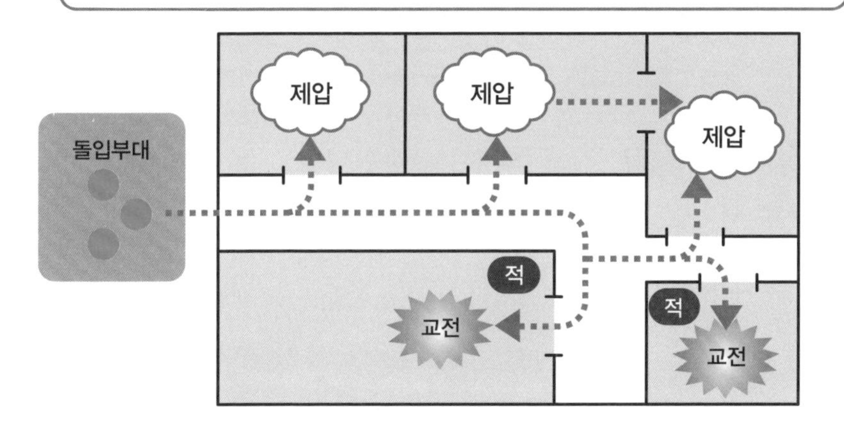

레이더 비젼과 전투 로봇

원격 조작 가능한 전투 로봇을 진입시켜, 30cm의 벽을 투시할 수 있는 레이더 비젼을 사용해 적을 발견한다.

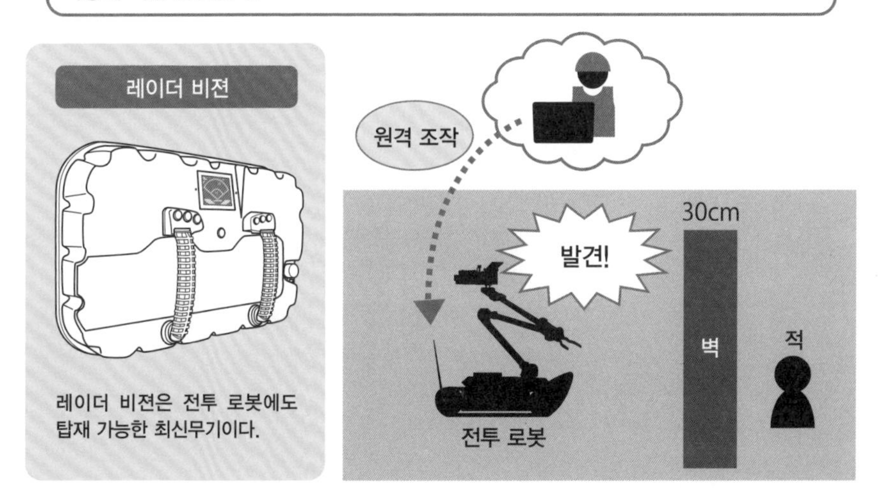

레이더 비젼은 전투 로봇에도 탑재 가능한 최신무기이다.

원 포인트 잡학

건물의 내부를 탐지하는 소형 레이더는, 벽에 접촉시키는 타입과 벽에서 떨어진 장소에서 확인하는 타입이 있다. 사이즈도 다양하며, 임무 별로 전술적인 사용이 가능하다.

No.080

대지상 레이더로 적을 감시한다

최첨단 기술을 사용하면, 적의 위치나 이동속도를 도플러 레이더로 포착할 수 있다. 적이 사용하고 있는 차량의 차종도 판별할 수 있다. 이러한 테크놀로지는, 건물에 잠복한 적의 지도자를 포획하는 임무에 활용된다.

●차량의 움직임으로 적의 위치를 산출한다

도플러 레이더란 무엇일까? 가장 알기 쉬운 예를 든다면, 기상관측소나 공항에 설치되어 있는 기상관측 레이더가 있다.

그 특징은, 주파수의 위치 변화를 이용하여 위치나 관측 대상의 이동 속도를 계산 가능하다는 것이다. 대상물이 접근할 때와 멀리 떨어질 때의 파장의 차이를 이용하여, 적의 동향을 감시한다.

아프가니스탄에서는, 이 도플러 레이더를 **전자정찰 장갑차량**에 탑재하여 적을 감시하고 있다. 전망이 좋은 언덕에 진을 치고 레이더를 작동시키면, 목표로 설정한 장소의 감시를 시작할 수 있다.

이 전자정찰 장갑차량은 본래, 항공정찰의 대용품으로 개발되었다. 그것을 지상 감시용으로 개조하여, 적의 동향을 포착할 수 있게 된 것이다.

감시 대상이 되는 것은, 적 지도자가 잠복해 있는 것으로 추정되는 건물이나 주변 도로이다. 이 레이더는 12km 너머에 있는 차량도 정확히 포착할 수 있기 때문에, 적에게 들키지 않고 출입하는 차량의 움직임을 확인할 수 있다.

적의 동향을 꾸준하게 시간을 투자하여 감시하고, 적의 행동 패턴을 해독한다. 지도자의 체재 여부를 판단하여, 특수부대를 파견할 것인가 폭격을 통한 섬멸을 실시할 것인가 전술적 결단을 내려야하는 상황도 있을 수 있다.

지도자의 잠복 장소를 알 수 없더라도, 차량의 출입을 감시하고 있으면 일정한 패턴을 파악할 수 있다. 차량의 왕래가 많을수록, 적 지도자가 잠복해 있을 가능성은 높아진다.

이 차량은 전자정찰임무를 전문으로 수행하기 때문에, 레이더 이외에도 레이저 거리측정기나 적외선 암시카메라 등도 탑재하고 있다. 또한 자위(自衛)용으로 25mm 기관포나 7.62mm 기관총으로 무장하고 있다.

도플러 레이더를 탑재한 전자정찰 장갑차량

다양한 장치를 탑재한 전자정찰 장갑차량으로, 전망이 좋은 장소에서 정찰 임무를 수행한다.

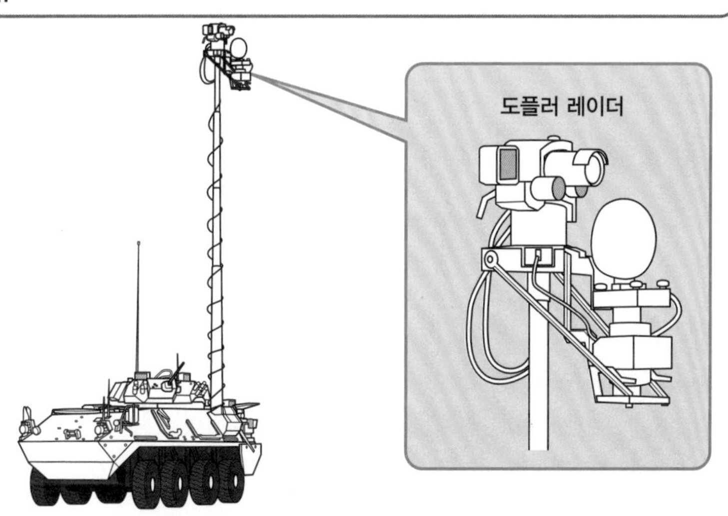

도플러 레이더에 의한 감시 방법

도플러 레이더를 이용한 정찰 임무는, 상당히 먼 거리로부터 적의 움직임을 탐지할 수 있기 때문에 적에게 발각될 확률이 낮은 편이다.

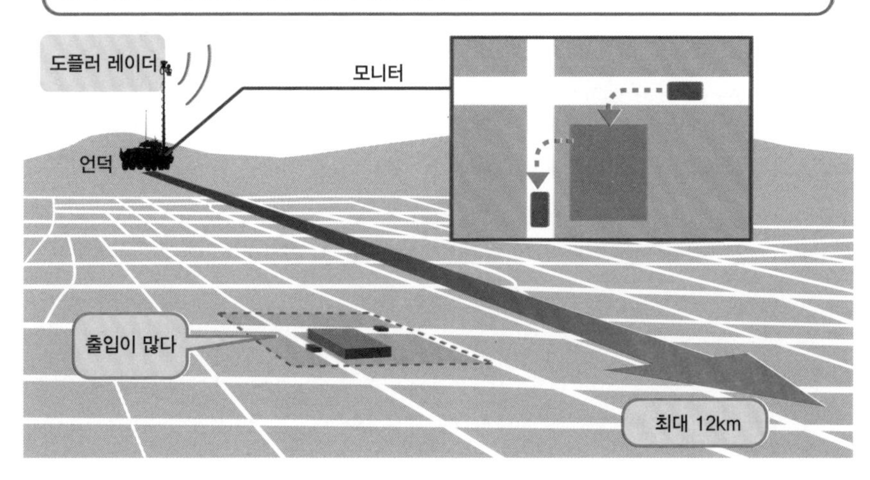

원 포인트 잡학

전자정찰 장갑차량은, 전장 이외의 임무에 종사하는 경우도 있다. 예를 들면 주요국 정상회담에서는, 회의장을 테러 공격으로부터 방어하는 임무를 담당한다.

No.081

적으로부터 노획한 총기는 사용할 수 있는가

전장에서는, IED 이외에도 주의해야 하는 것이 있다. 그것은, 적이 남긴 무기와 탄약이다. 적의 아지트에 남아있는 물자를 입수할 경우에는, 반드시 「부비트랩」의 설치 여부를 신중히 확인해야 한다.

●총의 구조를 숙지한 파괴 공작

적이 남기고 간 무기와 탄약은 주의 깊게 취급해야 한다. 본래는 안전이 확보될 때까지, 그 자리에서 움직이지 않는 것이 철칙이다.

움직여야 할 필요가 있을 경우에는, 부비트랩의 위험성을 빨리 확인할 필요가 있다. 불필요한 와이어가 튀어나와 있지 않은가, 안전핀을 뽑은 수류탄을 숨겨 놓지는 않았는가, 특히 세심하게 주위를 확인한다.

이러한 부비트랩(Booby Trap)은 어떤 전장에서나 사용된다. 예를 들면, 지면에 작은 구멍을 파서 **수류탄을 묻고**, AK47 돌격소총을 누름돌 삼아 올려놓는다. 그리고 조용히 안전핀을 뽑은 후 그 자리를 뒤로 한다.

미숙한 병사는, 적의 무기를 전리품으로 손에 넣고 싶어 한다. 이 AK에 섣불리 손을 대면, 안전 레버가 기세 좋게 해제되면서 수류탄은 폭발한다.

덫이라는 사실을 간파당하더라도, 그것은 그것대로 유효하게 작용한다. 상대로 하여금 경계를 하게 만들고, 이후의 행동을 신중히 해야 할 필요가 생기기 때문이다.

그 이외에도, 미군을 골치 아프게 한 덫이 있었다. 그것은, AK47이나 SVD 저격총의 총신에 세심한 잔재주를 부리는 방법이다.

노획한 무기와 탄약은 성능을 분석할 뿐만 아니라, 병사의 사격훈련에도 활용된다. 적이 사용하는 무기의 특징을 이해하기 위한 것으로, 기관총이나 저격총 등의 흔치 않은 무기일수록 그렇게 될 가능성이 높다.

적은 그러한 심리를 이용하여, 부비트랩(Booby Trap)를 준비했다. 약실에 가까운 총신에, **수 밀리미터의 작은 구멍**을 드릴로 뚫어 놓는 것이다.

만약 눈치 채지 못하고 발포할 경우, 고압가스가 이 구멍으로부터 단숨에 분출된다. 가스는 총의 부품을 파괴하고, 사수의 손이나 얼굴에 상처를 입히도록 준비되어 있었다. 물론, 이러한 수법 가운데 대부분은 특수부대에게 간파당했다.

적 무기의 취득과 부비트랩

전장에서는, 노획한 무기에 손을 대면 폭발하는 종류의 「덫」이 설치되어 있는 경우도 있다.

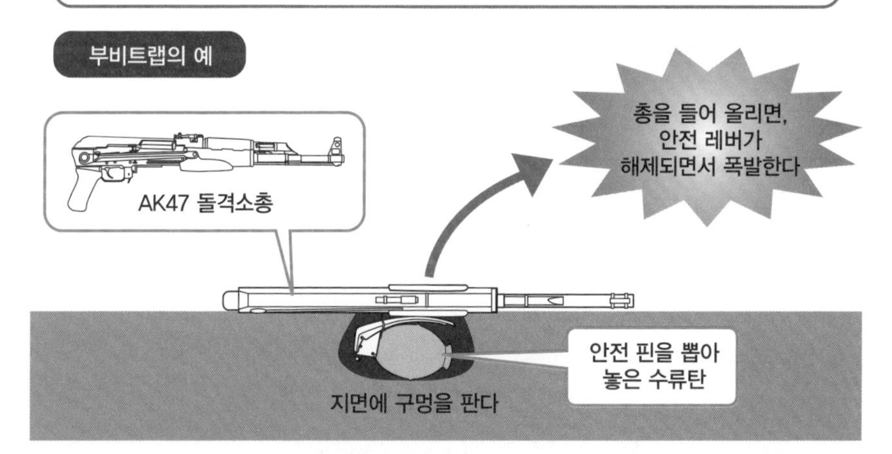

총신에 잔재주를 부리는 부비트랩

테러리스트는, 적이 입수에 욕심을 내는 총에 잔재주를 부려 일부러 적의 손에 넘어가도록 만든 뒤, 재미로 발포하게 하여, 사고를 발생시킨다.

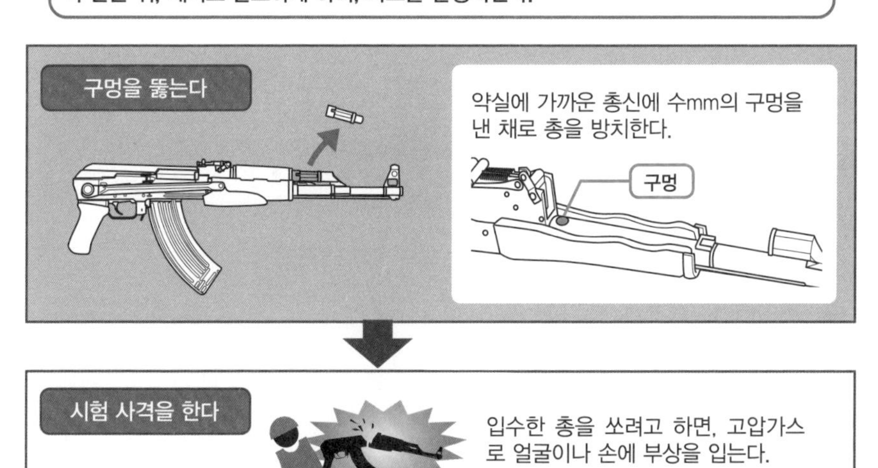

원 포인트 잡학

노획 무기를 시험 사격할 경우에는, 발사대에 고정한 상태에서 안전한 거리에서 와이어로 방아쇠를 당기는 방법을 사용한다. 만일 적이 어떤 수법을 사용했다면, 이 시점에서 발견 가능하다.

No.082

볼트액션 소총으로 M16 돌격소총과 전투를?!

아프가니스탄의 적은, 구세대의 볼트액션 소총을 사용하는 경우가 있다. 자금이 없어서 근대무기를 구입하지 못 하는 것이 아니다. 그들은 구식 라이플의 위력이 강력하며, 보다 도움이 된다는 사실을 과거의 전쟁으로부터 학습하고 있는 것이다.

●구세대의 무기로 승리한다.

현대의 전장에서는, 지형에 따라 교전거리가 두드러지게 변화한다. 시가지에서의 전투와 도시 교외에서의 전투는 서로 다르며, 환경이 바뀌어도 큰 변화가 일어난다.

예를 들면, 이라크에서는 M4로 임무를 수행할 수 있다. 이라크에서 벌어지는 전투의 대부분은 **100m 이내**에서 이루어지고 때문에, M4를 사용해서 틀림없이 명중시킬 수 있다.

그러나 명중을 시킨다고 해서 적을 쓰러뜨릴 수 있을지의 여부는 별도의 문제이다. 고속으로 날아가는 5.56mm 탄약은 인체를 관통하기 쉬우며, 반격을 당할 위험이 있다.

특수부대는 탄두의 중량 또는 구경을 변경하는 대항 방책을 즉시 강구했다. 그 결과, 200m 거리의 적까지도 신속하게 제거할 수 있게 되었다.

한편 아프가니스탄에서는, 이라크에서의 전술과는 다른 사고방식이 필요했다. 산악 지대에서는, 계곡 너머의 반대편 능선에 위치한 적과 총격전을 벌이는 경우가 많았으며, 그 거리는 1km 가까이 떨어지는 경우도 있다.

이러한 위협에 대해, 500m 정도의 전투 사거리 밖에 보유하지 못한 M4는, 명확하게 화력 부족이었다. 이러한 상황에서 미군은, 7.62mm 탄약 사양의 기관총이나 저격총을 대량으로 투입하게 되었다.

한편, 아프가니스탄의 적은 AK 이외에도, 구식 볼트액션 소총을 동원했다. 사용되는 탄약은, 제1차 세계대전 당시에 보급된 7.7mm(303 브리티시) 탄약이 많았으며, 거의 1km 가까운 원거리에서 발사해 오기도 했다.

그들은 매복을 걸어오는 일도 있었지만, 상대가 사용하는 무기의 사거리를 조사한 결과를 토대로 사거리 바깥에서 공격하기도 했다. 이러한 전투방식은 조국의 지형을 충분히 이해한 방법이며, 침공해 왔던 구소련군을 물리쳤던 전술이기도 했다.

구세대 볼트액션 소총

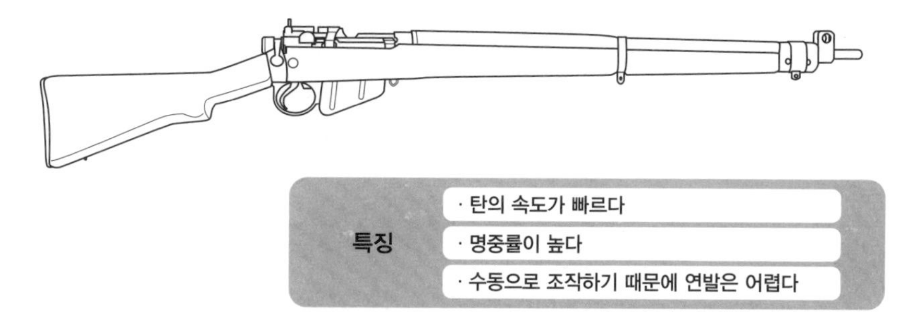

아프가니스탄에서의 적과의 전투방식

1km 떨어진 원거리에서 구식 소총으로 저격! 이것이 아프가니스탄의 적이 사용하는 전투 방식이다.

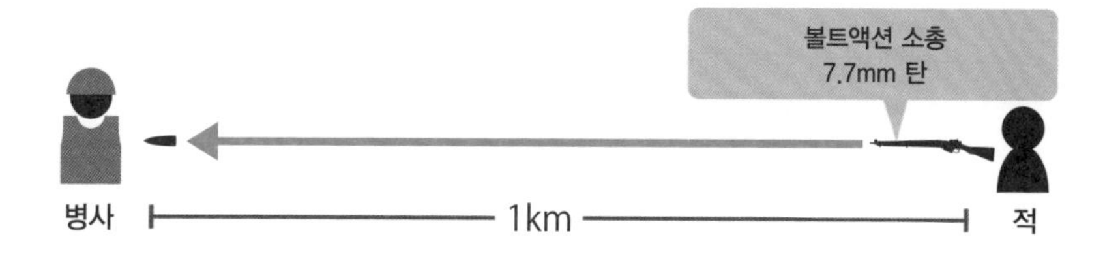

적의 사거리를 계산해서 습격한다

아프가니스탄의 게릴라들은 적의 사거리를 계산한 결과를 토대로, 사거리 바깥에서 공격하는 매복 전술로 구소련군을 격파했다.

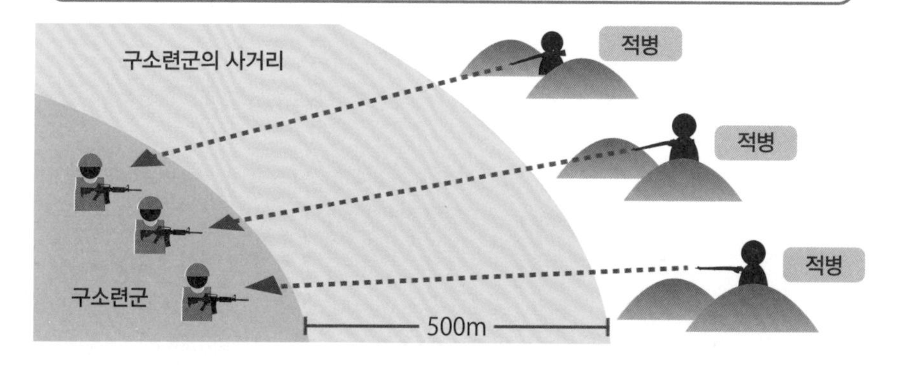

원 포인트 잡학

아프가니스탄의 전장은 특별하다. 미군의 세계 전략을 고려해 봐도, 원거리 전투를 기준으로 하는 무기 탄약이 향후의 일반 기준이 될 가능성은 낮다.

No.083

사용할 수 있는 것은 뭐든지 사용한다

민간용 제품이라도, 군사용으로 사용할 수 있다고 판단할 수 있을 때는 적극적으로 사용한다. 미 육군은 골프 카트를 군사 차량으로 개조하여, 공수부대의 장비에 추가했다. 휴대 가능한 장비의 폭이 넓어 졌으며, 기동력도 강화되었다.

●골프 카트를 개조한다

이 카트는 **M-GATOR**라고 불리는 6륜구동의 디젤 차량이다. 골프 카트를 개량한 차량이기 때문에, 시속 30km에 가까운 스피드를 낼 수 있고 구릉이나 물에 젖은 노면을 주파할 수 있는 성능을 갖추고 있다.

이 카트는 공수부대뿐만 아니라 특수부대도 애용하고 있다. 500kg에 가까운 중량의 장비를 한 번에 운반할 수 있는 편리성으로 인해 선호되고 있다.

공수작전이나 특수작전에 사용되는 CH47 대형 헬리콥터에는, 병력용의 좌석을 해체하지 않고 탑재할 수 있다. 기내에는 병사와 M-GATOR를 3대까지 수용할 수 있기 때문에 전술적인 확장성을 발휘할 수 있다.

디젤 연료를 가득 채운 상태에서 300km까지 주파할 수 있다. 지형의 기복이나 적재중량에 따라 변화는 있지만, 이 거리는 공수부대나 특수부대의 행동 범위에는 충분하다고 할 수 있다.

도입 당초, 최전선에서는 부정적인 의견도 있었다. 엔진 소리가 시끄럽다, 너무 낮아서 시야가 좋지 않다. 속도가 느리다는 등의 불평불만이었다.

그러나 수많은 이점도 있었다. M-GATOR는 자재 운반뿐만 아니라, 응급 들것에 실린 부상병을 2명까지 운송 가능하다. 인력으로 운반하는 경우보다 신속하게 후방으로 수송하여, 치료를 받게 할 수 있다.

자재운반용뿐만 아니라, 무장 M-GATOR도 존재한다. 기관총을 탑재한 기종으로, 주로 정찰 임무에 사용될 가능성이 높다.

또한, 병사가 **원격 조작**할 수 있는 **R-GATOR**도 개발되었다. 게임 컨트롤러와 흡사한 장치를 사용하여 멀리 떨어진 장소에서 차체를 유도할 수 있다.

도착지점의 좌표를 입력하면, 자동 조종도 가능하다. 그 결과, 주파 가능한 지형을 스스로 판단하는 **전투 로봇**으로도 사용이 가능해졌다.

M-GATOR

골프 카트를 군용으로 개량한 M-GATOR는, 공수부대나 특수부대가 애용하고 있다.

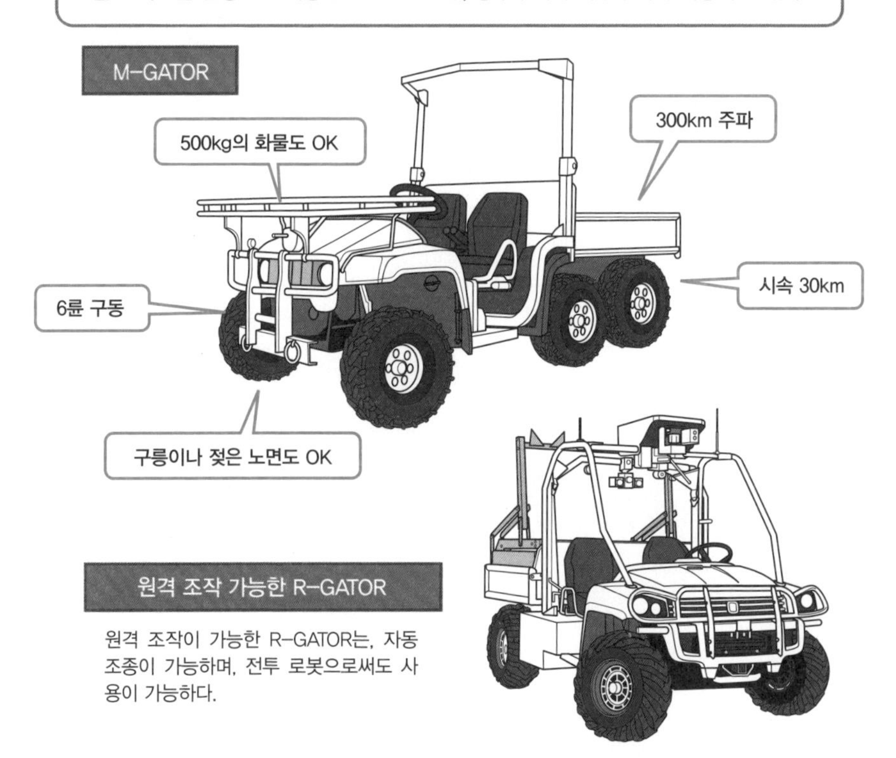

CH47 대형 헬리콥터

※병력과 M-GATOR를 3대 탑재할 수 있다.

원 포인트 잡학

R-GATOR는 자력으로 이동 경로나 피해야 할 장해물을 판단한다. 감시 카메라, 적외선 감시장치, 집음 마이크 등, 전투 로봇의 조건도 갖추고 있다.

No.084

가장 싸우기 어려운 전장

아프가니스탄이나 이라크 가운데, 어느 쪽이 싸우기 어려울까? 쌍방의 전술을 비교한다면, 그 대답을 찾을 수 있을 것이다. 산악 지대에서의 전투방식과 사막에서의 전투방식을 비교해보면, 전자 쪽이 압도적으로 어렵다는 사실을 알 수 있다.

●산악 지대는 가장 위험한 전장

아프가니스탄전쟁과 이라크전쟁 각각의 전술적 차이는 무엇일까? 그 가장 큰 차이는, 물량전으로 승부할 수 있는 지형이냐 아니냐라고 할 수 있다.

이라크전쟁에서는, 미군은 **인터넷**이나 **GPS**를 구사하여, 다수의 부대로 일제히 전투를 실행할 수 있었다. 아군 부대의 전개 장소 등, 서로의 위치나 전황을 공유했다.

전후복구지원의 측면에서도 마찬가지라고 할 수 있다. 무인 정찰기나 지상 감시 레이더를 통해, 적의 움직임을 24시간 감시할 수 있었다. 필요할 경우에는, 순회 중인 순찰 부대를 이용해 즉시 섬멸할 수 있는 태세도 갖추고 있었다.

이러한 작전은, 야간에 많이 수행되었다. 암시장치나 적외선 암시카메라의 보급을 통해, 미군은 밤의 어둠을 제압하고 있었다고 할 수 있다.

그러나 이라크보다도 먼저 개전한 아프가니스탄에서는, 현재도 고전이 계속 되고 있다.(※역자 주 : 본서의 간행년도인 2011년 시점. 2001년 10월 7일에 개전한 미국 주도의 아프가니스탄전쟁은 일단 공식적으로 2014년 12월 28일에 종전했다. 그 전후처리와 인수인계는 2015년 시점까지 계속 되고 있다.) 전쟁이 장기화 되는 큰 이유로, 험난한 지형이 미군의 기동력이나 야간 전투능력을 약화시키고 있다는 사실을 들 수 있다.

암시장치를 휴대하더라도, 예리한 절벽이나 경사면이 많은 지형에서 싸우는 것은 어려운 일이다. 지형에 익숙한 적에게 선수를 빼앗길 위험성이 높다.

산악지대에서는, 잠복 가능한 장소가 무수하게 많다. 동굴은 그 대표적인 일례로써 작전 거점뿐만 아니라, 무기나 탄약, 식량 등의 저장에도 사용된다.

특히 이라크와 크게 다른 점이 **커뮤니케이션 방법**이다. 능선의 저편과 이쪽 편 사이에는 무선이 통하지 않고, 전파가 차단되는 경우도 많다.

과거 한국전쟁에서도, UN군은 산악 지대의 전투에서 심각한 피해를 입었던 역사가 있다. 현재에 와서는 위성회선을 사용한 통신이 가능하지만, 회선은 특수부대에게 우선적으로 할당된다. 모든 부대가 항상 사용할 수는 없는 것이다.

이라크에서의 전투

부대 간의 연계가 쉬운 이라크에서는, 최신무기를 사용하는 미군이 우위에 선 채로 싸울 수 있었다.

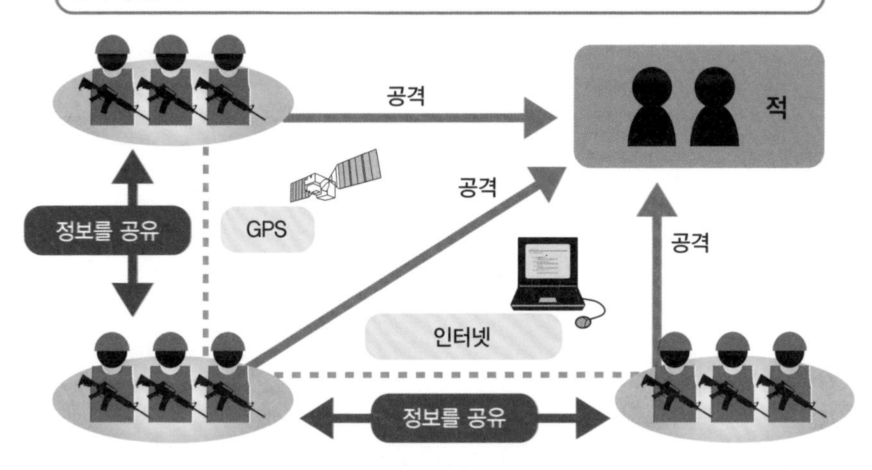

아프가니스탄에서의 전투

산악 지대가 많은 아프가니스탄에서는 지리에 밝은 적 세력이 미군을 상대로 자유롭게 공격을 감행할 수 있다.

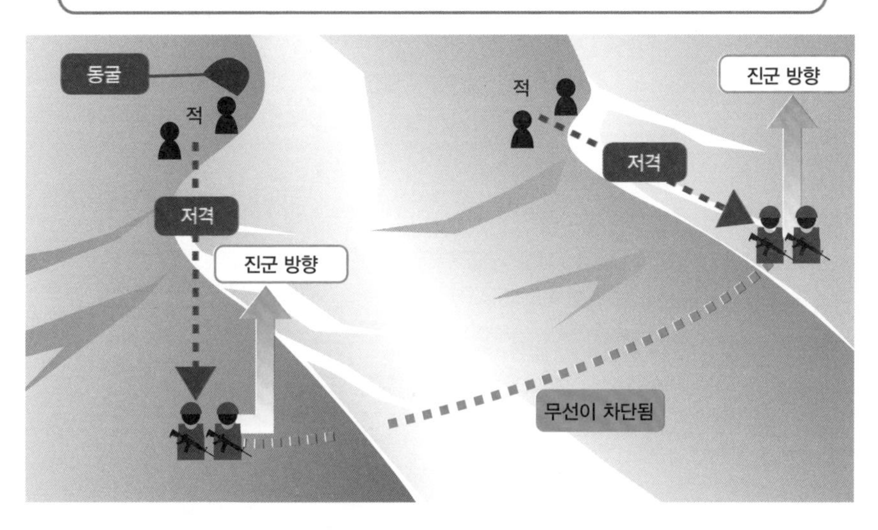

원 포인트 잡학

아프가니스탄과 이라크 양국을 비교하면, 민족과 문화의 숫자나 양식이 크게 다르다. 문화 충돌의 규모나 깊이 역시 당연하게도 다르기 때문에, 미군은 동일한 전술을 사용하지 못 했다.

No.085

건물에 효율적으로 침입한다

전장에서는, 가옥이나 건물을 제압하는 임무를 수행해야 하는 경우도 있다. 그러나 실내로 통하는 문은 자물쇠로 고정되어 있거나, 폭탄이 설치되어 있을 위험도 있다. 이러한 상황에서는, 최첨단의 폭약을 사용하여 벽을 폭파시키고 돌입하는 경우가 있다.

●적의 허를 찔러 돌입한다

전장에서 건물을 제압할 경우, 신속하면서 공격적으로 이를 행해야 한다. 또한, 적의 허를 찌르는 기습도 중요하다. 이전에는 SWAT 팀의 전술을 사용했으나, 현재는 독자적인 방법을 사용하는 경우가 많다.

휴대장비도 SWAT 팀과는 다르다. 담 벽이나 자물쇠를 파괴할 경우에도, 그들이 사용하는 장비는 중량이 너무 나가서 휴대할 수 없다. 공격해야 할 건물이 언제나 하나라고는 장담할 수 없으며, 이를 차례차례 제압해 나가기 위해서는 편의성과 기동력이 중시된다.

최전선에서 가장 선호하는 장비는, **절단기**와 **도끼**이다. 이러한 장비는 심플하기 때문에 병사들 중 누구나가 언제든지 사용할 수 있다.

또한, 상황에 따라 C4 플라스틱 폭약도 사용한다. 납작하게 눌린 C4 폭약이 고정되어 있는 접착테이프를 벽에 부착, 폭파시킨다.

벽을 부수고 돌입하는 방법도, 군대의 특기라고 할 수 있다. 문이나 창문에 바리케이트를 설치한 상황에서도 허를 찌를 수 있다는 이점이 있다.

이러한 수단이 허용되지 않는 상황에서는 정공법을 사용한다. 산탄총으로 문손잡이를 파괴하는 것이다. 이 장비는 SWAT 팀의 무장에 준하고 있다.

그 중에서도 M4의 총신 하부에 장착 가능한 M26MASS는 전술적 가치가 높다. 또한, 단독으로도 사용이 가능하기 때문에 임무에 따라 나누어 사용할 수 있다.

이 산탄총은 이러한 용도 이외에도 치사성 탄약이나 비치사성 탄약도 사용할 수 있다. 첫 발은 문손잡이를 파괴하기 위한 특수탄을 장전하고, 두 발 째부터는 산탄 내지 비치사성 고무탄을 장전하는 방법이 전장에서 선호되고 있다.

최근에는, 특수 가공을 거친 **폭약을 짜 넣은 나일론 모포**도 개발되어 있다. 이 모포에는 접착테이프도 부착되어 있기 때문에 간단히 설치할 수 있다. 벽이나 천장에 부착하여 폭파시키면, 완전 무장을 갖춘 병사가 통과할 수 있는 구멍이 뚫린다.

절단기와 도끼

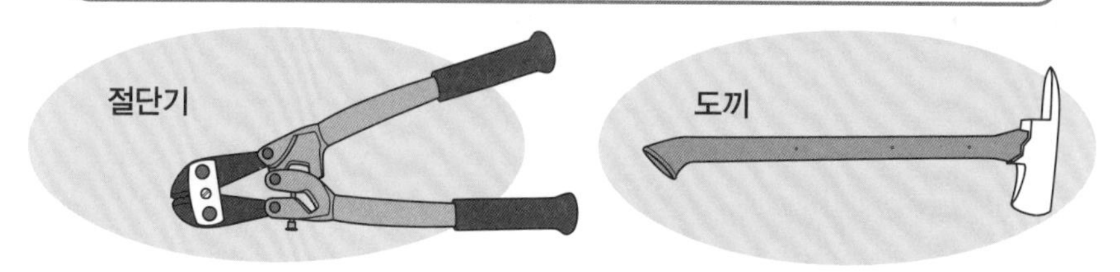

군대는 벽으로부터 돌입한다

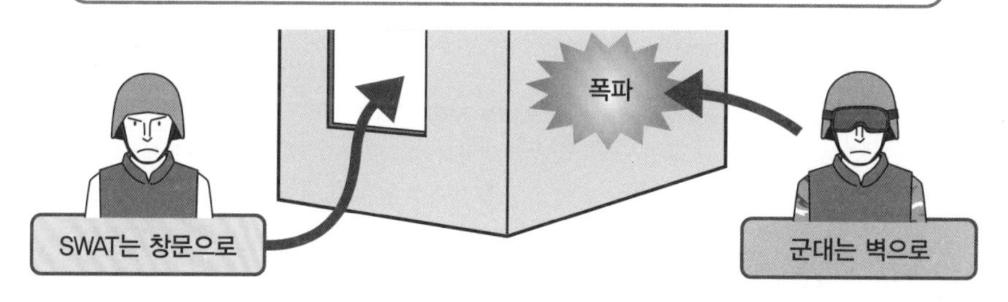

특수한 무기

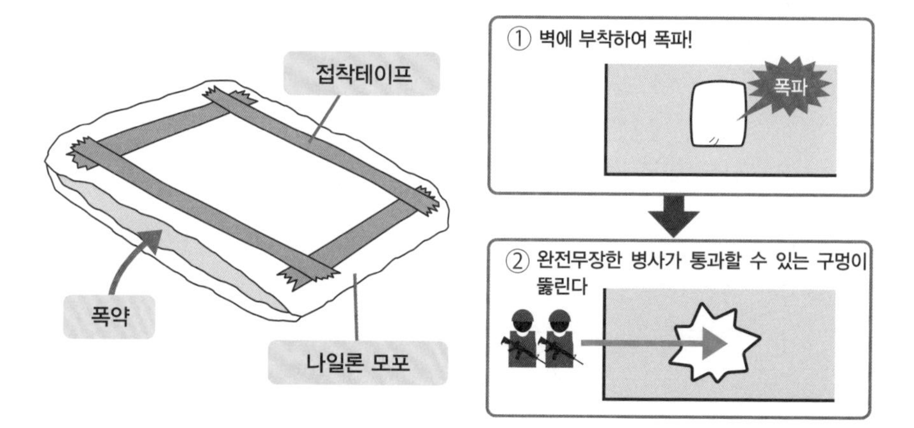

원 포인트 잡학

문이나 천정으로 돌입하는 방법 이외에도, 창문을 깨고 돌입하는 경우도 있다. 이러한 방법을 사용할 경우에는 헌 모포를 사용해 유리로 부상당하지 않도록 창틀을 덮고 나서 돌입한다.

No.086

음향효과를 무기로 사용한다

헐리우드의 전쟁 영화를 촬영할 때 사용되는 총기는 실물이지만, 공포 밖에 발사할 수 없도록 되어 있다. 편집 단계에서 실제 총의 발포음을 가공하여, 실물처럼 보이게 한다. 전장에서도 적을 속이기 위해 이러한 수단을 사용하는 경우가 있다.

●헐리우드식의 전투방식

전장에서 음향장치를 사용하는 작전이라면, 역시 **심리전**을 예로 들 수 있을 것이다. 대음량으로 음악을 틀어서 적의 의지를 꺾는 방법은, 예전부터 실행되어 왔다.

수용소에서는 하루 종일, 대음량의 록 음악을 튼다. 피수용자를 불면 상태에 이은 정신 불안정 상태로 만들어서 입을 열게 하는 방식이다.

적지를 점령한 이후의 전후복구지원에서도, 음향장치는 사용된다. 적에 대해 경고를 발신할 뿐만 아니라, 현지 주민을 대상으로 이해와 협력을 부탁해야 하는 장면에서도 군사차량에 탑재한 음향장치를 사용한다.

이라크에서는, 특수부대가 이러한 방법을 사용했다. 고성능의 앰프와 스피커를 접속한 음향장치를 사용해, 헐리우드 영화 못지않은 특수작전을 실행했다.

어떤 특수부대에게, 적이 제압하고 있는 거점의 탈취 임무가 내려왔다. 즉시 정찰 팀을 파견하여 적 정황을 감시했다. 그 결과, 적의 수비가 굳건하다는 사실이 판명됐다.

정공법으로 습격할 경우, 1팀만으로 탈취하기에는 시간을 너무 소요한다. 또한, 희생자가 발생할 것이라는 위협 판정이 내려졌다.

이러한 상황에서, 그들은 머리를 썼다. 헐리우드 영화 못지않은 방법으로, 적이 가장 두려워 하는 미 육군 최대의 지상전 병기를 위장하기로 한 것이다.

그들은 음향장치를 적재한 차량을 사용해, **M1 전차의 이동음**을 대음량으로 틀었다. 천천히 이동하면서, 전차가 접근해 오고 있다고 적으로 하여금 생각하게 했다.

이 작전은 완전히 성공했다. M1 전차의 접근음을 들은 적은, 앞을 다투어 거점을 뒤로 한 것으로 알려졌다.

이와 같이, 특수부대는 1발의 총탄도 쏘지 않고 적 거점의 확보에 성공했다. 이러한 방법이 항상 성공하리라고는 생각할 수 없겠지만, 음향작전이 전술로써 훌륭하게 통용된다는 사실을 증명한 것이다.

음향효과의 사용 사례

대음량의 음악 등으로 적의 의지를 꺾는 방법은, 다양한 형태로 예전부터 실행되어져 왔다.

수용소에서는

대음량의 록 음악을 계속 틀어서, 정신을 불안정하게 만든 연후에 입을 열게 한다.

전후복구지원에서는

현지 주민에게 이해와 협력을 촉구한다.

음향장치로 적을 기만하는 전술

M1 전차의 이동음을 대음량으로 틀어서, 적에게 공포를 줌으로써 거점의 무혈 점거에 성공했다.

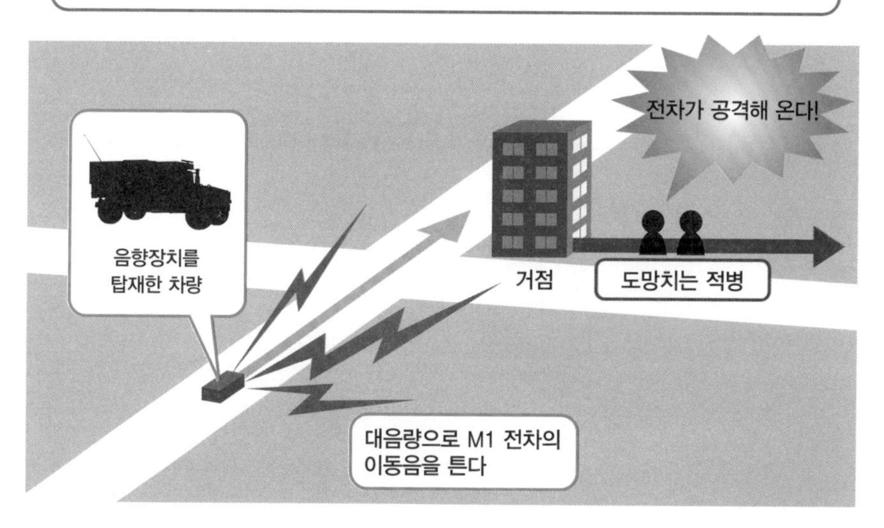

원 포인트 잡학

전장에서는, 적의 감각을 기만하기 위한 소도구가 사용되기도 한다. 예를 들면, 발열장치를 끼워 넣은 풍선 재질의 전차는 리얼한 완성도를 자랑하며, 열원탐지장치까지 기만할 수 있다.

No.087

유사시에 대비한 트레이닝

특수부대나 해병대를 제외하면, 평상시의 트레이닝은 느슨하게 이루어지기 쉽다. 정말로 필요할 것으로 예상되는 트레이닝을 실시하지 않는 경우도 많다. 평상시부터 현실 지향적인 자세로 훈련에 임할 필요가 있다는 사실이 아프가니스탄에서 증명되었다.

●실전이라고 생각하고 훈련하라

아프가니스탄전쟁 당초, 미 육군은 곤란한 상황에 직면했다. 「평시에 땀을 흘리면, 전시에 피를 흘리지 않는다」라는 교훈을 상식으로 삼는 해병대나 특수부대와는 달리, 트레이닝의 대부분은 도움이 안 된다는 사실을 깨달은 것이다.

물론, 애시당초 아프가니스탄은 특정한 의미에서는 미군에게 있어서 전장으로써는 예상치 못한 지역이었는지도 모른다. **암벽**이나 **동굴** 등의 장소에서 전투를 하게 되리라고 누가 상상이나 했을까?

적의 동향을 감시하기 위해서는, 전술적으로 산악 지대에 **전선 기지**를 구축할 필요가 있었다. 방어망을 전개하고, 적이 발사하는 박격포의 공격에 대비하여 진지를 요새화해야만 한다.

정해진 지점에 진지를 구축하기 위해서는, 50kg에 가까운 중량의 장비를 짊어지고 해발 수천m의 산악 지대를 걸어 올라가야만 하는 일도 있다. 평지에서는 시속 4km에 가까운 속도로 걸을 수 있어도, 암벽이나 계곡에서는 2km도 걸을 수 없다.

진지를 구축하는 작업 가운데 대부분은, 수작업으로 이루어진다. 적의 포격을 버틸 수 있는 깊이의 참호나, 인원 수에 맞는 간이 변소도 위생적으로 만들어야 한다.

총기 발사대나 진지는, 모래주머니로 보강할 필요가 있다. 이러한 작업은, 평상시의 트레이닝에서 부분적으로 실시하는 일은 있어도 전체적으로 실시하는 일은 없다. 뿐만 아니라, 이러한 작업은 적의 공격해 올지도 모르는 긴장 상태에서 진행된다.

음료수의 확보만 해도, 큰 문제를 야기할 가능성이 있다. 적과 교전하기 전에, 병사가 탈수 증상으로 쓰러지는 사태가 있어선 안 된다. 그렇다고 해서, 비위생적인 수분을 섭취해서는 안 된다.

진지가 기능을 발휘하기 시작하면, 중장비를 짊어질 필요는 없어진다. 최소한의 휴대장비로 경계 임무를 수행할 수 있겠지만, 그것이 가능해 질 때까지 겪는 과정은 평상시의 트레이닝에서 결코 경험하지 못한 것뿐이었다.

트레이닝과 실전

특히 아프가니스탄에서는, 평상시의 트레이닝 가운데 대부분이 도움이 되지 않았다.

평상시의 트레이닝

실전

산악 지대의 진지 구축

산악 지대의 진지 구축은, 평상시의 트레이닝을 활용할 수 없는 상황 하에서의 격무이다.

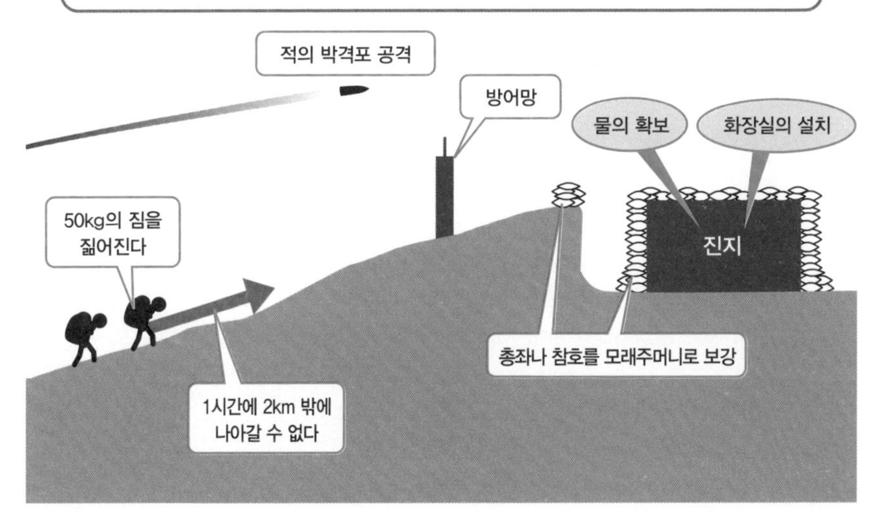

원 포인트 잡학

평상시의 훈련이 현실적일수록, 잠재의식에 깊숙이 새겨진다. 실전 경험이 없더라도, 혹독한 경험을 쌓음으로써 실전도 훈련이라고 생각하게 된다.

No.088

이질적인 문화를 습득한다

임무를 원활하게 수행하기 위해서는, 현지 주민들의 사고방식을 이해하고 합의를 추구하는 것이 중요한 것으로 알려졌다. 이 방법은, 군의 상투적 수단인 무력으로는 달성하기 힘들다. 상대의 신뢰를 얻기 위해서는, 사전에 이질적인 문화에 대한 트레이닝이 필요하다.

●인심장악술로 싸우지 않고 이긴다

아무리 최신예 무기나 장비를 사용해도, 인심을 얻는 것은 불가능하다. 병사가 마음을 열고「우리는 침략자가 아니다」라는 의사 표시를 하면서, 현지 주민의 신뢰를 얻는 것 이외의 방법은 존재하지 않는다.

중요한 것은, 행동으로 보여주는 것이다.「우리는 아군이다」라고 아무리 설명해봤자, 무장한 병사가 그 지역의 룰을 무시하고 모든 것이 제 것인 양 행세하면서 시가지를 배회하고 있으면, 받아들이는 쪽은 그렇게 해석하지 않는다.

현대의 지상전에서 필요한 것은, **현지 주민의 협력**을 얻어내는 것이다. 적에게 협력하지 않고, 아군에게 협력하도록 상대의 마음을 움직여야만 한다.

이러한 접근방식은 적도 잘 사용한다. 단, 적은「미군에게 협력하면 가족의 목숨은 없다」라는 식의 협박을 한다.

공포는 인간을 지배한다. 따라서 적에게 협력하고 마는 현지 주민들은 끊이지 않는다. 스스로에게 재난이 찾아오지 않도록, 모르는 척을 하는 사람들도 있다.

전후복구지원 부대나 민사작전부대에서는, 이러한 지역 주민의 심리에 대한 배려를 토대로 작전을 실행하고 있다. 때문에, 이러한 임무는 예비역이 담당한다. 그들은 직업 군인과는 달리, 민간인에 가까운 입장이기 때문에 감정을 공유하기 쉽다.

특수부대도 마찬가지이다. 수많은 주변 부족을 예방(禮訪)하면서, 그들의 상담을 받아줄 뿐만 아니라 의료행위 등에도 관여하고 있다.

일반 전투부대에서도, 주민의 심리획득의 중요성을 인식하기 시작했다. 최근에는, 컴퓨터로 학습하는 **언어 트레이닝**도 시작되었다.

이 컴퓨터 소프트웨어는, 단시간 내에 임무 수행에 필요한 현지 언어를 학습할 수 있는 프로그램이다. 영상을 시청하면서 귀로 듣고 인터랙티브하게 학습이 가능하다.

미군과 테러리스트

미군뿐만 아니라, 테러리스트들도 현지 주민을 아군으로 삼기 위해 다양한 수를 써 온다.

컴퓨터로 언어를 학습한다

이질적인 문화를 습득하는 중요성은 날이 갈수록 더해가며, 현재는 컴퓨터를 통한 언어 트레이닝도 실행되고 있다.

병사

※단기간 이내에 작전 수행에 필요한 현지어를 학습한다.

원 포인트 잡학

이질적인 문화를 접할 때, 누구나가 혼란에 빠진다. 불안이나 걱정에 버티지 못 하는 상황을 피하기 위해, 병사들은 사전에 이질적인 문화에 대한 트레이닝을 통해 지식과 경험을 축적한다.

No.089

아프가니스탄 촌락과 이라크 촌락

미군이나 영국군은, 훈련장에 아프가니스탄이나 이라크의 대규모 촌락을 재현해 놓고 있다. 실제로 해당 지역의 언어를 구사하는 배우를 다수 고용하여, 다양한 훈련을 실시함으로써 병사들이 대응 능력을 갖춘 단계에 이르렀을 때 현지에 파견한다

●영화 못지않은 리얼리티

현재의 전장에서는, 적의 존재 이외에도 위협이 존재한다. 아프가니스탄이나 이라크에서는, 언어와 문화도 위협이 될 수 있다.

예를 들면, 아군이 설치한 검문소에 한 대의 승용차가 접근해 오고 있는 상황을 가정해보자. 이 차량을 정지시키려 할 경우, 미국이나 영국의 포즈나 제스처가 반드시 통용되지 않을 수도 있다. 상대가 영어를 이해할 리도 없다.

의사소통이 불가능할수록, 병사는 스트레스에 노출된다. 컬쳐 쇼크를 받아서 심신에 이상을 초래하는 경우도 있을 수 있다.

역으로 생각하면, 이질적인 문화에 대한 이해가 깊으면 깊을수록 위협은 저하한다. 현지에 처음으로 파견되는 병사일수록, 사전에 **이질적인 문화에 대한 트레이닝**을 받는 것은 중요하다.

이 트레이닝에서 실패하더라도, 「교훈」을 얻을 수 있다. 그러나 현장에서는, 본인의 목숨을 잃을 뿐만 아니라, 아군까지 위험에 빠뜨릴 가능성도 있다.

이러한 가능성을 중요하게 생각한 미군이나 영국군은, 훈련장에 광대한 시설을 구축하게 되었다. 촌락, 시장, 정부 관련의 건물 등을 건조하고 수백에서 수천명 정도의 배우를 고용하여 이질적 문화에 대한 트레이닝을 시작한 것이다.

이러한 시설의 사용 방법은 두 가지 있다. 시가지나 촌락에서 **적을 격파하는 훈련**과 **전후복구지원을 실시하는 훈련**이다.

구체적으로는, 우선 그 토지를 제압하는 방법에 관해 훈련한다. 민간인을 연기하는 배우들이 우왕좌왕하는 상황에서 적만을 식별하여 제거해 간다.

전후복구지원의 연습에서는, 네이티브 배우들이 지방 정부의 고위 관료도 연기한다. 그들과의 이질적 문화 교섭을 통해, 평화와 안전을 회복하는 방법을 실천하는 것이다.

이 두 가지는 180도 다른 전술이다. 병사들로 하여금 이러한 차이를 이해하게 하는 것만으로도 이질적 문화에 대한 트레이닝은 도움이 되고 있다.

언어와 문화는 위협이 된다

상대와의 의사소통이 불가능할수록, 단순한 검문에서도 병사는 심각한 스트레스에 노출된다.

시가지를 만들어서 트레이닝

그 필요성을 절감한 군은, 하나의 시가지를 조성하여 그 곳에서 다양한 이질적 문화 교섭에 대한 트레이닝을 실시하게 되었다.

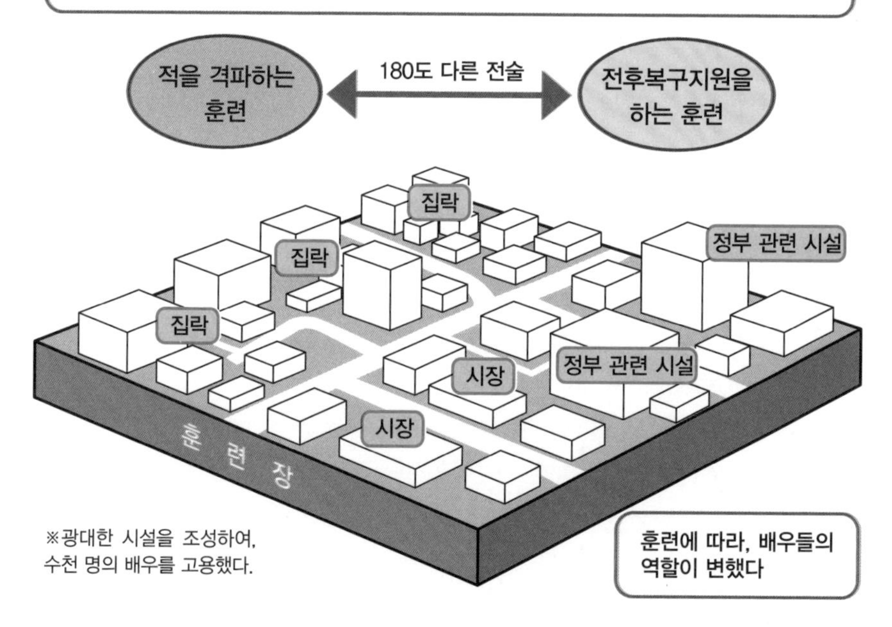

원 포인트 잡학

미군은 베트남전쟁에서조차, 현지의 모의 촌락을 기지 내부에 건조한 바 있다. 병사들의 사상률을 줄이기 위해, 적지의 언어와 문화에 대한 이해는 중요하다.

No.090

임무에 따라 화기를 바꾼다

대부분의 보병부대는, 특수부대와는 달리 개인이 휴대하는 화기가 정해져 있다. 임무에 적합한 화기를 상황에 따라 바꿔서 사용하는 경우는 있을 수 없다. 그러나 아프가니스탄과 같은 전장에서는, 그 룰도 수정되기 시작했다.

●중무장 보병 분대의 탄생

전장에서는, 항상 같은 전투방식으로 승리를 얻을 수 있으리라고는 장담할 수 없다. 지형이나 적의 세력 등 다양한 요소가 전술에 변화를 준다.

그 중에서도, 아프가니스탄의 전장은 지극히 곤란한 장소이다. 같은 산악 지대라도, 지역에 따라 교전 거리가 두드러지게 변화된다.

적은 지형을 숙지하고 있으며, 원거리로부터 전술적으로 공격해 온다. 이를 타파하기 위해서는, 5.56mm 탄약으로 응전하기만 해서는 한계에 부딪힌다.

이러한 상황에서, 영국군에서는 기존의 전투방식을 검증하여 수정을 실시했다. 출격 시에 직면하게 될 것으로 예상되는 위협에 맞추어 대항할 수 있는 화기를 바꾸면서 휴대하도록 방침을 변경하기 시작한 것이다.

8명으로 편성되는 분대의 경우, 통상적으로 다음과 같은 편성이 많다. 5.56mm 탄약을 사용하는 L85A2 돌격소총이 4정, LSW 분대지원화기 2정, L108A1 경기관총 2정이라는 배치가 된다. 이를 상황에 맞추어서, 예를 들면 L85A2를 2정으로 변경하고, 어느 한 쪽에 M320이나 M203 유탄발사기를 장착한다. 그리고 LSW를 2정, L108A1을 2정, FN-MAG 기관총을 2정 장비하는 **중화기분대**로 편성한다.

LSW는, L85A1의 총신을 연장시키고 굵은 총신을 장착한 분대지원화기이다. L108A1는, 미군이 M249로 사용하고 있는, 5.56mm 탄약을 사용한 지원기관총이다. 한편, FN-MAG는 7.62mm NATO 탄약을 사용한다. 또한, 선발된 사수가 마찬가지로 7.62mm NATO 탄약을 사용하는 FN-FAL을 휴대하는 경우도 많다. 최근에는, 800m 거리의 적을 확실하게 제거할 수 있는 L129A1 지정사수소총의 도입도 진행되고 있다.

보병의 기본 휴대화기인 L85A2는 단 1정뿐이라는 팀 편성도 있다. 이렇게까지 중장비를 갖출 필요가 있다는 사실은, 아프가니스탄의 전장이 대단히 혹독하다는 것을 의미한다.

※분대의 인원수는 국가나 병과에 따라 약간의 차이가 있다. 한국군의 경우는 10명, 미군의 경우는 9명 정도이며 영국군은 8명을 표준으로 하고 있다. 또한 미군이나 영국군의 경우, 분대를 2개의 사격조(Fireteam)로 세분하기도 한다.

8명 편성 분대의 화기

아프가니스탄에서는, 같은 8명 편성의 분대라도 임무에 따라 화기를 바꿔 들고 출격하는 경우가 많다.

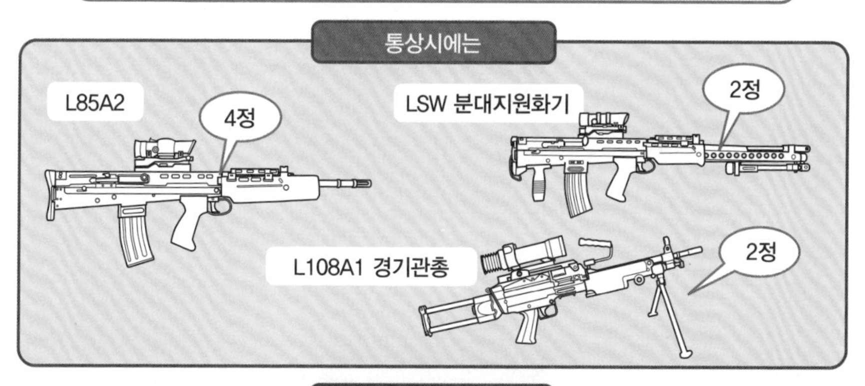

L129A1 지정사수소총

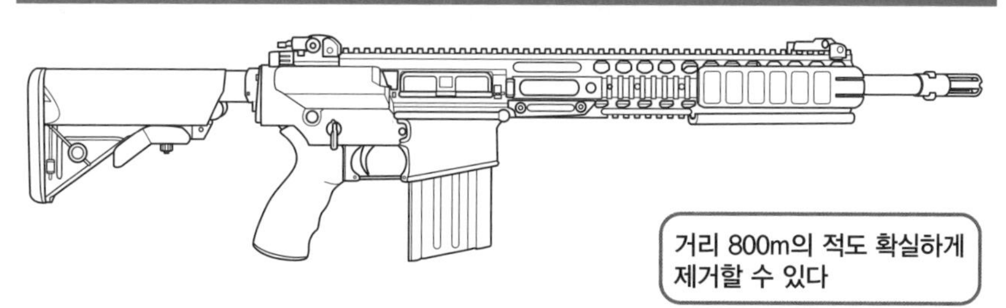

원 포인트 잡학

최일선 전투 분대의 경우, 「샤프슈터(지정사수)」를 배치하는 경우가 많다. 전용 소총(DMR)을 사용하여, 정밀사격을 통해 위협을 정확하게 제거한다.

No.091

장비에 의지할 것인가, 지력에 의지할 것인가

전장에서는 두가지의 사고방식이 있다. 중장비로 적의 습격을 막는다는 사고방식과, 습격을 당하지 않기 위한 예방적 조치를 중시하는 사고방식이다. 양자의 사고방식이 야기하는 차이는 전술에 즉시 반영되기 때문에, 최전선에서는 자주 문제가 된다.

●가치관의 차이를 조정한다.

전장에서는, 다양한 **방탄조끼**가 사용된다. 그 대부분은, 방탄 케블러 섬유로 엮은 소재와 **세라믹 플레이트**로 구성되어 있으며, AK47 돌격소총으로 총격을 당한다고 해도 이를 막아낼 수 있는 성능을 갖추고 있다.

이 조끼에 대한 병사들의 평판은 양호하며, 실제로 수많은 병사들의 생명을 구해 왔다. **목, 상완부, 하복부** 등을 방호할 수 있는 옵션도 있기 때문에, 병사들의 정신을 안정시키는 작용도 겸하고 있었다.

그렇다고 해서, 이러한 장비를 과신하는 것은 위험하기도 하다. 객관적으로 생각해보면, 어디까지나 습격을 당했을 경우에 기능을 발휘하는 장비에 지나지 않기 때문이다.

경험이 적은 병사일수록, 방탄조끼나 헬멧에 생명을 맡기는 경향이 있다. 그것들이 생명을 지켜준다고 과신하게 되어버린다. 차량에도 무거운 장갑판을 장착하려고 하게 된다.

현지로 파견되는 예비역들도, 비슷한 생각을 가지게 되기 쉽다. 그들은 군대 이외의 직업으로 생계를 유지하기 때문에, 멀쩡한 상태로 귀국하고 싶다는 생각이 강하다.

그러나 **중장비화 할수록, 이동속도는 저하**되며, IED의 폭발에 휘말렸을 경우에 피해를 당하기 쉽게 된다.

한편 전투경험이 많은 병사는, 밸런스가 잡힌 사고방식을 가지고 있다. 그들은 「방탄조끼나 헬멧으로 몸을 방호하는 것도 중요하지만, 그보다도 적의 표적이 되지 않도록 노력하면 피해를 막을 수 있다.」라는 경험칙에서부터 오는 사고방식에 도달한다.

특수부대도 마찬가지이다. 그들 가운데 대부분은 방탄조끼나 헬멧을 착용하지 않는다. 방비에만 모든 신경을 집중하다가는 빠르게 움직일 수 없게 되며, 적을 놓치게 되는 사태를 초래하기 쉽다.

어떤 일이더라도 밸런스가 중요하다. 완전한 방비태세로 임무에 임해도, 그것이 작전의 완수를 방해하는 일이 있어선 안 된다.

방탄조끼의 소재와 옵션

아프가니스탄이나 이라크에서는 AK47 돌격소총에서 발사된 소총탄의 피격을 방어할 수 있는 방탄조끼가 사용되고 있다.

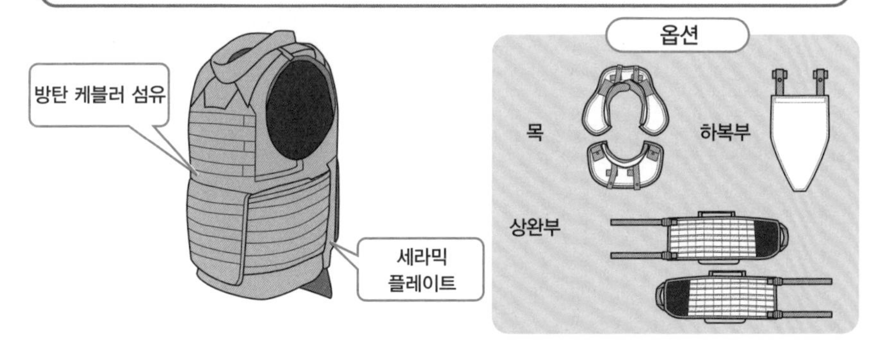

중장비인가? 예방적 조치인가?

방탄조끼나 헬멧은, 어디까지나 적에게 습격을 당했을 경우의 방어책이며, 습격을 받지 않기 위한 노력과의 밸런스가 중요하다.

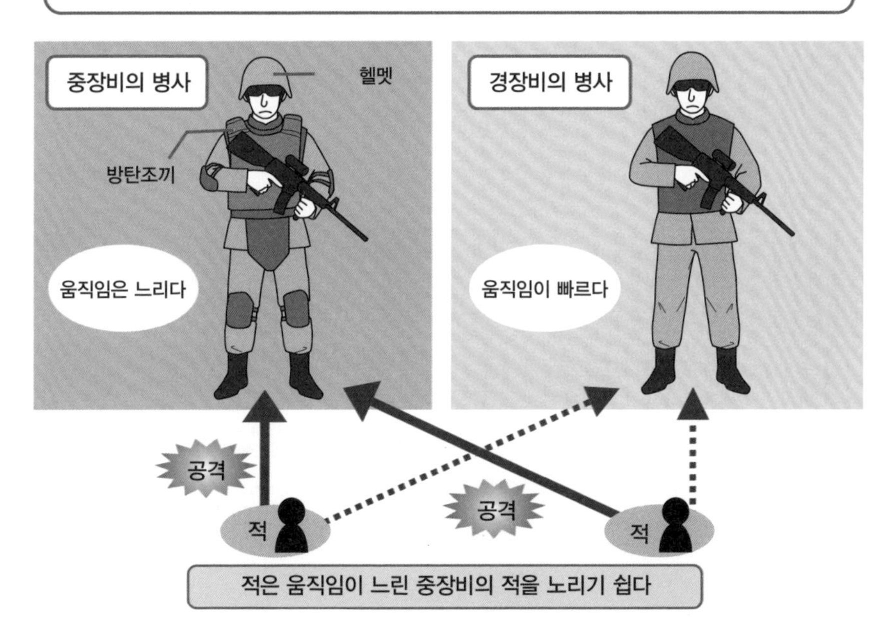

원 포인트 잡학

병사의 움직임과 장비를 보면, 그 전투 레벨을 판별할 수 있다. 아프가니스탄의 적은 미군을 촬영한 영상을 분석하여, 노릴 표적을 선정하기도 했다.

No.092

기초훈련장으로 보내진 특수부대

소수정예의 특수부대는 만능이며, 어떠한 상황에서도 싸울 수 있을 것이라는 고정관념이 있다. 그러나 상층부의 판단 미스로 잘못된 작전에 투입되어, 결과적으로 작전이 실패하는 경우도 있다. 이는 특수부대의 명예에도 결부되는 비극이다.

●적재적소라는 법칙

미군이나 영국군에서는, 각각의 전략에 입각하여 다양한 특수부대를 창설하고 있는데, 이렇게 창설되는 특수부대는 모두가 통상부대로 대응할 수 없는 상황에 대한 대처를 중요한 임무로 삼게 된다.

특수부대는 여러 모로 만능일 것이라는 고정관념이 있다. 군에 소속되어 있어도, 관계자가 아닌 이상 특수부대의 활동을 상세하게 확인할 수 있는 기회는 없다.

그 결과로, 특수부대가 **잘못된 전장**으로 파견되는 경우가 있다. 그들이 장기로 삼는 활동지역이나 전술이 맞지 않는 영역에서의 전투를, 상층부가 강요하게 되는 사태이다.

아프가니스탄이나 이라크에서, 어떤 특수부대가 활동을 개시한 적이 있다. 그들의 임무는 적지의 오지를 정찰하는 것, 적 부대의 교란이었다.

그러나 그들은 육지에서의 활동에 익숙하지 않았다. 수중이나 상공으로부터 접근하여, 테러리스트에게 점거된 대상물을 탈환하는 임무를 기본으로 담당하던 부대였기 때문이다.

대테러 작전을 주된 임무로 삼던 그들이, 반드시 사막이나 삼림 산악 지대에 순응할 수 있으리라고는 장담할 수 없다. 아프가니스탄에서 해발 수천m의 산악 지대나 이라크의 광대한 사막에서, 자유자재로 움직일 수 있을 리가 없었다.

상층부가 요구하는 결과를 거두지 못 했던 그들은 본국으로 송환되는 결과를 맞이했다. 그리고 보병기술의 재교육을 받은 연후에, 다시 전장에 투입되었다.

이 실수는, 특수부대에만 일어나는 종류의 것이 아니다. 전략과 전술을 착각한다면, **국가조차도 실수를 저지른다.**

어떤 국가에서는, 시가전이나 대테러전에 대비하기 위한 준비를 이스라엘의 지도로 착착 진행하고 있었다. 그러나 옆 나라와의 충돌이 발생했을 때, 그들의 전투방식으로는 대규모 전차부대의 침공에 대항할 방법이 없었다.

특수부대에게 찾아온 비극

수중이나 공중으로부터 강습하여 해안선의 적 거점을 탈환하는 훈련을 받은 특수부대에게, 적지의 오지 정찰이나 교란 임무는 수행하기 어려웠다.

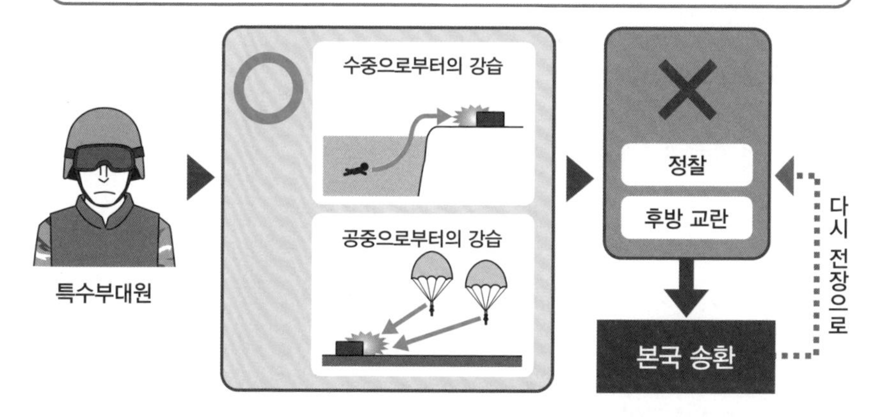

대테러전과 대규모 전차전

이스라엘의 지도하에 대테러전의 준비를 추진하고 있던 모 국가의 경우, 대규모 전차부대의 침공에 대항할 방법이 없었다.

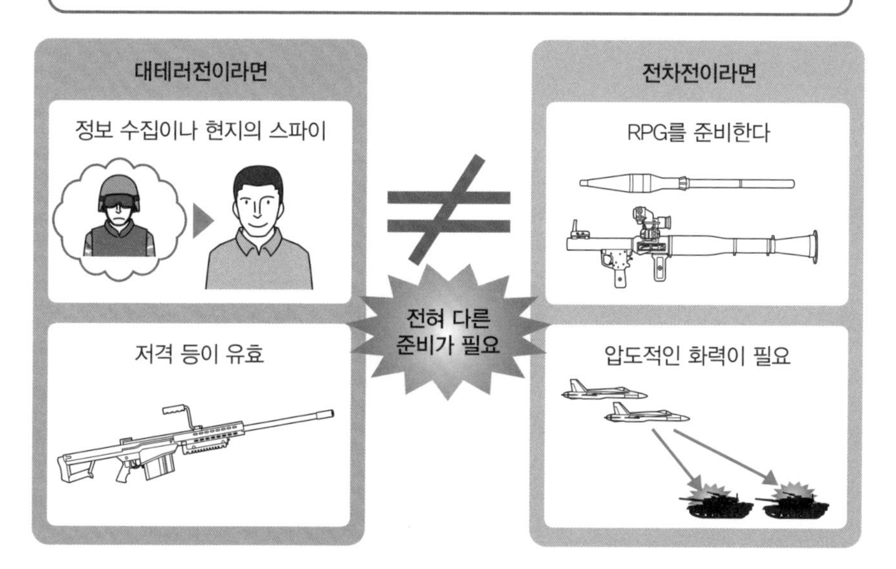

원 포인트 잡학

특수부대의 엘리트 의식은 특별히 강하기 때문에, 문제를 일으키는 일도 있다. 적이나 지형을 가볍게 보고 「달성할 수 없는 임무는 아니다」라고 자신들을 과신하는 것이다.

No.093

적의 심리를 간파하여 승리한다

아프가니스탄이나 이라크에서는, 민족이나 부족 간의 분쟁이 끊이지 않는다. 몇 세대까지나 걸쳐 온 분쟁은, 전후복구지원을 방해하는 장해물이 된다. 이러한 상황에서, 그들의 인물 상관도나 불화관계를 역이용하는 심리전술이 사용되기 시작했다.

●인물 상관도로 심리를 꿰뚫는다!

이라크전쟁에서 수도 바그다드가 함락했을 당시, 이라크 대통령이었던 사담 후세인은 빠르게 도망 생활을 시작했다. 그는 지하로 잠복하면서, 미군에 대한 공격을 지휘했다.

그러나, 미군은 후세인을 도피처에서 포획했다. 이 당시에 도움이 된 것이, 후세인 일가의 **가계 상관도**나 **불화 관계**를 이용한 전술이었다.

민족이나 부족이 안고 있는 문제를 해결할 때 중요한 것은, 세대 간의 연쇄관계를 간파하는 것이다. 어떠한 친목 관계가 구축되어 있는가, 역으로 불화 관계가 어떻게 그 가족을 흩어지게 하고 있는가를 파악하면 된다.

우선, 누구와 누가 결혼을 하여 일족의 이해관계가 어떻게 되어 있는지를 찾아낸다. 돈의 흐름, 질투나 증오 등 가족 간의 조화 관계를 분석함으로써 일족 안에서도 지배층과 피지배층을 구별하여 그 역학적 관계를 알아낼 수 있다.

인물 상관도가 완성되면, 누가 적측에 배신하기 쉬운지 판단을 내릴 수 있다. 또한, '자료제공자'로 이용할 수 있는 인물의 선정도 가능하다.

미군은 이러한 방법을 사용해서 사담 후세인의 도피처를 산출해 갔다. 사촌이나 가족의 증언이 결정타로 작용한 것은 단순한 행운이 아니라, 무대 뒤에서 꾸준한 공작을 진행한 결과물이었던 것이다.

이 전술은 각 부족의 사고방식을 파악하는 데도 도움이 된다. 상대의 사고방식을 알 수 있다면, 우호관계를 어떻게 맺을 것인가에 대한 구체적인 방법론을 발견할 수 있다.

심문에서도 이러한 전술은 효력을 발휘한다. 인물 상관도를 머리에 넣어 두고, 그것을 토대로 한 이해관계를 심문관이 입에 담으면 상대는 경악한다. 모든 것이 알려져 있다고 착각한 결과 동요하게 되고, 많은 사실을 자백하게 되는 것이다.

상관도나 불화 관계를 이용한다

이라크에서 후세인을 체포하는 계기가 된 것도, 이러한 상관도나 불화 관계를 이용한 전술이었다.

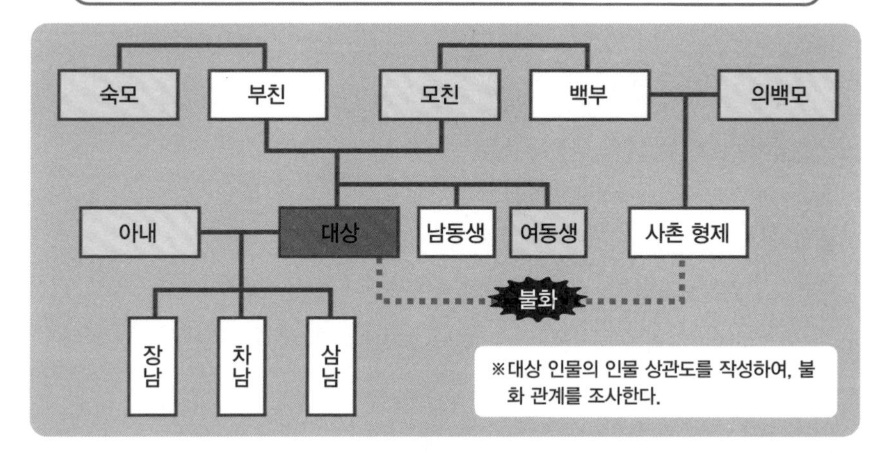

상관도는 심문에도 도움이 된다

심문에서 상대방의 입을 열게 할 때도, 가족 간의 이해관계 등을 머리에 넣어두고, 비장의 수단으로 사용하는 등의 사용방법이 있다.

원 포인트 잡학

언어와 문화를 숙지한 상태에서 인물 상관도를 작성할 수 있다면, 적에게 심리적 충격을 가할 수 있다. 「우리에 관해 이해하고 있을 리가 없어」라는 고정관념을 산산조각으로 부숴 놓을 수가 있다.

No.094

심문으로 상대방의 거짓말을 간파한다

구속한 적으로부터, 어떻게 중요한 정보를 끌어낼 것인가? 그 열쇠가 되는 것은, 상대방의 언어나 문화에 대한 이해이다. 적을 이해할수록, 사고방식이나 언동을 파악하기 쉬워지며, 심리적으로 몰아붙여서 자백하도록 유도할 수 있을 가능성이 높아진다.

●상대방을 이해하는 것이 심문관의 임무

최전선에서 필요한 심문은, 신속하게 정확한 정보를 입수하는 것이다. 그렇다고 해서, 고문을 통해 정보를 입수하는 것은 바람직하지 않다.

경찰관이 범죄자를 취조하는 방법은 통용되지 않는다. 상대는 심신을 단련한 군인 출신이나 테러리스트로, 굳은 의지를 지니고 있으며, 본인의 주의주장을 관철하려 한다.

민간인이 상대라면, 큰 문제는 일어나지 않는다. 그러나 이러한 완강한 상대의 경계심을 해제시키고 정보를 입수하기 위해서는, 나름대로의 지식과 경험이 필요하다.

적은 거짓말을 늘어놓으면서, 때로는 사실과 거짓말을 섞기도 한다. 그리고 '기억이 났다'라고 말하면서 자백 도중에 증언을 뒤집기도 한다. **심문관을 우롱**하면서, 구속 중의 스트레스를 발산하려고 시도하는 일도 많이 있다.

이렇게 만만치 않은 상대로부터 정보를 획득하기 위해서는, 특별한 지식과 경험이 필요불가결하다. 그렇지 않으면 무의미한 잡담이나 들으면서 시간을 낭비하게 된다.

이러한 상황에서 미군에서는, 과거의 심문 기록을 재확인하여 실패 사례와 성공 사례를 비교 검토하게 되었다. 그 분석 결과에 입각하여, 군인 출신이나 테러리스트를 상대로 하는 새로운 심문술을 작성했다.

올바른 심문술이란, 어떠한 것일까?

예를 들면, **엄선된 적절한 질**문을 다수 준비해두는 방법을 들 수 있다. 질문을 하면서, 상대의 언동을 세밀하게 관찰한다.

인간에게는, 거짓말을 할 때 무의식적으로 보이는 **징후**가 있다. 그 징후는, 말보다도 동작이나 태도 등의 비언어적 표현으로 나타나기 쉽다.

물론, 이러한 반응은 언어나 문화에 따라 다르게 나타난다. 따라서 사전에 이질적인 문화에 대한 트레이닝을 통해 현지의 문화나 풍습을 반드시 학습해야 한다.

군인 출신과 테러리스트의 심문

군인 출신이나 테러리스트는 신념으로 움직이고 있기 때문에, 입을 열게 하는 일은 어렵다.

군인 출신이나 테러리스트를 상대로 하는 심문술

군인 출신이나 테러리스트를 상대로 하는 심문에서는, 다수의 질문을 준비해두고 상대의 말이 아닌 동작이나 태도를 통해 거짓말을 간파한다.

원 포인트 잡학

최전선에서는, 구속한 적으로부터 정보를 입수해야 한다. 이를 위하여, 미군은 아라비아어나 다리어 등의 휴대용 자동번역장치를 개발하고 있다.

No.095

사라지지 않는 병사들의 고문

전쟁이 발발할 때마다, 포로수용소의 죄수들에 대한 폭행이나 고문이 문제시된다. 병사들은 어째서 죄수들에게 고통을 가하려고 하는 것일까? 그 이유 가운데 하나로써, 언어가 통하지 않는 스트레스에 의한 충동과 분노를 들 수 있다.

●공포와 고통으로 입을 열게 한다

심문에서는, 육체적인 고통을 가할 필요는 없다. 상대의 약점을 찔러, 방위본능을 약화시켜서 마음의 빈틈으로 능숙하게 침입함으로써 목적을 달성할 수 있다.

어떤 상대에게도 약점은 있다. 그것만 알 수 있다면, 심신에 고통을 주거나 약품으로 의식을 몽롱하게 만들어서 자백시키는 등의 거친 수단은 필요 없다.

그러나, 적의 마음을 뒤지는 것은 어려운 일이다. 심문관은 현지의 언어를 유창하게 구사할 수 없기 때문에, 현지 방식의 교묘한 홍정 방법은 사용하기 어렵다는 현실적인 문제가 있다.

통역을 고용하는 것도 한계가 있다. 수비의무, 전문성, 오역의 위험성을 생각해보면, 그 사용은 제한될 수밖에 없다.

그렇기 때문에, 결국은 직접적인 방법을 선택하고 만다. **군용견**을 덤벼들게 하는 방법, **록 음악**을 감방에 계속 틀어놓는 방법, 감방의 조명을 **24시간 동안 점등**시켜 놓는 방법 등 정신적인 학대나 다양한 고문을 정당화한다.

그러나 범죄자와는 달리, 상대방은 「자신의 행위는 정당하다」라고 믿고 있는 경우가 많다. 따라서 몰아붙인다고 해서, 순순히 정보를 누설하리라고는 장담할 수 없다. 일부러 도전적인 태도로 반항하다가 마지막에는 죽음을 선택하는 경우도 있을 수 있다.

고문에는, 간접적인 방법도 존재한다. 본인에게 고통을 가하는 것이 아니라, 동료를 고문하고 있는 모습을 보여주면서 심리적인 동요를 가하는 방식이다. 이 방법은 제2차 세계대전 당시에 독일이 상투적으로 사용하던 수단이다.

또한 어떤 국가에서는, 상대방의 입을 열기 위해 **마취약**을 사용했다. 신체에 위험한 상황이 벌어진 가능성이 높기 때문에, 그 사용 가운데 대부분은 정보기관에 한정되어 있다.

고문은 비인도적인 방법이지만, 이 세상에서 사라지는 일은 없다. 실력을 행사하는 방법이 간단하며, 효과가 있다고 착각하기 쉽기 때문이다.

고문을 하게 되는 이유

언어나 문화의 차이로 인해 제대로 심문할 수가 없기 때문에, 고문을 정당화하고 만다.

말이 통하지 않아서, 교묘한 흥정으로 유도할 수가 없다.

▼

상대의 약점을 발견하지 못하고, 상대에게 우롱을 당하게 된다.

▼

스트레스가 쌓여서, 그것이 상대에 대한 분노로 변질하여 고문을 정당화하고 만다.

사라지지 않는 고문

실력을 행사하는 편이 간단하고 효과가 있다고 착각해 버리기 때문에, 비인도적인 고문은 계속된다.

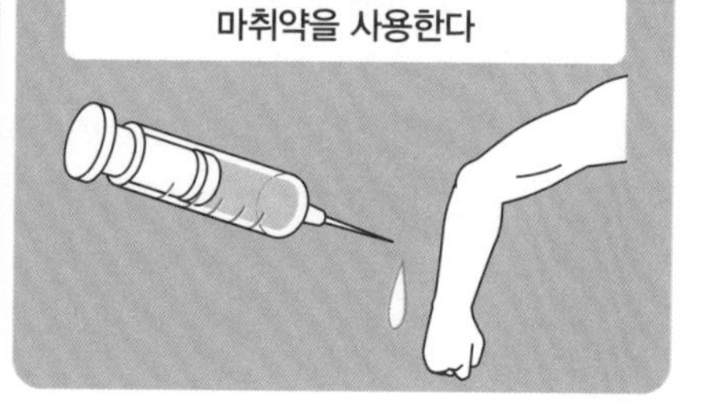

원 포인트 잡학

고문이 통용될지의 여부는, 누가 사용할 것인가, 누가 상대인가에 따라 변화한다. 그렇지만, 유능한 심문관은 상대방에게 손가락 하나 대지 않고 교묘하게 정보를 입수한다.

No.096

각성제에 의존하여 싸우는 병사들

전장에서 병사들을 괴롭히는 것은 적군 만이 아니다. 따라서 병사들 개개인의 건강관리도 중요하다. 충분한 수면을 취하지 않으면 심신의 피폐를 초래하며, 부주의로 인한 사고를 당하거나 판단력이 저하되어 잘못된 표적을 공격하는 일도 있기 때문이다.

●약물을 섭취, 자지 않고도 싸운다

최전선의 병사들은, 24시간 동안 계속 전투에 참가해야 하는 일도 있다. 해병대가 참가한 「이오지마 전투」나 「팔루자 전투」와 같은 상황에서는, 수면을 취하지 못 하고 몇 십 시간이나 계속 전투를 해야 하는 상황조차 있을 수 있다.

우리들은, 매일 수면을 취함으로써 심신의 피로를 회복하고 있다. 뇌나 몸을 쉬게 함으로써 기력을 되찾는다.

그러나 전장에서는 그러한 행동을 충분히 할 수가 없다. 수면을 취하지 않으면, 점차 감각은 둔해지고, 치명적인 실수를 저지를 위험이 있다.

이러한 상황에서, 군은 각성제를 병사들에게 배포했다. 베트남전쟁이나 걸프전쟁에서, 병사들은 대량의 **암페타민 알약**을 복용했다. 중추 신경을 자극하는 이 약을 복용하면, 육체는 피로를 느끼지 않고 임전태세를 유지할 수 있다.

최근에는, 모다피닐이 사용되는 일도 있다. 이 약은 수면장해용의 치료약으로, 과도의 졸음 증상을 치료하기 위해 사용하는 약품이다.

또한, 발상을 역전시킨 접근방식을 도입하는 일도 생겼다. **수면유도제나 수면지속성을 증진하는 수면치료제**를 사용하여, 병사들로 하여금 단시간의 수면을 취하게 한다. 뇌를 자극하여, 단시간의 수면으로 하룻밤 수면을 취한 듯한 효과를 주는 것이다.

약물과 관련해, 군 관계자는 「무해하며, 부작용이나 약물의존성은 최소한으로 억제할 수 있다」라는 견해를 표명하고 있다.

그러나 이러한 주장에 대해, 현장의 병사 가운데에서는 「약품이 만연할수록, 가혹한 임무가 증가한다. 약품의 상용이 늘어날 뿐만 아니라, 안고 있는 스트레스는 항상 포화 상태에 빠진다」라고 이의를 제기하는 이들도 있다.

병사를 전장으로 보내는 쪽과 최전선에서 싸우는 쪽의 의견은 다르다. 어떻게 수면을 취할 것인가에 대한 명제는, 향후의 지상전을 생각하는 데 있어서 중요한 포인트가 될 것이다.

24시간 싸우는 병사

미군은 임전 태세를 유지하기 위해, 베트남전쟁이나 걸프전쟁에서 암페타민 등의 각성제를 병사들에게 배포했다.

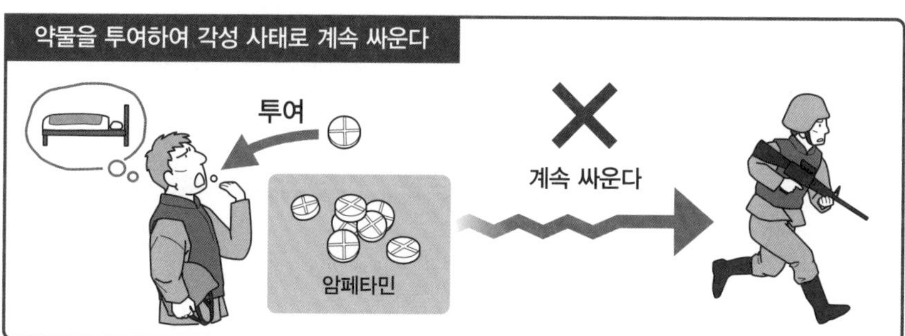

반대의 접근방식

단시간으로도 하룻밤 수면을 취한 듯한 효과를 주는 수면치료제를 사용하는 방법도, 도입하게 되었다.

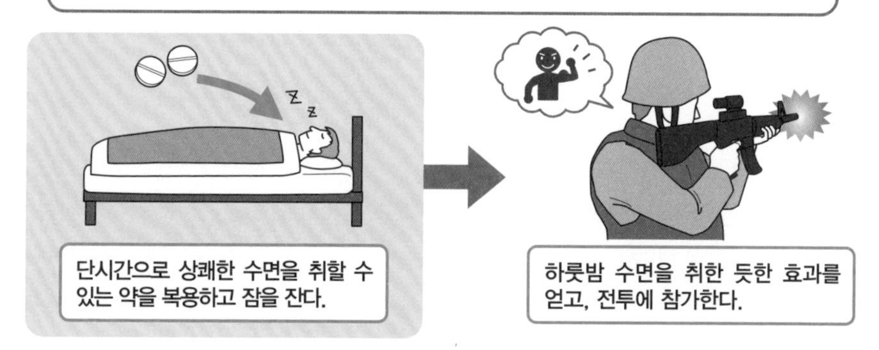

원 포인트 잡학

암페타민의 복용률이 높은 병과는, 전투기, 공중급유기, 공중감시기, 원거리 폭격기 등의 파일럿이다. 그들은 비행 중에 잠시 조는 것조차 허용되지 않는다.

No.097

병사들을 괴롭히는 전투피로증

전장만큼, 순간적으로 인간의 생사가 결정되는 장소는 없다. 그것도 한 사람이 아니라, 수많은 생명이 희생되기도 한다. 병사들은 그러한 현실을 목격할 뿐만 아니라, 스스로가 손을 쓰기 때문에, 마음에 상처를 입고 정신이 붕괴할 위험이 있다.

● 어쨌거나 전투피로증을 방지해보자

가혹한 전투에서 생사의 갈림길에 몰리게 될수록, 병사들의 마음은 무너지기 쉬워진다. 적절한 조치를 취하지 않으면, 마음에 깊은 상처를 입게 될 공산이 크다.

이러한 증상은, 일반적으로 「**PTSD(심적 외상 후 스트레스 장애)**」라고 불린다. 한편 군에서는, 「전투피로증」라고 부르는 일이 많다.

이러한 징후는, 제1차 세계대전의 포탄충격증후군(셸 쇼크) 당시부터 목격되었다. 제2차 세계대전, 한국전쟁, 베트남전쟁에서도 많았다.

또한, 걸프전쟁에서는 「걸프전 증후군」도 발생했다. 이에 대해서는, 귀환병들 가운데 대부분은 정신장애가 아니라 화학물질이 원인이라고 주장하고 있다.

어찌됐건, 군에서는 **병사들의 마음의 병**에 대한 연구를 그다지 추진하지 않았었다. 걸프전쟁을 제외하면, 과거의 전장에서는 마음의 병이 발생하기 이전에 병사들이 사상할 확률이 높았다는 요인도 있다.

전투피로증는, 즉시 발생하는 것이 아니다. 가혹한 환경에 처한 이후에 어떠한 비참한 경험을 겪는가, 스스로의 의지로 스트레스를 조정할 수 있었는지의 여부에 따라 발생률과 그 시기가 변화한다.

병사의 전투피로증을 경감시키려는 시도는, 현재도 계속 되고 있다. 예를 들면, 전투 로봇에게 위험한 임무를 수행시키게 된 것이 그 예이다.

과거의 데이터를 분석하여, 병사가 전투피로증을 일으키는 평균적인 일수의 계산도 실시되고 있다. 그러한 한계를 초과하지 않고, 국내로 송환하여 고조된 긴장감을 방출시키려는 시도도 있다.

그러나 병사 스스로에게 전투피로증을 치료하려는 의지가 없다면 아무런 의미도 없다. 대부분의 병사들은 경력에 흠이 될지도 모른다고 불안하게 생각하여, 이상을 느끼면서도 카운셀링을 회피하는 경우가 많기 때문이다.

전투피로증과 병사

가혹한 상황이나 비참한 체험으로 인해 발생하는 전투피로증는, 각 병사에 따라 발생하는 시기가 다르다.

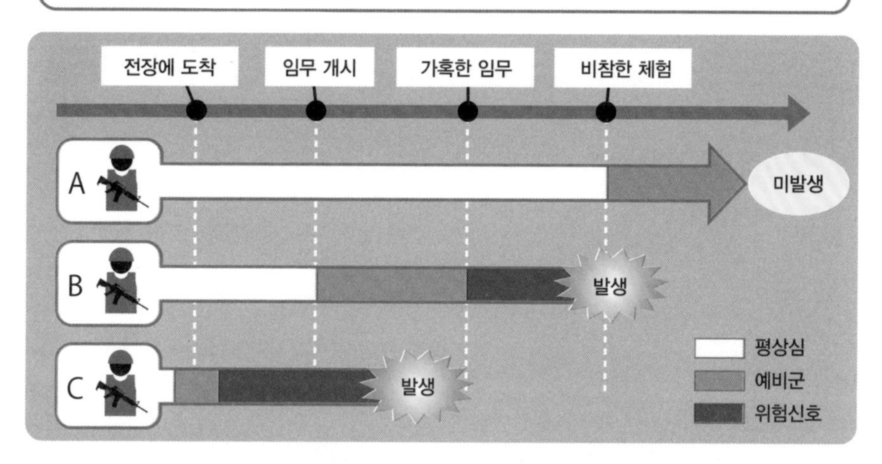

전투피로증을 경감시키려는 시도

위험한 임무는 전투 로봇에게 맡긴다. 또한, 전투피로증을 경감시키기 위해 카운셀링 등의 시도가 이루어지고 있다.

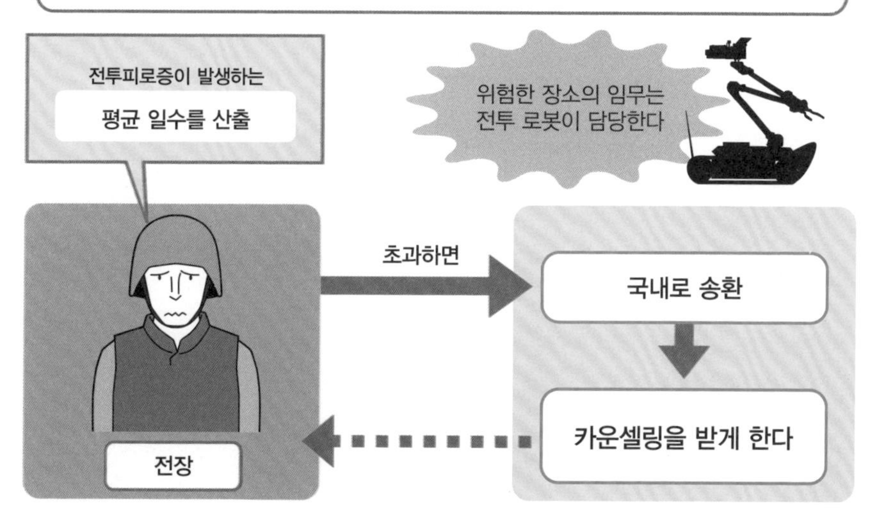

원 포인트 잡학

베트남 귀환병 그룹의 정치적 활동에 의해, 「PTSD」라는 판단 기준이 탄생했다. 이는, 그들이 사회보장 지급을 요구한 일이 발단이었다.

No.098

협력해서 전투피로증을 방지한다

아프가니스탄이나 이라크에서, 병사들의 사상률은 미군이 경험했던 전쟁 가운데에서도 극히 낮은 편이다. 한편, 전투피로증의 발생률은 어떠한가? 병사들의 마음속은 확인할 수 없기 때문에, 확실하게 수치화하기는 어렵다.

●보이지 않기 때문에, 더욱 철저한 조기 예방이 필요!

자각 증상이 부족하며, 있더라도 사람에 따라 전투피로증의 증상은 각양각색이다. 발생할 때까지 시간이 걸리기 때문에, 즉시 판단을 내리기도 힘들다.

최전선에서는, 사고능력이 저하하거나 사기가 증진되지 않고, 현실 도피 증상이나 몸의 움츠러 들어 움직이지 못 하는 등의 증상이 자주 일어난다. 생사가 갈리는 위험에 처하면, 심신이 거부반응을 일으키는 것은 당연하다고 할 수 있다.

기존의 전장에서는, 병사가 증상을 호소하면 상관이 「두려워하는 것은 약자뿐이다!」라고 질책했다. 「사기가 느슨해졌다!」라는 명분으로, 보다 엄격한 규율로 억누르려고 시도했다.

그러나 의학적 견지에서 PTSD가 인정을 받고, 정신의학의 바이블로 알려진 진단 매뉴얼 DSM에 게재된 이후로 상황은 순식간에 변화했다. 사회보장 지급이 연루되기 시작하자, 군도 신중하게 행동할 수밖에 없는 상황이 되었다.

군에서는 이전부터 「**4R+PIES**」라는 룰이 있다. 이는, 부대 내부에서 서로 협력하여 전투피로증을 완화시키려는 방법이다.

4R은 Reassurance(안심한다), Respite(일시 중단), Replenishment(재보급), Restoration(회복)을 의미한다. 즉, 신뢰할 수 있는 상관과 대화를 나누고 전투에서 잠시 떨어져, 심신의 긴장을 완화시킨 후에 다시 준비를 시작하는 것이다.

PIES는 Proximity(가까이에서), Immediacy(직접적으로), Expectancy(기대), Simplicity(간단하게)의 약어이다. 병사의 소속 부대에서 실시하며, 즉시 처치를 개시하고, 안심감을 주면서, 알기 쉬운 방법으로 실시하는 것이다.

최전선에서는, 전투피로증이라는 단어가 그다지 사용되지 않는다. 전투피로증을 본인이 스스로 자각하기는 어렵기 때문이다.

본인보다는 상관이 부하의 이변을 눈치 채기 쉽다. 「이 부하에게는 휴식이 필요하다」라고 판단되는 병사의 상태는, 전투피로증 상태인 경우가 많다.

기존의 전장에서는

기존의 전장에서는, 병사의 전투피로증을 무시했다. 약자이기 때문이라는 낙인을 찍고, 상관들은 부하들을 억눌렀다.

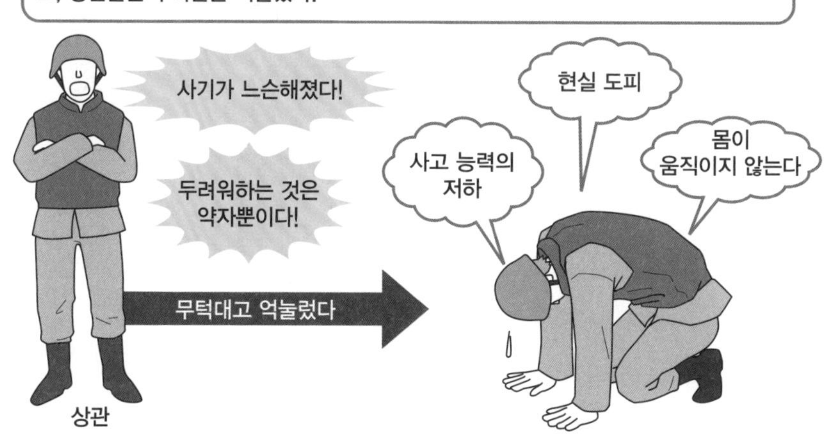

4R+PIES

PTSD가 인정을 받은 이후로, 군은 부대 내부에서 서로 협력하여 전투피로증의 완화를 시도하게 되었다.

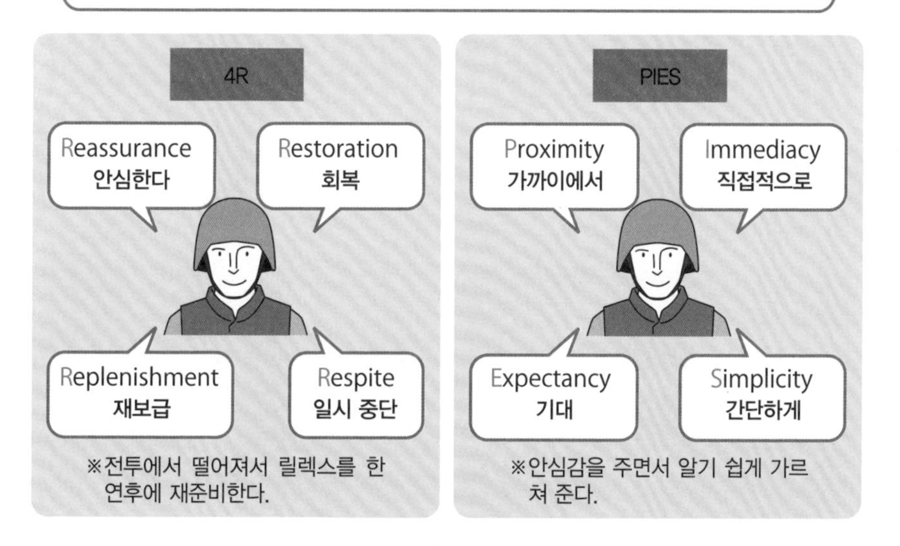

원 포인트 잡학

현대의 전장에서는, 이질적인 문화에 대한 대응능력을 갖추지 못한 병사일수록 전투피로증을 받기 쉽다. 언어나 자국의 상식이 전혀 통하지 않기에 쉽게 패닉 상태에 빠지기 때문이다.

No.099

전후복구지원의 새로운 전술

지역 주민의 협력이 없으면, 전후복구지원은 어렵다. 이러한 상황을 개선하기 위해서는, 정보 공개를 통해 현 상황에 대한 이해를 촉구해야 한다. 그래서인지, 민간 방송망을 사용하여 재건한 군이나 경창 부대의 활동을 소개하는 등의 시도가 증가하고 있다.

●그들만의 영웅을 창조한다

자신들의 국가가 어떻게 재건되고 있는지에 대해, 흥미를 품지 않는 사람은 적다. 미군은 이러한 현실을 고려하여, 지역의 TV 방송국이나 라디오 방송국의 협력을 얻어 대테러 작전에 종사하는 군이나 경찰의 활동을 방송하기 시작했다.

등장하는 것은 미군뿐만이 아니다. 방송에서 거론되는 것은, 미군이 지도해 왔던 현지의 군과 경찰 부대이다.

최전선에서 싸우는 동일한 민족의 병사나 경찰관의 모습을 보여줌으로써, 미군은 현지 주민들의 이해와 협력을 청하려고 생각했다. **그들의 영웅을 육성**함으로써, 지역 주민들의 불안이나 걱정을 해소하고, 오해 또한 제거하려 했다.

이러한 전술은, 심리 획득 작전으로써 효과적이다. 미군이 주체적으로 각종 작전을 실행할 경우, 주민들의 반발이 일어나기 쉽다.

그러나 재건된 군이나 경찰 부대가 주체적으로 움직일 경우, 이야기는 달라진다. 지역 주민은 협력적인 태도를 보이면서, 다양한 정보를 가르쳐주기도 한다.

작전은 현지인 부대들만으로 수행한다. **미군은 지원부대**로 대기하며, 그들만으로 상황을 개선시킬 수 없는 경우에 한해 이를 원호한다.

이러한 반복적인 실적이 있어야만, 전후복구지원은 순조롭게 진행된다. 미군의 개입 빈도를 줄이고, 그들이 자발적으로 국가 재건에 착수하도록 유도한다.

현지인 부대도, 자신들의 전투방식을 고집하는 경우가 있다. 미군과 동일한 무기 장비를 갖춘다고 해도, 반드시 미군과 동일한 전술을 채택하리라고는 장담할 수 없다.

언어나 문화가 다른 이상, 그 행동은 미국인들이 이해할 수 없는 경우도 있다. 그러한 행동들이 잔인하게 보일 수도 있다.

그러나 그것이 현지의 방식인 이상, 깊숙이 관여할 수는 없다. 현재는, 문화의 차이를 존중하는 방법을 어떻게 모색할 것인가가 미군의 과제가 되고 있다.

영웅을 창조한다

지역 토착민으로 구성된 부대나 경찰관에게 경비 등을 위임하고, 그것을 TV나 라디오로 방송하여 지역 주민들의 불안이나 오해의 해소를 모색한다.

미군은 지원 부대

치안 유지를 지역 군이나 경찰에게 위임하고, 미군은 철저히 후방 지원부대의 역할을 수행하면서, 그들로 하여금 자발적으로 국가 재건에 착수하도록 유도한다.

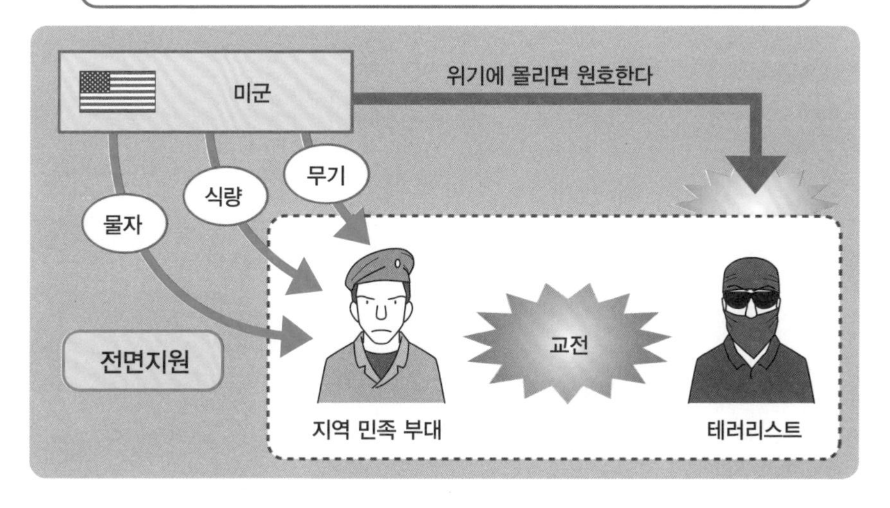

원 포인트 잡학

아프가니스탄이나 이라크에서는, 특유의 문화나 매사의 해결 방법이 있다. 그러한 문화를 존중하면서, 미군은 민주적인 규율이나 윤리에 대한 지도를 실시해야 한다.

No.100

앞으로의 전장

아프나니스탄과 이라크의 전쟁에서 미군이 직면한 것은, 언어와 문화의 벽이었다. 그 벽을 타파할 수 있는 것은, 현지 언어를 구사할 수 있는 전문적 인력이다. 향후의 과제는, 이질적인 문화권에서의 전투에 사용 가능한 언어의 프로를 양성하는 것이다.

●승리하기 위해 지역 언어를 익힌다

적의 통신을 감청하거나, 심문을 실시하고, 전후복구지원에 착수하기 위해서 지역의 부족장과 교섭하는 등의 임무에서 필요한 것은 M16이나 M4가 아니라, **해당 지역의 언어**이다. 리얼 타임으로 번역이나 통역이 가능한 능력이 최대의 무기가 된다.

아프가니스탄에서 사용되는 파슈토어나 다리어를 네이티브와 동일한 수준으로 구사할 수 있는 미국인 병사는 그 수가 적다. 통역을 고용하려고 해도, 신원조사를 실시하여, 군 기밀사항에 대한 접근을 허용할 수 있는 민간인의 수는 적다.

또한, 언어를 능숙하게 구사할 수 있다고 해도 그것만으로는 불충분하다. 아프가니스탄 문화나 이라크 문화를 이해하면서, 각각의 장면에 적합한 화술이 요구된다.

이러한 상황을 고려한 미군에서는, 영어 이외에 우수한 외국어 능력을 보유한 병사들에 대한 리스트의 작성을 개시했으며, **언어 능력을 평가**하기 시작했다. 예를 들어, 프랑스어를 구사할 수 있는 병사는 아프리카 지역에서의 번역이나 통역 업무에서 활약할 수 있다.

미국에 대한 이민에 대해서도, 군은 그들의 촉수를 뻗고 있다. 이민인 그들에게 있어서, 영어는 생활에 필요 불가결한 제2언어이다.

국가의 입장에서, 영어를 학습할 수 있는 프로그램을 그들에게 제공한다. 만일 언어 통역에 적합한 인재가 있을 경우, 우대 조치를 취하는 것이다.

군이 필요로 하는 인재는 그 폭이 넓다. 파슈토어, 다리어, 아라비아어, 페르시아어, 러시아어, 베이징어, 한국어 등이 있다. 현지 언어를 구사할 수 있는 네이티브를 확보하여, 향후의 전쟁에 대비하려 하고 있다.

또한, 민간의 언어 서비스 회사와의 계약도 이루어지고 있다. 이러한 방법을 사용하면, 양질의 번역사나 통역사를 확보할 수 있다.

제2차 세계대전에서는, 독일어나 일본어 교육이 중점적으로 실행되었다. 그리고 현재는, 전 세계에서 싸우기 위한 언어 트레이닝을 실시하고 있다.

언어 능력을 보유한 병사의 평가가 올랐다

영어뿐만 아니라, 제2언어를 구사할 수 있는 병사들에 대한 평가가 상승하고, 활약할 수 있는 위치가 증가하고 있다.

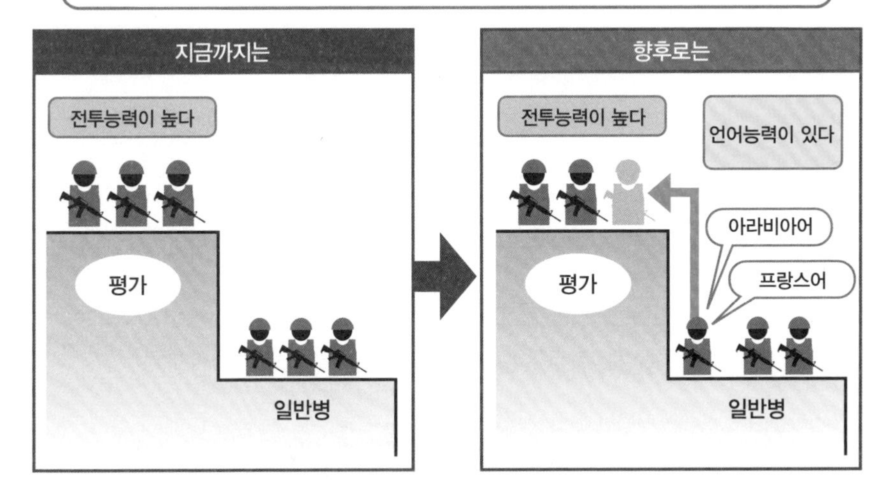

군이 필요로 하는 인재

이민과 같이, 영어 이외에도 다양한 언어를 구사할 수 있는 네이티브 스피커를 군은 필요로 하고 있다.

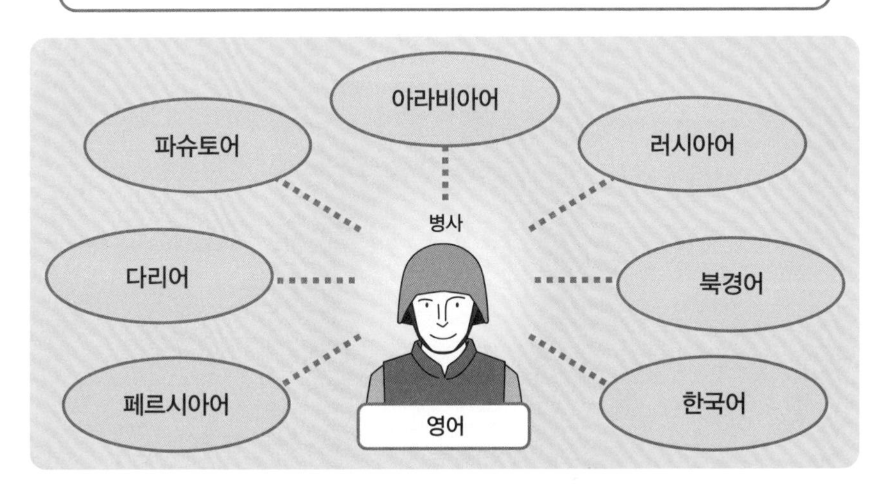

원 포인트 잡학

「PMC 컨트랙터」의 세계도 시대와 함께 변화하고 있다. 이전에는 특수부대 출신이 우대를 받았지만, 지금은 언어와 문화 부문의 프로페셔널이 인기가 높다.

색인

〈영문 및 숫자〉

〈자〉

〈차〉

〈카〉

〈타〉

〈파〉

〈하〉

참고문헌

본서의 내용은, 저자 자신의 지식과 경험 이외에도 군 관계자나 「PMC 컨트랙터」들과의 교류를 통해 얻은 것이 많다. 또한, 언어 · 문화 교육에도 관여하고 있기 때문에 군의 CMO(민사작전)나 이질적 문화와 관련된 트레이닝에 대해 정통하다. 이러한 경력을 토대로, 객관적 시점을 유지하기 위해, 또는 참고자료로서 다음의 문헌을 활용했다.

『정신질환은 만들어진다 DSM 진단의 덫(精神疾患はつくられる―DSM診断の罠)』
허브 커친스, 스튜어트 A. 커크 저/다카기 슌스케, 츠카모토 치아키 번역/일본평론사(日本評論社)

『패튼 장군식 무적의 조직(パットン将軍式 無敵の組織)』
앨런 액설로드 저/사카이 소스케 번역/쿠사카베 키미토 해설/닛케이 BP사(日経BP社)

『미 해병대식 최강의 조직 비즈니스에서 승리하기 위한 법칙(アメリカ海兵隊式 最強の組織 ビジネスで勝ち抜くための法則)』
단 캐리슨, 로드 월쉬 저/오바타 테루오 번역/닛케이 BP社(日経BP社)

『윈터솔저 이라크 · 아프간 귀환병이 언급하는 전장의 진실(冬の兵士―イラク・アフガン帰還米兵が語る戦場の真実)』
반전 이라크 귀환병의 모임, 아론 그랜츠 저/TUP 번역 / 이와나미쇼텐(岩波書店)

『전쟁 · 사변 전전쟁 · 쿠데타 · 사변 총람 고대 그리스 전쟁부터 하이테크 전쟁(戦争・事変全戦争・クーデター・事変総覧―古代ギリシャ戦争からハイテク戦争)』
전쟁 · 사변 편집위원회 편집/교이쿠샤(教育社)

『F-Files No.025 도해 밀리터리 아이템(図解ミリタリーアイテム)』
오나미 아츠시 저/신기겐샤(新紀元社)

『NAM-광기의 전쟁의 진실(Nam―狂気の戦争の真実) Vietnam 1965-1975』
도호샤출판(同朋舎出版)

『Surprise Attack』 Peter Darman 저/Brown Books

『COMBAT and SURVIVAL』 Vol.1~28 H.S.STUTTMAN.INC Publishers

도해 현대 지상전

개정판 1쇄 인쇄 2022년 2월 20일
개정판 1쇄 발행 2022년 2월 25일

저자 : 모리 모토사다
번역 : 정은택

펴낸이 : 이동섭
편집 : 이민규, 탁승규
디자인 : 조세연, 김현승, 김형주
영업 · 마케팅 : 송정환, 조정훈
e-BOOK : 홍인표, 서찬웅, 최정수, 김은혜, 이홍비, 김영은
관리 : 이윤미

㈜에이케이커뮤니케이션즈
등록 1996년 7월 9일(제302-1996-00026호)
주소 : 04002 서울 마포구 동교로 17안길 28, 2층
TEL : 02-702-7963~5 FAX : 02-702-7988
http://www.amusementkorea.co.kr

ISBN 979-11-274-5153-0 03390

図解 現代の陸戦
"ZUKAI GENDAI NO RIKUSEN" written by Motosada Mori

Illustrations by Takako Fukuchi 2011.
Originally published in Japan by Shinkigensha Co Ltd, Tokyo.

This Korean edition published by arrangement with Shinkigensha Co Ltd, Tokyo
in care of Tuttle-Mori Agency, Inc., Tokyo

이 도서의 국립중앙도서관 출판예정도서목록(CIP)은
서지정보유통지원시스템 홈페이지(http://seoji.nl.go.kr)와
국가자료공동목록시스템(http://www.nl.go.kr/kolisnet)에서 이용하실 수 있습니다.
(CIP제어번호: CIP2013024813)